伝統産業の成立と発展
播州三木金物の事例

桑田 優 著

思文閣出版

口絵1　創業以来の景観を残している黒田清右衛門家

口絵2　創業当時の状況を記録している「父祖行状記」(道具屋善七家文書)

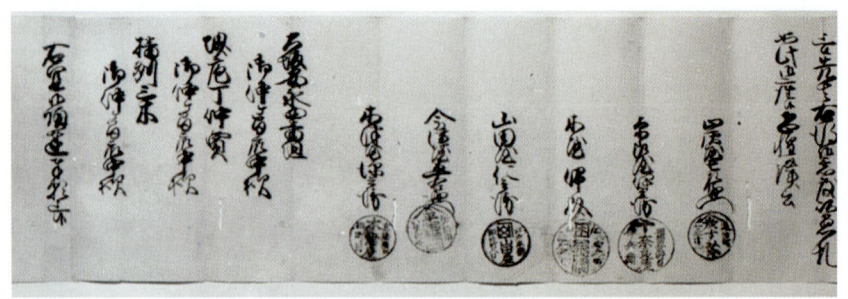

口絵3　江戸打物問屋からの書状（作屋清右衞門家文書）

口絵4　藩札の「三ツ印」のひとつの印影
（縦62×横65㎜）（作屋清右衞門家文書）

口絵5　三木町金物仲買問屋仲間の印影
径は50㎜（作屋清右衞門家文書）

口絵6　姫路藩閣老河合寸翁から岸本家に与えられた郷学の額
（高砂岸本宗一郎家文書）

発刊に寄せて

畏友桑田優君がこの度、日本の近世経済史研究の総決算、つまりライフ・ワークともいうべき『伝統産業の成立と発展――播州三木金物の事例――』を出版した。「おめでとう」「ほんとうに良かった」、と言いたい。本書は彼の人となり、「誠実さ」が良く表われたものである。その意味で、本書は「誠実の一書」である。

彼と知り合ったのは関西学院大学文学部の大学院の時。今からおよそ四十五年前、ほぼ半世紀前になる。細かく言うと、昭和四十三年（一九六八）四月以来の友人。今までの人生の三分の二以上の親交がある、刎頸の友である。

知り合った頃、七十年代前後は全共闘時代で、全国的に大学においては紛争の時であった。授業が行なわれなかった大学も多くあった。関西学院大学もそうだった。一九六八年冬から九年七月にかけての一年間は授業がなかった。六八年に大学院に入学した者は騒々しいなかでの一年目を送り、二年目は後半からしか授業がなかったのである。当時の修士の大学院生は修士論文を出すべきか、出さざるべきかで大いに悩み、友人達とよく議論したことを昨日のごとく覚えている。その当時は皆、若く実に真面目であったことを懐かしく憶い出す。大学紛争が終結した後、大学の新しい改革のひとつが助手制度のそれであった。その新制度の「教学補佐」に桑田優君も

i

私もなったのである。それにより益々親密な交際がはじまることになった。

　桑田優君は三宮駅の北すぐのところ、繁華街の真只中といっても良いほどのところの、手工業「羽根田製作所」という、金属の装飾金具を製造する家に生まれた。四人の兄弟と姉一人の三男。彼だけが研究者となる。他の兄弟は家業に従事している。

　彼は関西学院大学の大学院に入学する前、神戸大学教育学部で小学校課程を専攻して小学校の先生を目指しており、その資格を修得していたとのことである。ピアノでバイエルの何番まではしっかりと弾くことができると時折自慢気に話していた。彼の精神は根底から、名前どおり、優しく誠実であるのであろう。つまり、彼は小学校の先生に「あこがれ」、「ロマン的」にそれに突き進んだのである。もし、彼が小学校の先生になっていたとしたら、優しい皆から慕われる先生になっていたと思う。一方、高校時代のクラブ活動は山岳部であったと聞く。何十キロという重いリュックを背負い何十キロも歩いていたということである。この他、機械にも強かった。ここにも彼の人となり、誠実に黙々とひとつのことをやりとげるという精神が垣間見られる。人文系の研究者にはめずらしく、最先端のコンピューターを駆使して研究を進めていた。これは、おそらく、生家の手工業の金属装飾金具製作の血脈を受け継いでいるのであろう。

　大学院での彼は「教学補佐」として研究室の管理と学生の補佐を行いつつ、永島福太郎先生に師事して「日本歴史の近世（江戸時代）」の本格的な研究をはじめた。永島福太郎先生は夙に著名な古文書学の碩学であり、その学問、研究は非常に厳しいことで知られていた。彼もなかなか認められなかったようである。その先生によやく認められたのは大学院入学から十年ほどが経過した、昭和五十三年（一九七八）に出版した『三木金物問屋史料』である。これは憧れ、尊敬する永島福太郎先生との共著であった。ここに先生が桑田優君を認めたことを

ii

発刊に寄せて

『三木金物問屋史料』は史料編六百余ページにも及び、その論文は十ページ余ということからも明らかなよう に、原本史料を公刊しそれを活用して論文にするというのが彼の研究方 法であり、彼の性格である誠実そのものであったのである。またこの一書が文字通り、桑田優君の「古文書学」 の出発となった。これ以後はこの研究姿勢を踏襲して江戸時代の歴史研究を深めていったのである。

彼の主たる研究業績をあげると、『三木金物問屋史』（単著。三木商工会議所・全三木金物卸商協同組合、昭和 五十九年刊）『播州高砂岸本家の研究』（編著。ジュンク堂書店、平成元年刊）『黒田（作屋）清右衞門家文化財 調査報告書』（分担執筆。三木市教育委員会、平成八年刊）『近世地方商家の生活と文化』（編著。ジュンク堂書 店。平成十二年刊）『日本近世社会経済史』（単著。晃洋書房、平成十二年刊）、などとなる。この平成五年より、 彼はイギリスに三回留学している。オックスフォード大学に二回、ケンブリッジ大学に一回。これを契機にし て、近代の神戸の外国との交流、つまりコミュニケーションという視点で研究をするようになる。『エッセン シャル・ワード』（共著。神戸国際大学出版会、平成十四年刊）『近代における駐日英国外交官』（単著。敏馬書 房、平成十五年刊）『セミナー・ハンドブック』（共著。神戸国際大学出版会、平成十六年刊）『コミュニケー ション問題を考える』（共著。ミネルヴァ書房、平成十六年刊）『諸事風聞日記』（単著。敏馬書房、平成十七年 刊）『八代斌助の思想と行動を考える』（共著。ミネルヴァ書房、平成十八年刊）『播州高砂十輪寺』（監修。宝瓶 山十輪寺、平成十八年刊）などがその代表的な研究である。

以上これらの総決算ともいうべき著書が本書である。すなわち第一部が「三木金物の成立と発展」として「三 木金物」を取りあげる。ここでは江戸時代の播磨国美嚢郡三木町にみる金物産業の成立とその育成をまず考察す

iii

る。つづいてその販路、すなわち流通はいったん大坂に集積され、そこから江戸市場をはじめ全国各地に販売されていったことを著述し、さらにそれらは第二次世界大戦から現代に至るまでつづいていることを明示した。この三木金物の展開、変遷に従いその共同体組織である「金物組合」の変遷をも論述している。そして第二部は「三木金物」が三木の地場産業として育成された社会的な構造や、加古川の舟運つまり地域の特産品の流通にふれ、それらの物流は情報の交流にもつながることになると結論づけている。すなわち全国的な三木金物の流通と、その手段や組織など、いわゆるあらゆるものの伝達・交流、「コミュニケーション」を論究したのがこの一書である。

財団法人冷泉家時雨亭文庫理事長

冷泉為人

伝統産業の成立と発展——播州三木金物の事例—— ◆目次

発刊に寄せて ……………………………………………………… 冷泉為人

序　説 …………………………………………………………………………… 3

第一部　三木金物の成立と発展

第一章　近世後期における在郷町の変貌——播磨国美嚢郡三木町の場合——

　はじめに …………………………………………………………………… 11
　一　三木町の成立 ………………………………………………………… 12
　二　寛保〜寛延期の三木町 ……………………………………………… 16
　三　化政期の三木町 ……………………………………………………… 18
　四　交通の変化 …………………………………………………………… 22
　おわりに …………………………………………………………………… 28

v

第二章　近世三木町における前挽鋸鍛冶仲間の成立と発達

はじめに ……………………………………………………………… 33
一　三木町前挽鋸鍛冶仲間の成立 …………………………………… 33
二　三木金物の発達 …………………………………………………… 38
三　三木町前挽鋸鍛冶仲間の発達 …………………………………… 43
四　三木町前挽鋸鍛冶仲間の消長 …………………………………… 47
おわりに ……………………………………………………………… 56

第三章　近世後期における三木金物と大坂・江戸市場

はじめに ……………………………………………………………… 61
一　三木金物の勃興と京坂の鍛冶職 ………………………………… 62
二　三木金物の流通機構の整備 ……………………………………… 65
三　三木町における鍛冶職人の変遷 ………………………………… 70
四　三木金物の流通機構の変化 ……………………………………… 73
おわりに ……………………………………………………………… 76

第四章　金物仲買問屋と鍛冶職人──近世三木金物の事例──

はじめに ……………………………………………………………… 85

一　勃興期における金物仲買問屋と鍛冶職人
二　三木町金物仲買問屋仲間の成立と鍛冶職人
三　江戸市場への進出による金物仲買問屋の変化
四　諸鍛冶職人の変遷
おわりに

第五章　第二次世界大戦前における伝統産業の発展と同業組合
　　　　　――三木金物の事例――
はじめに
一　明治前・中期の三木金物問屋
二　明治後期～大正期の三木金物問屋
三　昭和前期の三木金物
四　戦時経済下の三木金物
おわりに

第六章　第二次世界大戦後における伝統産業の発展と同業組合
　　　　　――三木金物の事例――
はじめに

85　88　91　93　98　105　106　110　118　121　125　131

vii

第二部　地場産業勃興と社会文化の発達

第一章　上州館林藩越智松平氏と飛び地領支配
　　　　　――播磨国美嚢郡領の事例――

　一　昭和二〇年代の三木金物 ……………………………………………………… 131
　二　昭和三〇年代の三木金物 ……………………………………………………… 138
　三　昭和四〇年代の三木金物 ……………………………………………………… 142
　四　昭和五〇・六〇年代の三木金物 ……………………………………………… 147
　おわりに …………………………………………………………………………… 154

　はじめに …………………………………………………………………………… 159
　一　越智松平氏の創出と変遷 ……………………………………………………… 160
　二　「甲府支族松平家記録」とその飛び地領支配 ……………………………… 164
　三　三木町の支配 …………………………………………………………………… 169
　おわりに …………………………………………………………………………… 172

第二章　播州三木町の切手会所
　　　　　――館林藩越智松平氏の藩政改革の一端――

　はじめに …………………………………………………………………………… 175

一　三木金物の専売制 … 176
二　三木町切手会所の設立と運営 … 181
三　切手札の通用情況 … 186
四　上州館林藩の財政窮乏と生田万 … 190
おわりに … 192

第三章　近世における加古川の舟運

はじめに … 197
一　加古川舟運のはじまり … 199
二　舟役米と運上銀 … 200
三　三木川通船 … 202
四　年貢米の輸送──越智松平氏播磨飛び地領を中心として── … 206
五　諸物資の輸送と塩座の変遷 … 210
おわりに … 213

第四章　三木町金物仲買問屋の経営──作屋清右衞門家（黒田家）の事例──

はじめに … 219
一　作清家の成立と歴代当主 … 220

二　作清家の金物仲買問屋業における発達……………………………………………223
三　作清家における土地集積の情況……………………………………………………226
四　作清家における利貸経営の進展……………………………………………………230
おわりに……………………………………………………………………………………237

終　章　江戸時代における情報の発達と文化交流

はじめに……………………………………………………………………………………241
一　江戸時代における経済の発達………………………………………………………242
二　通信の発達……………………………………………………………………………245
三　庶民の知識欲の成長…………………………………………………………………252
四　文化人のネットワーク………………………………………………………………256
おわりに──江戸時代のコミュニケーションの諸相──………………………………263

あとがき
成稿一覧
索　引

伝統産業の成立と発展——播州三木金物の事例——

序説

　兵庫県内は旧国名で五か国、すなわち摂津・丹波の一部と播磨・但馬・淡路の全域が統合されて成立している関係で、多くの伝統産業（起源が、明治時代以前にある地場産業）が残されている。神戸市東部から西宮にかけての灘五郷の酒造業、出石焼・丹波立杭などの陶磁器、大工道具を中心とした三木金物、姫路の皮革製品、豊岡の杞柳製品、浜坂の縫針業などである。

　一八世紀後半、大坂周辺地域でこれらの産業も含め多くの産業がひとつの画期を迎えている。つまり、明和〜天明期（一七六四〜八九）の「株仲間名目」によれば、摂河泉播地方で一二九種の株仲間が組織されているのである。またこの史料には記載されていないが、これら以外にも株仲間が形成されている。これらの株仲間は既存の業者の仲間に、大坂周辺地域の新興業者を仲間に加入させ、その在方株（下株）として組織している。これは幕府が江戸市場への出荷元である大坂市場を強化し、従来の商品流通機構を守るための一つの政策であった。幕府は、衰退していた旧来の業者を守り、その勢力に新興業者を包摂させ、新しい商品流通機構を築いていこうとしていたのである。

　このような状況の中で、灘酒造業は、天明期（一七八一〜八九）に江戸積摂泉十二郷に含まれるようになっている。天明四年の大坂三郷惣年寄一三人による「酒冥加一件」によると、

3

① 大坂三郷の酒造家は「摂津在々」の酒造家、すなわち灘三郷の酒造家の台頭により、経営が圧迫されている。

② そのため、大坂三郷の酒造家は七〇〇軒から四〇〇軒に減少している。

③ 「摂津在々」（灘三郷）の酒造家を三郷年寄の支配としたい。

④ 三郷惣年寄が、大坂三郷五〇〇両、摂津在々五〇〇両、その他の地域一五五両の合計一一五五両の冥加金を各地域から徴収して大坂町奉行所に納入するようにしたい。

と、願い出ている。

摂泉十二郷とは、「古規」の大坂三郷・堺・伝法・北在（伊丹・池田以外の茨木から三田にかけて散在している酒造業者）・池田・伊丹・尼崎・西宮・兵庫の九郷と、この時期に仲間入りした今津・上灘（芦屋市から神戸市灘区にかけての地域）・下灘（神戸市中央区の地域）の「新規」の三郷である。つまり、これは「古規」の九郷が、「新興」の三郷の業者を仲間入りさせ、その支配下に置いたことを示している。

三郷金物の勃興も、三郷酒問屋が「江戸積摂泉十二郷」の酒問屋に加入したのと同時期の宝暦～天明期（一七五一～八九）で、この時期に先進地の業者との交渉があり、その結果、三木金物として全国市場である大坂市場に流通するようになっている。つまり、江戸時代の三木金物の最重要商品であった前挽鋸鍛冶職人が、宝暦末年（一七六四年ごろ）に京都前挽鋸鍛冶仲間の在方株として三木町前挽鋸鍛冶仲間を結成・創業し、鋸鍛冶職人も、天明四年（一七八四）に大坂文殊四郎鍛冶仲間の在方株として、三木町文殊四郎鍛冶仲間を組織し、庖丁鍛冶仲間も翌年に堺田葉粉庖丁鍛冶仲間と製品の寸法を変更することにより、和解している。

これらの諸鍛冶職人の開業と同時期に、三木金物の流通を担った金物仲買問屋の道具屋善七と作屋清右衛門

（現、黒田清右衛門商店）も創業し、三木金物の生産・流通機構が確立している。このように三木金物は一八世紀後半に勃興し、当時の中央市場である大坂市場、さらに江戸市場に進出し、全国的にも地場産業三木金物として定着している。しかし伝統産業といっても成立期の製造技術や、製造器具などがそのまま現在まで続いているのではなく、その時代にあったように技術や器具は変化し、製品も新しいものが作られ伝統産業として生き残っている。三木金物においては大工道具を中心とした製品から明治時代以降はショベルやスコップ、機械取り付け金物が生産されるようになり、現在もなお国内有数の金物産地として存在しているのである。

この伝統産業が成立することによって、周辺のインフラが整備され、たとえば、飛脚の発達、運輸手段としての川船による舟運・沿岸航路の盛業が見られるなど、社会文化が発達している。そして社会文化の発達が、江戸・京都・大坂の三都では、文化人のグループをいくつか形成させている。たとえば、杉田玄白や前野良沢が、わが国最初の本格的な医学書『解体新書』の翻訳を完成させたのは安永三年（一七七四）のことである。その経過は杉田玄白が『蘭学事始』に記している。また、蛮社の獄で知られている渡辺崋山の「蛮社（蛮学社）」は、蛮学すなわち西洋学術知識に関心のある諸方面の人々（蘭癖家）が崋山の周辺に集まり形成されている。

時代は遡るが、京都では鹿苑寺の住持鳳林承章をとりまく文化のネットワークが知られている。鳳林承章は、寛永一二年（一六三五）から寛文八年（一六六八）の三三年間の日記『隔蓂記』を残している。鳳林は慶長一三年（一六〇八）に鹿苑寺金閣の住持、さらに寛永二年（一六二五）に相国寺第九五世住持になっている。この『隔蓂記』は、寛永文化の諸相を知る絶好の史料であり、同書からは後水尾天皇や公家社会との交流、板倉重宗・小堀政一・五味金右衛門など幕府の役人、儒者の林羅山、茶人の金森宗和・千宗旦、画家の狩野探幽・海北友松・土佐光起、蒔絵師の幸阿弥、陶工の野々村仁清など寛永文化を代表する人々との交流が知られる。

また、売茶翁と呼ばれた黄檗僧月海元昭の文化人のネットワークが知られている。売茶翁は、享保一六年（一七三一）に上洛し、同二〇年に売茶の生活に入り、池大雅・伊藤若冲、そのほか皆川淇園・円山応挙・松浦静山などとの交友があり、一八世紀後半に京都文化のネットワークが形成されていたことが知られる。この売茶翁の銅製のレリーフが、大坂の木村蒹葭堂の依頼により、寛政九年（一七九七）に旗本の洋学者である石川七左衛門によって作成されている。蒹葭堂は売茶翁の高風を慕い、その茶道具一式を譲り受けている。

大坂の文化人のネットワークとしては、その木村蒹葭堂をめぐる人々の存在が知られている。坪井屋吉右衛門という酒造業者であった木村蒹葭堂は、本草・博物学者としても知られ、安永八年（一七七九）から死の直前まで二四年間のうち一九年余分の「蒹葭堂日記」を残している。この日記には、のべ九〇〇〇人を越える人物の名前が記載されている。その中には、日常的な友人だけでなく、著名な人物も含まれている。蒹葭堂の専門の本草学者や、趣味の書画・詩文・煎茶関係者だけでなく、学者・医家・通詞・僧侶や大名など、彼を中心とした文化の交流がうかがえる。このほか、幕末期には広瀬旭荘と藤井藍田・河野鉄兜らの文人ネットワークが知られている。

このような文化のネットワークは、前述の江戸・京都・大坂の三都だけでなく、地方の城下町や港町などでも見られる。たとえば、前述の三木町では、三木金物業の隆盛により、飛脚屋や西播の大動脈の加古川の支流である美嚢川（三木川）の沿岸に高瀬船による舟運が発達している。この高瀬船と沿岸航路との結節点にあたる高砂町（兵庫県高砂市）は、慶長五年（一六〇〇）に播磨一国五〇万石を与えられた池田輝政が姫路城に入り、東播の領知の年貢米輸送のため、翌六年に加古川の付け替え工事をし、今の川筋を本流とし、河口に港町高砂を建設し、対岸の今津村の無役の者を移住させ、諸役免除の特権を与えたことに始まる。さらに、輝政は、慶長九年に

6

滝野村の阿江与助と田高村の西村伝入斎に滝野より上流の田高川の開削を命じ、丹波国氷上郡本郷から高砂までの加古川の舟運を開いている。これによって、加古川流域の年貢米をはじめとした諸物資が輸送され、高砂町は加古川の舟運と瀬戸内海沿岸航路との結節点として発展する。

ちなみに、この高砂で姫路藩の六人衆の一軒であった岸本家（木綿屋吉兵衛家）と文化人との交流が盛んになってくるのは、三代博高の時代である。当時写生画の新境地を開拓した円山応挙やその弟子の長沢芦雪との交流が知られる。また、四代克寛の時代に作られたと思われる博高の肖像は、芦雪の義子芦洲が描き、大国隆正が賛をしている。このことから、三代博高以来岸本家では、それらの画家や文人と交流が続いていたことがうかがえる。この他岸本家に残っている「茶会記」には、高砂だけでなく姫路城下はじめ、周辺の赤穂・三木などの町人との交流が記載されている。

本書では、三木金物の勃興により周辺の社会文化が発達していく状況について明らかにしたと思っている。執筆時期が長期にわたっているために十分にその意を表していないきらいがあるが、御寛恕願いたい。

（1）『兵庫県史』第四巻（兵庫県、昭和五五年）には、「伝統産業の展開と市場の拡大」という節が立てられ、灘酒造業・名塩の紙漉業・三木金物・立杭焼・浜坂の縫針業などがとりあげられている。

（2）柚木学『近世灘酒経済史』（ミネルヴァ書房、昭和四五年）・山口昭三『日本の酒蔵』（九州大学出版会、平成二二年）などがある。

（3）『大阪市史』第一（清文堂出版、昭和五三年復刻）一一四〇～四五頁。なお、この史料には、「（大坂）三郷酒問屋」は記載されているが、次に述べる「江戸積摂泉十二郷」の酒問屋は記載されていない。また、本書でとりあげる三木金物の諸仲間も記載されていない。

（4）前掲『兵庫県史』第四巻、六九八～七〇二頁。

（5）『同右書』七〇〇～七〇三頁。

（6）拙稿「近世三木町における前挽鍛冶仲間の成立と発達」（『人文論究』第二三巻第一号、昭和五一年）による（本書第一部第二章参照）。

（7）拙稿「金物仲買問屋と鍛冶職人——近世三木金物の事例——」（『日本歴史の構造と展開』山川出版社、昭和五八年）による（本書第一部第四章参照）。

（8）揖斐高『江戸の文人サロン』（吉川弘文館、平成二一年）にも、三都の文人サロンについて述べられている。

（9）緒方富雄訳『蘭学事始』（『世界教養全集』第一七巻、平凡社、昭和三八年）による。

（10）佐藤昌介『洋学史研究序説』（岩波書店、昭和三九年）一九一～二一四頁。

（11）冷泉為人監修『寛永文化のネットワーク——「隔蓂記」の世界——』（思文閣出版、平成一〇年）i～iv頁。

（12）高橋博巳『京都藝苑のネットワーク』（ぺりかん社、昭和六三年）。

（13）中野三敏『江戸文化評判記』（中央公論社、平成四年）五〇～五二頁。

（14）有坂道子「木村蒹葭堂の交遊——大坂・京都の友人たち——」（『大阪の歴史』第四六号、平成七年）、中村真一郎『木村蒹葭堂のサロン』（新潮社、平成二二年）などがある。

（15）小堀一正『近世大坂と知識人社会』（清文堂出版、平成八年）一七七～一八四頁。

（16）山本徹也『近世の高砂』（高砂市教育委員会、昭和四六年）二一五・二二一～二七頁。

（17）冷泉為人「岸本家と文人墨客」（愚編『播州高砂岸本家の研究』（ジュンク堂書店、平成元年）、のち同『近世地方商家の生活と文化』（ジュンク堂書店、平成二二年）所収）による。

（18）寛政四年（一七九二）～明治四年（一八七一）文化三年（一八〇六）平田篤胤に入門、のち昌平校で学び、文化七年に津和野藩に招かれ、翌年帰正館を設立し、同二二年に京都に移る。わずか五年あまりの播州生活であったが、加古川流域の旧家には多くの墨跡が残されている。

第一部　三木金物の成立と発展

第一章　近世後期における在郷町の変貌
―― 播磨国美嚢郡三木町の場合 ――

はじめに

近世の町としては、城下町・港町・宿場町・門前町などのほかに、郷町・町方・町場・在町・町村と呼ばれる小都市聚落つまり在郷町があった。

この在郷町の成立・発達については、原田伴彦が「近世在郷町の歴史的展開」において概観している(1)。その中で一八世紀後半期の在郷町について肥後の隈府町などの具体例を紹介したのち、「封建制の矛盾の進行に伴う都市対農村の複雑な歴史的諸関係が、個々の在郷町の盛衰に対応的に現われるのである。例えば前述した小千谷・十日町・堀之内の如き生産者的性格をもつ在郷町は、ますますその発展を著しくする。桐生新町がその繁栄の絶頂に達するのは、一九世紀に入って文化から天保の頃である。(中略)かかる生産者的商人を中心とする在郷町の繁栄と反対に、単に流通過程にのみ立脚する商業聚落、あるいは封建的行政の円滑なる遂行のためにのみ形成された宿駅聚落のうちには、衰退のうき目を見るものも現われてくるのである」と論述している。また、元禄～享保期の商品流通の展開により、「在郷町の全国的満開が見られた」という在郷町の中でも、生産者的商人による在郷町が近世後期(一八世紀後半～一九世紀前半)に発達したとしている。

また山口之夫は、摂津平野郷をとりあげ、繰綿の流通を通してその変質過程を述べている。摂津平野郷は繰綿の集散地として発達し、木綿織への可能性だけを残して農村工業的在郷町を形成するにはいたらなかったとし、巨大な大坂商業資本のために在郷町の順調な生成発展はみられなかったといってよいだろうと論じている。つまり、摂津平野郷は木綿織を中心とする生産者的商人の在郷町とはならず、繰綿の集散地として平野郷は発達しなかったと述べている。

やがて大坂の商業資本によって繰綿の流通が支配されるようになり、在郷町として平野郷は発達しなかったと述べている。

ここではその「生産者的商人による在郷町」の一事例として、播磨国美嚢郡三木町をとりあげる。三木町の主産業は大工道具を中心とする三木金物（打刃物）である。この三木金物の歴史についてはすでに諸論説に述べられているように、その成立は宝暦〜天明期（一五七一〜一七八九）であり、江戸市場との直接取引の成立した文化年間（一八〇四〜一八）に盛業を迎えた。この金物業の勃興によって在郷町＝三木町がどのように発達したのか、その具体像を明らかにしてみよう。

一 三木町の成立

播磨国美嚢郡三木町（兵庫県三木市）は、加古川の支流美嚢川（三木川とも俗称されている）に沿って発達した町である。戦国末期には別所氏の城下町として繁栄していたが、天正八年（一五八〇）正月に別所氏は滅亡し、三木町は羽柴（豊臣）秀吉の支配下に入った。はじめ秀吉は三木町を毛利氏攻略の拠点として復興するため、戦火をさけて避難していた町人の帰住を促進しようと、地子免許の制札を掲げた。しかし小寺（黒田）官兵衛の進言により姫路をその本拠地とした。そのため三木町は城下町として復活せず、だんだんとさびれていったのであ

第一章　近世後期における在郷町の変貌

る。ところが、この秀吉の制札が地子免許の町として三木町が存続する一つの証拠となった。徳川幕府は延宝五年（一六七七）に畿内と近国の直領の検地を近隣の諸大名に代行させ、三木町も姫路藩主松平大和守直矩によって検地されることとなった（延宝検地）。このとき三木町の町人たちは幕命によって行なっているので幕府からの通達がないかぎり検地をさせない免除されるように検地役人に訴えた。しかし役人は、今回の検地は幕命によって行なっているので幕府からの通達がないかぎり検地を実施すると、三木町の町人達が幕府に直訴した。評定所での評議の結果、三木町は検地を免がれることになった。このため町人たちは代表二人を出府させ幕府に直訴した。評定所での評議の結果、三木町は検地を免がれることになった。このため町人たちは代表二人を出府させ幕府に直訴した。評定所での評議の結果、三木町の訴えをしりぞけている。その後三木町の町人は、本要寺内に宝蔵を建設し、重要な文書を保管するとともに、江戸へ直訴に行った二人の頌徳碑を建てた。このように町人の種々の努力によって、地子免許の特権は守られることとなったのである。この地子免許の町であったということが、近世三木町の一大特徴であった。

次に近世三木町の領有関係を調べてみよう。近世三木町の領主は表1のようになる。この表からわかるように三木町は直轄領・私領と激しく変化している。そして私領の場合でも、姫路藩領となった慶長五年（一六〇〇）から元和三年（一六一七）までと、明石藩領となった元和三年から同七年までの三時期以外の私領はすべて飛び地領であった。ただ例外的に、越智松平氏は延享三年（一七四六）から天保一三年（一八四二）以後のか領主権力は浸透しにくかった。

次に近世三木町の町政組織をみよう。延享四年に直轄領代官萩原藤七郎友明が、越智松平氏に領知を引き渡す

第一部　三木金物の成立と発展

表1　近世三木町の領主の変遷

年　　号	西暦	領主の区別	居　城	領　主　名	備　　考
慶長5・10・15	1600	私領	姫路	池田三左衛門輝政	家老伊木豊後守・長門の父子が三木在城
				池田武蔵守利隆	慶長18・6・6、襲封
				池田左少将光政	元和2、襲封
元和3・7・28	1617	私領	明石	小笠原右近大夫忠政（忠貴）	
元和7	1621	直轄領		小堀速江守政一	
寛永9	1632	直轄領		花房右馬助	
				大久保甚右衛門長重	
寛永10	1633	直轄領		柴田五兵衛	
寛永11	1634	直轄領		鈴木三郎九郎重成	
				小川藤左衛門正長	
寛永16・6・5	1639	私領	備中成羽	水谷伊勢守勝隆	
寛永19	1642	直轄領		小野長左衛門貞政	
元禄2	1689	直轄領		西山六郎兵衛昌春	
元禄5	1692	直轄領		大岡喜右衛門忠通	
元禄12	1699	直轄領		平岡四郎左衛門	
元禄15	1702	直轄領		大草太郎左衛門正清	
宝永2	1705	直轄領		久下作左衛門重秀	下五ケ町
				万年長十郎頼治	上五ケ町
宝永4・正・9	1707	私領	常陸下館	黒田豊前守直邦	享保17・3・1、沼田へ加転封
				黒田大和守直純	享保20・4・15、襲封
寛保2・7・28	1742	私領	上野前橋	酒井雅楽頭忠恭	
延享元・5・1	1744	私領	出羽山形	堀田相模守正亮	
延享3	1746	直轄領		萩原藤七郎友明	
延享3・9・25	1746	私領	上野館林	松平右近将監武元	
				松平右近将監武寛	安永8・9・11、襲封
				松平右近将監武厚	天明4・5・19、襲封
					天保7、浜田へ転封
天保13・8・8	1842	私領	明石	松平兵部大輔斉宣	弘化元・7、襲封

出典：「領主累代控」（永島福太郎『三木町有古文書』青甲社、昭和27年、56番）を元にし、『寛政重修諸家譜』により補訂した。なお、三木市郷土史の会『三木市有宝蔵文書』第2巻（三木市、平成7年）263～265頁による。

第一章　近世後期における在郷町の変貌

表2　近世三木町の戸数と人口

年代		町方									地方	計	出典
		東條	大塚	芝	平山	滑原	新	上	中	明石	下			
寛保2 (1742)	戸数	615										168	783	町有36
	人口	3,854											3,854	
延享元 (1744)	戸数	604										187	791	町有37
	人口	3,894											3,894	
文化元 (1804)	戸数	68	13□	57	63	103	54	39	73	128	175		89□	町有39
	人口	285	302	208	290	515	220	195	364	549	869		3,797	
弘化2 (1845)	戸数	32	64	48	61	34	18	44	72	110	133	127① 89②	832	町有44
		616										216		

注：①新町—40、明石町—16、下町—71。②平山町—6、東條町—18、滑原町—65。
出典：前掲『三木町有古文書』、34〜42頁、46〜48頁、51〜52頁。のち、前掲『三木市有宝蔵文書』第1巻、59・64・74・79頁参照。

ために作成させた「三木町由諸書上控」によれば次のように記されている。三木町は町方（一〇か町）と地方（六か町）に分かれ、町方の各町には年寄が、また上・下五か町ごとに惣年寄が置かれていた。この一〇か町の町人の出作地である地方には、庄屋が置かれていた。つまり三木町内には年寄と庄屋が並置されていたのである。

その分掌は、年寄が公事・訴訟・家屋敷地の売買・宗旨手形の授受・御法度御触書の伝達などに関することを、庄屋が年貢・田畑地の売買などに関することを取り扱っていたことがわかる。このように三木町は、無年貢地の町方一〇か町と、年貢地の地方六か町から成り立ち、年寄と庄屋が並置されるという町政の組織をもっていたのである。

なお、参考史料として三木町の人口と戸数の変化を示す表を掲げよう（表2）。この表から、人口は三七〇〇〜三八〇〇人でほとんど変化していないが、戸数は文化元年（一八〇四）に最高値を示していることが知られる。この文化元年という時期は、三木と江戸市場との直接取引の成立したときにあたり、金物業の隆盛によって自立することができるようになったことを示しているのであろうか。以下一八・九世紀の三木町の変貌過程を述べよう。

第一部　三木金物の成立と発展

二　寛保～寛延期の三木町

近世三木町は前述したように、城下町として復活することはなかった。しかし三木町とその周辺の領地を支配するために三木町内に陣屋が置かれ、行政の一つの核として存在していた。このことはそれに付随して諸種の産業が成立していたことを暗示すると考えられる。たとえば美嚢郡内にあった越智松平氏の村々では、正徳二年(一七一二)四月に年貢の納入方法を変更し、四分銀納をやめて「皆米納」にした。これは農民たちが銀納のために他領の三木町まで米を運んで売らねばならず、負担軽減のためにも米納に変えて欲しいと訴えたことによるという。このことは三木町が周辺農村の流通の核として成立していたことを物語っている。

そこで三木町にはどのような産業が成立していたのかを調べてみよう。その史料としては、寛保二年(一七四二)の「播州三木町諸色明細帳」がある。それによると、戸数七八三軒のうち、諸職人は二九五軒、諸商人は一三一軒で、その種別を示すと表3のとおりである。

この史料から、①大工の一四〇軒をはじめとする木工関係の職人が、諸職人の半数以上を占め、その大部分は出稼ぎ職人であった。②毛綿屋(木綿屋)・わたくり屋・形屋・紺屋などの繊維関係の商人や職人がいたこと。③諸商人として干鰯屋が一一軒もあり、一八世紀中ごろにはすでに三木町周辺の農村で金肥の使用が始まっていたこと、つまり商品作物として木綿の栽培が行なわれていたこと。④鍛冶屋が一二軒あったことなどがわかる。

もう少し具体的にこの時期の諸商人・諸職人についてみると、まず商人については、延享二年(一七四五)六月一〇日の「商人掟書請状写」が残されている。戎講として四六軒の商人が連名し、一一か条からなる仲間の規約を守ることを申し合せているが、この四六軒がどんな業種であったのかは不明である。古手品の売買に関する

16

第一章　近世後期における在郷町の変貌

表3　寛保2年の三木町の職業構成

諸職人		諸商人		その他	
業種	軒数	業種	軒数	業種	軒数
大　工	140	質　屋	18	傀ぐつ師	7組
木　引	26	木(生)薬屋	5	造　酒	17組
樽　屋	48	小間物屋	13		
形　屋	16	米　屋	18		
紺　屋	26	毛(木)綿屋	13		
籠　屋	2	古手屋	5		
檜　物	4	豆腐屋	17		
鍛冶屋	12	材木屋	2		
研　屋	1	干鰯屋	11		
瓦　屋	2	味噌屋	16		
左　官	1	菓子屋	3		
たび屋	3	魚　屋	10		
塗師屋	1				
畳　屋	11				
わたくり屋	2				
合計　15種	295	合計　12種	131	―	―

出典：前掲『三木町有古文書』34〜38頁。のち、前掲『三木市有宝蔵文書』第1巻、59〜64頁。

条項が二か条あり、前述の明細帳から古手品を取扱ったと思われる業種を類推すると、質屋（一八軒）・小間物屋（一三軒）・古手屋（五軒）・木綿屋（一三軒）の四業種、四九軒となり、ほぼ軒数は一致する。この他に商人の仲間については、元禄一五年（一七〇二）の「三木町質屋仲間帳」があり、このときすでに質屋の仲間が成立していただけである。

という商人の仲間は、この四業種の商人の仲間であったのかもしれない。

次に職人の仲間について調べてみよう。延享二年（一七四五）一〇月の「野鍛冶仲間破訴状」によれば、下町の伊兵衛など八人は野道具鍛冶仲間を組織していた。ところが仲間外の鋳鍛冶の者が野道具をつくっているので差止めて欲しいと願い出ている。またこの史料には「近年釘鍛冶やすり鍛冶多ク出来候得共、銘々師匠より習請候職筋被仕候ニ付、私共職分ニ指而相構申儀無御座候」とあり、鍛冶職人として野道具鍛冶・鋳鍛冶の他にも、釘・やすり

に法界寺本堂の修復の請負いをめぐって紛争があった。そのときの詫証文の文言に「大太子講中より職法ニ相背候由」とあり、大工職人の仲間として「大太子講」が成立していたことがわかる。また寛延元

17

第一部　三木金物の成立と発展

をつくる鍛冶がいたことがわかる。

以上述べてきたように、三木金物の勃興する直前の三木町は地子免許の特典をもち、周辺農村の流通の核、すなわち在郷町として成立していた。そして町内には質屋仲間・戎講の商人仲間や大太子講・野道具鍛冶仲間などの職人・商人の仲間が組織されていたが、それほど商工業が盛んであったとはいえないだろう。次に金物業の成立した後の化政期（一八〇四～一八三〇）の三木町の町勢を眺めてみよう。

三　化政期の三木町

宝暦～天明期に三木町において前挽鍛冶職人をはじめとして鋸・庖丁などの諸鍛冶職人ができ、金物仲買問屋も創業し、特産品三木金物として成立したことについては、諸書に述べられている。この三木金物の勃興によって、在郷町三木町はどのように変貌したのか、化政期を中心として調べてみよう。文化元年（一八〇四）の「三木町家別人数並諸商売書上写」によれば、諸商売として次のように記載されている。

三木通船　　八艘　　酒造株　七株　　前挽鍛冶職　三軒　　野道具鍛冶職　　干鰯商売　　呉服屋商売

形屋商売　　藍屋商売　　紺屋商売　　毛綿商売　　米屋商売　　傀儡師　二組

前述の寛保二年の明細帳とは記載形式が異なっているけれども、記述されている職業の変化をみると、まず一四〇軒もあった大工が記載されていないこと、その二は、商品作物として木綿栽培が引き続いて行なわれていること、その三は、鍛冶職人が前挽鍛冶職人と野道具鍛冶職人とに分化して記されていること、その四は、三木川を上下する通船が開かれていることなどに気づく。

この史料は「諸商売書上」とあるが、その当時三木町に存在していたすべての商売を書き上げたものではな

18

第一章　近世後期における在郷町の変貌

い。たとえば大工についても、宝蔵文書には化政期の「大工職人定宿届書」が残されているので、三木町に大工職人が存続していたことは確かである。このことから、一八世紀から一九世紀にかけて三木町の主要な商工業であったと考えられる。つまり一八世紀から一九世紀にかけて三木町の主要産業に変化があり、大工などの木工関係業から鍛冶職人へ転換したと推測されるのである。この推測を裏づけるものとして次の文化一五年（一八一八）の「長機織御免伺書控」がある。

　当町方商売渡世の義ハ、在々入込無少土地故、近村の商内のみニ而渡世簿ク営業兼候ニ付、出稼之諸職人多候処、近比二八鍛冶職出来候而より、出稼之者過半余も鍛冶職を相習ひ、他所稼も追々相止メ居職罷成（後略）

三木金物の勃興にともなって出稼職人（大工・木挽・畳屋など）の中には、鍛冶職人に転職するものがあったことを物語っている。事実、三木町の二大江戸積金物仲買問屋の一つであった道具屋の初代善七（本名は太兵衛であるが本書では二代目以後と同様に道具屋善七とする）は、はじめ木挽職人として丹波・但馬地方などへ出稼ぎに行っていたことが知られるのである。

　このような産業の変化は三木町内の商業活動にも影響を与えている。いささか長文になるが、文化一一年の「十河某商人株取立願書控」の内容を紹介しよう。

　近年百姓がみだりに商人となり、町方不繁昌・在々困窮の因由となっている。商人の奢侈に暮しているのを見倣い、風俗が華美になってきた。中には御年貢皆済などに差詰り、他領で高利の銀子を借用しますます困窮するものがいる。これらすべては在々に商人が多くいるためである。そのうえ町方で昔から商売をしていた者の中には、自然と不繁栄となりだんだんと衰退していく者もあり、町方も村方も双方ともに困窮してきた。そのためかつて寛政年中に在々の商人を取締ろうとしたが、延引したままとなっている。その後も一段

第一部　三木金物の成立と発展

と在々の商人が増加し、一層困窮した状態である。この状態を改善するためには在々の商人を差止めなければならないが、そうするとかえって混乱するので、今後商人の数が増加しないように次のような願をつくりたい。

これによれば、①商人数を限り株札をわたす。②月々株料を集める。③集めたお金を低利で困窮者に貸付ける。④貸付利銀を冥加金として上納する。⑤上記の措置は一〇か年間だけとする。⑥商売をやめれば株料を返却する。⑦新株を認めない。というような内容の仲間をつくり、商人の増加を制限しようとした。この結果は不明であるが、この願書から、三木町とその周辺の村々において商業活動が活発化し、新規に商人となる者が増し、そのため昔から相続していた商人の中には没落する者があったことがわかる。

このような領分内の変化だけでなく、他領からも影響を受ける。他領商人の入込が激しくなってくるのである。たとえば呉服屋仲間についてみよう。文化一四年一二月七日の「小野町呉服行商人入町伺書控」によれば、一柳土佐守末榮領内小野町の平野屋惣兵衛が同年春に他領商人の入込が禁止されたため、領内に入り売掛金の回収もできず困り、早く領内での商売を許可して欲しいと福田屋八郎兵衛を仲介として惣年寄十河与一左衛門に頼み、十河がそれを三木陣屋に伺いを出している。それに対し下町の角屋九兵衛など七人が、当町内で仮店を出そうとしている者がいるので停止させて欲しいと願い出ている。さらに文政三年（一八二〇）二月には、三木町の呉服屋は恵比須講を組織し、代呂物を吟味して仕入れ、価格の協定を行付で他領から入込、新規に呉服商人になりたい者にはその人柄を見立てた上で何人でも入講させるようにするので、仲間として許可して欲しいと願い出ている。その結果は不明である。

以上三つの史料から、三木町の繁栄につれて領外から商人が入込んできたこと、その中には三木町内に仮店を

第一章　近世後期における在郷町の変貌

開こうとしている者がいたこと、それに対し三木町内の商人は結束を固め入込商人を排除しようとし、あるいは新規同業者の乱立を防ぐため仲間を組織しようとしていたことがわかる。

このように三木町内の商業は活況を呈していた。では、金物業以外にどのような工業が行なわれていたのであろうか。姫路藩の木綿専売制で知られるように播州地方は、木綿の特産地であった。三木町とその周辺の村々においても木綿栽培が行なわれていたことについてはすでに述べた。この木綿業について化政期で注目しなければならないことは、木綿縞織を行なう長機織（ながはたしょく）職人がいたことである。長機織職の差止めを解除して欲しいと願い出ている文化一二年と一五年の史科（35）によれば、京都からきた新七という者が上町さのや平助方で始めたのが最初で、文化一一年一二月二六日に役所から差止められたときには、上町佐野屋庄助・明石町こもいけ屋冬蔵・新町中屋吉兵衛・下町泉屋長兵衛・芝町小浜屋忠蔵の五軒に増加し、年季奉公人も雇い入れるようになっていた。そして今後は作法を相立て不埓の勤め方であればやめさせ、そのうえ御冥加も上納するので何とぞ許可して欲しいと願い出ている。その後の経過は不明であるが、天保元年（一八三〇）に三木町の領主であった越智松平氏が、再び長機織職が許可されたことは明らかである。と同時にこの木綿縞織が三木町の主要産業の一つであったことを示していると考えられよう。

この長機織職の他には、菜種油絞りが行なわれていたことが知られる。文化一五年に大坂の三郷菜種油絞仲間から松平右近将監武厚領分内の寄せ絞の者を相手に訴えた訴状の写が残されている。（37）この史料によれば、三木町内の東條町年寄友左衛門・下町年寄喜右衛門を含む松平右近将監武厚（越智松平氏）領内の六人が、油稼ぎをしているとして訴えられている。友左衛門などは手絞りの分だけ油絞りを行なう許可を領主から得ていると申立たが、大坂の仲間が見聞したところでは、手絞りの分だけでなく近隣からの菜種を買い集めて絞っていると

訴えたのである。このように文化末年に三木町内で菜種油絞りを行なっていることが知られるが、正式に許可を受けていたものでなかった。また、この時期に、菜種の作付が飛躍的に増加したことが明らかにされている。(38)

以上述べたように金物業の勃興後、化政期の三木町は、単に周辺農村の流通の核となっていた農村的景観の町から、商工業の活発な町へと発達したのである。つまり化政期の三木町は町内外に新規商人が増加し、逆に昔から相続していた商人の中には没落する者がでてきた。さらに領外からの入込商人も活躍するようになり、入込が禁止されると三木町内に仮店を設置しようとする者があらわれてくる。そのため三木町内の商人の中には、仲間を組織し、新規同業者の増加を抑えようとしている。また木綿・菜種の商品作物の栽培も盛んになり、その加工業である木綿縞織・油絞りなども行なわれるようになってきたのである。これらの現象は、三木町が在郷町として発達していたことのあらわれであろう。

四 交通の変化

(1) 三木―大坂間飛脚

前述したように三木町の商工業が活発になるにつれて、諸地域との連絡も増大する。当時の三木町の領主は、上州館林藩の越智松平氏であったが、播州の飛び地領の支配のために通信手段が必要であった。江戸―大坂間には三度飛脚なども発達していたので、三木―大坂間の飛脚制度を整備すればよかった。こうして三木―大坂間の飛脚制度が始まる。三木金物の発達によって三木町の商工業が活発になると、町人たちの需要も増し飛脚が重要になってくる。以下、三木―大坂間の飛脚についてみてみよう。

三木町の飛脚についての初見の史料は、天明六年（一七八六）九月の「飛脚勘兵衛願書」と「飛脚屋譲願書」

第一章　近世後期における在郷町の変貌

との一対の文書である。これは中町の米屋兵右衛門が病弱で飛脚を続けることができなくなり、明石町の加茂屋勘兵衛にその権利を譲ったときのものである。この史料によれば、去年の一〇月に病気のため加茂屋勘兵衛に代役をさせていたが、病気が治癒しないので勘兵衛に飛脚屋を譲ったこと、飛脚屋の主要な業務は、大坂での諸色相場の聞合せ、領主の用向の二つであったことがわかる。

その後数十年間飛脚に関する史料は残されていないが、文化年間になると三木町の商工業の活況につれて飛脚屋の重要度も増してきた。文化四年（一八〇七）正月一七日に井上屋又兵衛が飛脚を開業し、同月二七日に上町の伊勢屋嘉兵衛が飛脚屋の開業願を提出し、相継いで開業している。しかし井上屋は翌年三月七日に再営業の許可を求めているので、開業後何か不都合があり営業が停止されていたことが知られる。

文化一一年四月七日に三木一〇か町の年寄が連名して飛脚人数の増加を願い出ている。この願書によれば、①現在飛脚屋は三軒あるが、そのうち二軒は老年者と病弱者で確実な者は一軒だけであること、②御用出日は毎月七日・二三日の二回と決まっているがそれさえ守られず、そのうえ一回の往復に六～八日かかっていること、③これまで三木の飛脚がつとめていた隣接の加東郡小野町や市場などにも飛脚が四、五人開業していること、④飛脚を四人に増加すれば、月に八回の出日を守るようにすること、などが記されている。この結果、同年六月に井上屋又兵衛が再び飛脚となっている。

またこの願書には次のような記載がある。

　当地之儀諸鍛冶職近年格別ニ出来仕候ニ付、当地之産物与相成、大坂者勿論諸国迄も追々相弘り候得者、当地江罷下り直買ニ致度由之者共国々ニ多分御座候ヘ共、辺鄙之義ニ付遠国より当地迄得下り不申、大坂取次所迄注文差越候ニ付、追々其方迄荷物送出シ申候、

第一部　三木金物の成立と発展

表4　文政3年(1820)の大坂の飛脚

種　別				
三度飛脚	船越町　　　　　　　尾張屋惣右衛門 大手綿町　　　　　　天満屋弥左衛門 内平野町淀　　　　　江戸屋平右衛門 大沢町　　　　　　　津国屋十右衛門 平野町壱丁目　　　　尾張屋吉兵衛 玉水町　　　　　　　尾張屋七兵衛 堂嶋中町　　　　　　近江屋季兵衛 平野橋西詰　　　　　江戸屋九右衛門 船町　　　　　　　　天満屋吉右衛門			
京都飛脚 出所	大　　坂	京　　都	大　　坂	京　　都
	いづみや弥右衛門 いづみや治兵衛 いづみや得兵衛 小和田屋利右衛門 大坂屋七郎右衛門	いづみや弥右衛門 いづみや治兵衛 いづみや治兵衛 松屋太右衛門 大坂屋七郎右衛門	天満屋六兵衛 萬屋武三郎 大丸屋甚兵衛 明石屋吉兵衛 西田屋得蔵	天満屋吉兵衛 萬屋長兵衛 大坂屋甚兵衛 明石屋六兵衛 松屋太右衛門
その他の 飛脚	仕向地		飛脚屋名	
	尾州	備後町壱丁目	木津屋半兵衛	
	紀州	本町せんだんの木南	萬屋季兵衛	
	紀州・伊勢	淡路町心斎橋東へ入	桔梗屋吉兵衛	
	但馬	淡路町せんだんの木角	丹波屋武右衛門	
	但馬	中橋備後町北へ入	たじま屋利兵衛	
	京都・敦賀	南本町境筋西へ入	河内屋宇兵衛	
	丹波	梶木町心才橋筋	丹波屋六兵衛	
	備前津山	淀屋橋南詰東へ入	鍵屋藤兵衛	
	三田・有馬	道修町西横堀東へ入	三田屋吉右衛門	
	三田・有馬	呉服橋西詰北へ入	板前屋弥兵衛	
	池田・伊丹	南本町難波橋	大和屋歌七	
	池田・多田湯本	備後町境筋西へ入	兵庫屋得兵衛	
	大和・河内・山田・富田林	南久太郎町壱丁目	駕屋六三郎	
	奈良・郡山	同所北へ入	大和屋庄兵衛	
	大和・河内・奈良・郡山・山田・富田林	同所南へ入	大和屋六右衛門	
	奈良・郡山・山しろ木津	農人橋東詰	五りや小兵衛	
	南都	安土町境筋東	奈良屋七兵衛	
	伊賀・伊勢	南本町東堀南へ入	萬屋虎吉	
	伊賀上野・名張・伊勢・津・松坂	備後町八百や町東	木屋外兵衛	
	伊賀上野・名張・大和奈良・郡山	農人橋東詰	材木屋忠右衛門	
	津山・因州	肥後橋南詰東	いづミや六郎兵衛	
	播州姫路	淀屋橋南詰角	播磨屋弥助	
	播州三木	同所東へ入	鍵屋五兵衛	
	池田・伊丹・西宮・尼崎・小濱	淡路町心才橋西	嶋屋彦兵衛	

出典：文政3年刊『商人買物独案内』（近世風俗研究会、昭和37年）による。

金物業の隆盛によって三木町の飛脚は、三木—大坂間を定期的に往復し、その業務内容も領主の用向のためのものから、大坂取次所との連絡や諸国からの注文書・代金の受け渡しに変化したのである。

次に三木金物の流通の中枢であった三木町金物仲買問屋仲間と飛脚との関係について述べてみよう。天保四年

第一章　近世後期における在郷町の変貌

（一八三三）五月には三木町飛脚屋仲間のわた屋嘉兵衛・井上屋又兵衛・加佐屋佐兵衛の三軒が、三木町金物仲買問屋仲間を通さずに職方からの荷物を直接大坂に運送しないことを約束している。また同九年八月に佐野屋平助が三木町金物仲買問屋仲間に金銀・荷物を誤まりのないように運送することを約している。このような証文類は、その後天保一〇年正月・弘化四年（一八四七）八月・嘉永五年（一八五二）三月付の文書が残されている。このことは、飛脚屋仲間が三木町金物仲買問屋仲間に提出した証文の文言のような不正を実際には行なっていたことを推測させる。

この推測を裏づけるように、嘉永五年七月一六日に三木町金物仲買問屋仲間一〇軒の連名で、飛脚屋の不正を訴えている。その歎願書によれば、飛脚屋三軒で月に六回の出日を決め、正確に三木―大坂間を往復していたが、最近は自分の都合で出発したり、大坂飛脚宿に着いている注文書や代金などを正確に運送してくれない。そのうえ代金を他へ融通したりして金物仲間が迷惑しているので、飛脚の不正を差止めていただきたいと願い出ているのである。と同時に、大坂の取引先である曲尺屋弥助など四七軒に対して、飛脚のうち中島屋太兵衛と角屋安兵衛の二人に一切金銀・荷物・書状を渡さないようにと回状を出している。この結果は不明である。三木金物の発達により盛んとなった三木―大坂間の飛脚であったが、三木町金物仲買問屋仲間にとっては問題の多い存在であった。

この嘉永五年の回状は堂島の美濃屋太郎兵衛に出すように記されている。これより前、文政三年（一八二〇）に刊行された『商人買物独案内』の飛脚の項には表4のようにある。大坂―京都間の飛脚としていづみや弥右衛門ほか九軒、江戸三度飛脚尾張屋惣右衛門ほか八軒をはじめとして、尾州・紀州・但馬・丹波・備前方面への、また大坂周辺の主要な町、池田・伊丹・西宮・尼崎・小浜・富田林・山城木津・大和

25

第一部　三木金物の成立と発展

郡山などへの飛脚の名があげられている。その中に、「播州三木飛脚同所（淀屋橋南詰）東へ入ル　鍵屋五兵衛」と記されている。その実際の活動については不明であるが、三木町宛の書状・荷物の取次をしていたのであろう。大坂取次所・大坂飛脚宿と呼ばれていたのが、これに当たるのであろう。

以上のように、三木―大坂間飛脚は三木金物の発達により文化年間にその業務内容も変化し、大坂取次所と三木町の間を定期的に往復するようになったのである。諸国からの注文・代金の支払いも、この三木―大坂間飛脚の成立によって行なわれるようになったが、不正を働くことが多く金物仲買問屋仲間にとっては問題の多い存在であった。

（2）　三木川通船

三木町は加古川の支流三木川（本稿では史料の叙述の関係上、美囊川を三木川と表記する）に沿って発達した町であった。本流の加古川には早くから舟運が成立していた。滝野（加東郡滝野町）の阿江与助が文禄三年（一五九四）に秀吉の奉行生駒玄蕃の許可を得て、滝野―洗川尻間の舟運路を開いた。また慶長九年（一六〇四）に輝政は阿江与助と西村伝入斎に命じて舟運路を多可郡黒田庄まで延長させ、高砂に導いた。多可郡田高村から高砂まで全長四八キロにおよぶ舟運路を完成させた。加古川と瀬戸内海との結節点となった高砂は、姫路藩の外港として、また加古川流域の直領・諸大名領・旗本領の年貢米などの集散地としても発達した。加古川を上下する通船の数も万治二年（一六五九）ごろには五〇艘であったのが、享保一五年（一七三〇）には一六〇艘と増加している。

このような加古川本流の舟運の盛行と、三木町の商工業の発達に刺激され、三木町から高砂まで通船を運行さ

26

せようとする動きが生じてくる。明和七年(一七七〇)二月に芝町の貝屋清七は、三木町から高砂までの区間で三〇艘の通船の許可を幕府から受けた。実際に運行していたのは二艘だけであったが、三木町から高砂までの三木川通船が開かれたのである。そして安永二年(一七七三)には三木川通船の請負人が三木上五か町惣年寄福田屋代蔵(のちに与六郎と改称)と下五か町惣年寄銭屋与七郎の二人に代わり、舟数は三艘となった。このときに運賃が米一石につき一升七合、運上米が年に一艘につき五斗ずつ納めることなどを決定し、今まで通り通船が続けられることとなった。

その後通船の数は寛政六年(一七九四)に六艘、文化年間に八艘と増加している。このような三木川通船の発達は、それ以前から成立していた国包村・宗佐村の船持たちと衝突することとなる。たとえば文化七年(一八一〇)秋に銭屋が船蔵を正法寺村から宗佐村の船宿四軒屋新右衛門方の岸下に移したときには宗佐村・国包村・室山村の三か村から、住吉講を休講させること、銭屋船は正法寺村に引き上げることなどの申し入れが行なわれた。住吉講とは、三木町と宗佐村・国包村・室山村の船持との間で組織されたもので、諸荷物・船頭などに関する規定を定め、年に二度参会することによって、相互の利害を守りあっていたのである。結局、文化一一年一二月に和談が成立し、銭屋が荷物請払料として二〇匁ずつ各村に支払うこととなった。

また三木町内部においても、この三木川通船の利権をめぐって紛争が起こっている。文化一二年(一八一五)二月二八日に一〇か町町役人の惣代として新町年寄平兵衛らが十河茂作に対して、三木川通船は惣年寄役として付け置かれていたものであるから、書類を町に返却するように申し入れがあった。それに対し茂作は通船が家付のものであるとして種々弁明に努めた。その結果、三木川通船は福田屋と銭屋の個人請負として存続することになったのである。

第一部　三木金物の成立と発展

以上のことから三木川通船は文化年間に三木町〜高砂間を、ひいては三木町〜大坂間を結ぶ運送手段として重要性をもち、定着したことが知られる。そして、先行の他地域の船持や三木町内の他の町人からもその利権を脅かされるほどに発達したのである。

おわりに

近世後期の三木町の主要産業は三木金物であり、その成立は宝暦〜天明期であった。この三木金物の勃興する直前の寛保〜寛延期の三木町は、飛び地領の陣屋の所在地であり、寛保二年の明細帳にみられるような職業構成をもつ在郷町であった。すなわち三木町は周辺農村の商品作物生産の中心として、商品流通の核として成立していたものの、農村的景観の町であり、町自体としてもそれほど商工業が盛んではなかった。

このような三木町に金物業が勃興すると、商工業が活発に行なわれるようになる。化政期の三木町は領内の在々からの新規商人が増加し、古くから相続していた商人の中には没落する者がいた。また領外からの入込商人も増加し、他領からの入込が禁止されると三木町内に仮店をもとうとする他領商人が出現するようになった。そのため三木町内の商人の中には、新規商人を規制し、経営の安定を図るため株仲間を組織した者もいた。

このような三木町をはじめとする三木町の商工業の発達は、三木町と他地域との通信・輸送手段を変革させるようになる。特に全国経済の一つの中心である大坂との結びつきが強くなる。三木―大坂間飛脚は、その成立当初は領主の用向のために設けられたが、やがて町人のための飛脚として定着し、三木―大坂間を定期的に往復するようになった。そして逆に大坂に三木町を取扱い地域とする飛脚取継所の成立もみられるのである。

この飛脚による小運送の発達とともに、三木川を利用した舟運も発達する。明和七年に二艘で運送されるよう

28

第一章　近世後期における在郷町の変貌

以上のように、近世三木町は宝暦〜天明期に特産品となった金物業の勃興により、それまでの農村的景観の町から、商工業の盛んな町へと変貌し、いわゆる「生産者的商人の在郷町」として発達したのである。

になった三木町と高砂間の三木川通船は、文化年間には八艘に増加した。

（1）原田伴彦『日本封建都市研究』（東京大学出版会、昭和四四年）四九四・四九五頁。

（2）山口之夫「封建崩壊期における摂津平野郷の変質過程」『ヒストリア』第二〇号、昭和四二年。

（3）近世三木町の概説として、『三木市史』（三木市、昭和四五年）をはじめとして、山本栄吾『三木町略史』（三木町教育委員会、昭和二八年）などがあり、論説として、永島福太郎「町方と地方」（『国史学』第五七号、昭和二七年）と「近世封建社会成立過程の二三の考察」（『社会経済史学』第一九巻第四・五号、昭和二七年）などがある。なお史料集として永島福太郎編『三木町有古文書』（同刊行委員会、昭和五三年）・三木郷土史の会『三木町有古文書』全七巻（三木市、平成六年〜同一四年）が発行されている。

（4）三木金物については、松本彦次郎『播州三木町に於ける職業組合』（『史学雑誌』第三〇編第三号および第一二号、大正八年）・小西勝治郎『播州特産金物発達史』（工業界社、昭和三年）・『国産金物発達誌』（文書堂、昭和九年）・『三木金物誌』（同刊行会、昭和二八年）や、永島福太郎「江戸市場の展開と三木金物の発達」（『社会経済史学』第二三巻第五・六号、昭和三三年）などの論説がある。

（5）本稿作成にあたり、諸先学の成果、特に『三木市史』に導かれるところが多かったことを記し、謝意を表する。

（6）前掲『三木市有古文書』一番「木下秀吉制札」天正八年正月一七日（のち、前掲『三木金物問屋史料』五四三頁および前掲『三木市有宝蔵文書』第一巻、三頁）。

（7）平野庸脩『播磨鑑』（歴史図書社、昭和四四年）二九頁。

（8）前掲『三木町有古文書』八番「三木町地子免許願書」宝永五年七月（のち、前掲『三木市有宝蔵文書』第一巻、五〜九頁）。

（9）本要寺内に、元禄七年（一六九四）に建てられた。

第一部　三木金物の成立と発展

（10）現在も「宝蔵文物」として三木市によって大切に保管されている（また、前掲『三木町有古文書』であり、その巻末には宝蔵文書の目録が付せられている）。翻刻されたのが前掲の『三木町有古文書』に翻刻されている。

（11）宝永四年（一七〇七）に平田町の源兵衛（岡村）と平山町の与三右衛門（大西）の二人の碑が、宝蔵の傍らに建てられた。

（12）以上の経緯については、前掲の『三木市史』などに詳述されているので、概略だけにとどめた。

（13）越智松平氏の藩祖清武は、宝永七年（一七一〇）正月一一日に一万石の加増を受け、三万四〇〇〇石を領するようになった。その加増のうち五〇〇〇石は、美嚢郡内の二〇か村（久次・和田・大村・池野・行力・桃坂・西中・上村・大谷山・与呂木のうち・正法寺・西村・佐野・保木・志殿・中島皮多・吉祥寺・長谷のうち）であった。このときにはじめて越智松平氏は播州に領知をもつことになった（『甲州支族松平家記録』巻二、浜田市立図書館所蔵）。この越智松平氏の史料については、京都大学法学部図書館に納められている。

（14）前掲『三木町有古文書』二六番、延享四年二月（のち、前掲『三木市史』や永島福太郎「町方と地方」に詳述されている。

（15）このことに関しては、前掲の『三木市史』や永島福太郎「町方と地方」に詳述されている。

（16）前掲『三木町有古文書』二七番「陣屋普請人足役免許願書」（延享五年六月）（のち、前掲『三木市有宝蔵文書』第一巻、三六・三七頁）によれば、越智松平氏の支配となったとき、陣屋を普請するため人足を出すように命じられたが、先例のとおり領分村方に仰付けられたいと願い出ている。この史料に「其後黒田豊前守様御領分三相成、当町ニ御陣屋相立候節」とあり、黒田豊前守直邦の三木町の領有は宝永四年（一七〇七）に始まるので、そのころには三木町に陣屋が建てられていたことがわかる。

（17）注（8）参照。

（18）前掲『甲州支族松平家記録』巻三。

（19）前掲『三木町有古文書』三六番（のち、前掲『三木市有宝蔵文書』第五巻、二九七〜二九八頁）。

（20）『同右書』八四番（のち、前掲『三木市有宝蔵文書』第一巻、五九〜六四頁）。

（21）『三木市有古文書』八八一番。以下、宝蔵文書のうち翻刻されたものは『三木市有古文書』何番と、目録の番号を註記することとする（のち、前掲『三木市有宝蔵文書』番号を、未翻刻の史料は『三木市有古文書』何番と

第一章　近世後期における在郷町の変貌

(22)　書」第五巻、四五六・四五七頁)。
(23)　前掲『三木町有古文書』一二七番「法界寺修理大工棟梁詫状写」(延享二年八月)(のち、前掲『三木市有宝蔵文書』第七巻、二八三頁)。
(24)　『同右書』一〇〇番(のち、『三木市有宝蔵文書』第五巻、四七二～四七四頁)。
(25)　注(4)参照。
(26)　前掲『三木町有古文書』三九番(のち、前掲『三木市有宝蔵文書』第五巻、七四～七五頁)。
(27)　『同右書』一〇五～一一〇番(のち、『三木市有宝蔵文書』第五巻、五〇四～五〇九頁)。この他にも大工職人の引越届書などが、宝蔵文書の中に残されている。
(28)　拙稿「化政・天保期の三木金物」(『ヒストリア』六八号、昭和五〇年)。
(29)　前掲『三木町有古文書』八五番(のち、前掲『三木市有宝蔵文書』第六巻、五三〇～五三一頁)。
(30)　惣年寄役を世襲していた十河氏も、このころから没落しはじめる(前掲『三木市史』などに詳しく述べられている)。
(31)　前掲『三木町有古文書』一一五番(のち、前掲『三木市有宝蔵文書』第六巻、五二八～五二九頁)。
(32)　『同右書』一一八番「絹商人他領商人入込停止願書」(のち、『三木市有宝蔵文書』第六巻、五三一～五三三頁)。
(33)　『同右書』一一九番「呉服商人願書控」(のち、『三木市有宝蔵文書』第六巻、五三三～五三四頁)。
(34)　『同右書』一一六番「長機織屋差留願書」(のち、『三木市有宝蔵文書』第六巻、五二九～五三〇頁)。
(35)　『同右書』一一七番「長機織御免伺書控」(のち、『三木市有宝蔵文書』第六巻、五三〇～五三一頁)。
(36)　黒田家文書「打物仲間控」(のち、前掲『三木金物史料』一〇〇～一二〇頁)。
(37)　前掲『三木町有古文書』九九番「大坂菜種絞仲間訴状」(のち、前掲『三木市有宝蔵文書』第五巻、四五二～四五三頁)。
(38)　前掲『三木市史』。
(39)　『三木市有古文書』九〇八番・九〇九番(のち、前掲『三木市有宝蔵文書』第五巻、四八四～四八六頁)。
(40)　『同右書』九一一番「飛脚又兵衛願書」(のち、『三木市有宝蔵文書』第五巻、四八六～四八七頁)。
(41)　『同右書』九一〇番「町飛脚許可願書」(のち、『三木市有宝蔵文書』第五巻、四八六頁)。

31

（42）『同右書』九一一番「飛脚又兵衛願書」（のち、『三木市有宝蔵文書』第五巻、四八六〜四八七頁）。

（43）『同右書』九一四番「飛脚人数増加願書写」（のち、『三木市有宝蔵文書』第五巻、四八九〜四九一頁）。

（44）『同右書』九一五番「飛脚人数増加届書」（のち、『三木市有宝蔵文書』第五巻、四九一〜四九二頁）。

（45）黒田家文書。以下この節は特に註記しないかぎり、この史料によった。

（46）近世風俗研究会、昭和三七年。

（47）戸倉誠司「藩政期前後の佐治川に関する一考察」（『兵庫史学』第四号、昭和三一年）において、柏原の織田藩の貢米輸送のため本郷から田高まで舟便が発達していたこと、たとえば寛延元年（一七四八）には、米一石につき、本郷―田高間（三升五合）、田高―滝野間（四升二合）、滝野―高砂間（三升二合）の運賃であり、通船の運行するのは秋の彼岸から井堰を止めるまでの間だけであったことなどを明らかにしている（本書第二部第三章参照）。

（48）たとえば、宝永七年（一七一〇）に越智松平氏が美嚢郡内に飛び地領を得たとき、高砂の蔵元として米屋又七、大坂の蔵元として海部屋市左衛門を決定している。つまり加古川の舟運を利用して高砂へ積出し、それを大坂へ搬入し、払い米を行なっていたのである（前掲「甲州支族松平家記録」巻二）。

（49）山本徹也『近世の高砂』（高砂市教育委員会、昭和四六年）によった。

（50）前掲『三木市史』には、明和・安永期、寛政期、文化・文政期の三期に分け、三木川通船の歴史が詳述されているので、本稿ではその概略を述べるだけにとどめた。

（51）前掲『三木町有古文書』九一番（のち、前掲『三木市有宝蔵文書』第五巻、三七八頁）によれば、元和四年（一六一八）に加佐村理右衛門と高木村孫兵衛が通船の許可を受けている。加古川本流の通船の開始に刺激され、近世初期に三木川通船が開かれていたのかもしれないが、このころには中絶して相当年月を経ているので、明和七年に三木川通船が開かれたといってよいであろう。

（52）すでに福田屋は天明七年に正法寺村から国包村に船蔵を移している。

【追記】　三木町については、渡辺浩二『まちの記憶』（清文堂出版、平成一六年）、伊賀なほゑ「在郷町の成立の一考察（『ヒストリア』第一六〇号、平成一〇年）などの研究がある。

第二章　近世三木町における前挽鋸鍛冶仲間の成立と発達

はじめに

近世三木町の金物業は、江戸後期に飛躍的に発達した。全国経済の中心市場になった江戸にまで進出し、三木金物という名称でその隆盛がうたわれた。しかし、その起源や発達の詳細については、必ずしも明らかではない。幸い、従来知られていた金物仲買問屋の上町にある作屋(黒田清右衛門家)所蔵史料のほかに、作屋とともに三木町の二大江戸積金物仲買問屋であった同じく金物仲買問屋の中町にあった道具屋善七家(井上善二家)の史料の所在が知られ、その閲覧を許された。

そこで、本章ではそれらの史料を使用して、とくに近世三木金物の代表的な製品の前挽鋸を製作した前挽鋸鍛冶仲間をとりあげ、それが三木金物の消長の一斑にいかに関係があったかについて述べてみたい。

一　三木町前挽鋸鍛冶仲間の成立

三木町前挽鋸鍛冶職人についての初見の史料は、宝暦一一年(一七六一)九月二日の「山田屋伊右衛門前挽鍛冶開業願書」である。これは山田屋伊右衛門が、同年二月にひきつづき前挽鋸鍛冶職人の開業を三木役所に願い

出たものである。

乍恐追御願奉申上候

一　私義前挽鍛冶仕度旨、当二月書付ヲ以御願奉申上候所、今少延引致候様被為仰付候由奉畏罷有候、然ル処、近在木挽共少々宛之誂も有之、其上当地手間人之義も、大坂表新規之前挽鍛冶も出来候得者、彼地江日ノ手間ニ罷登リ候様ニ罷成、旁々以難儀至極ニ奉存候、乍恐先達奉願上候通、急々御赦免被為仰付被下置候ハヽ、偏御慈悲難有奉存候、以上、

宝暦十一年巳九月二日

　　　　　　　　　　　　　願人下町山田屋
　　　　　　　　　　　　　　　　　　伊右衛門

　　　　　　　　　　　　　願人山田屋
　　　　　　　　　　　　　　　伊右衛門　㊞

　　　　　　　　　　　　　年寄
　　　　　　　　　　　　　　　七左衛門　㊞

御役所

山田屋が近在の木挽職人たちからの注文もあるし、当地の鍛冶職人が大坂に新しくできた前挽鋸鍛冶職人のもとに働きに出るようになっているので、早く開業を許可して欲しいと、三木役所に願い出たものである。三木町前挽鋸鍛冶職人の成立は、この山田屋の出願にはじまるのかもしれない。

ところで、近世三木町の二大江戸積金物仲買問屋の道具屋善七の初代と二代目の行状を記録した「父祖行状記」によれば、元文三年（一七三八）に道具屋善七が前掲の山田屋伊右衛門と共同出資で京都の前挽鋸鍛冶職人雁金屋平右衛門から前挽鋸十枚を仕入れ、三木町で売ったという。それにつづいて、次のような記載がある。

第二章　近世三木町における前挽鋸鍛冶仲間の成立と発達

三木町に於て京流前挽打立候事は、江戸表大火焼失にて前挽大ヰにはやり、纔に店に有之前挽も先番・後番と相争ひ買論に及ふ程に売れたりけれは、依之中町大坂屋五郎右衛門・下町伊右衛門・大坂屋権右衛門・前挽職相始む、此時父も前挽其外大工道具鉄物一切相商ふ、

この史料によれば、三木町において前挽屋五郎右衛門・山田屋伊右衛門・大坂屋権右衛門の三軒の前挽鋸鍛冶職人が、前挽鋸の需要の増大に刺激されて開業した。と同時に、道具屋善七も打刃物全般を取扱う金物仲買問屋となった。また、前述の元文三年に共同出資で前挽鋸の販売を始めた二軒のうち、山田屋伊右衛門がその製作を行なう前挽鋸鍛冶職人となり、道具屋善七が前挽鋸を含めた打刃物の販売に従事する金物仲買問屋となったことがわかり興味深い。

なお、右の記事は初代善七の三〇～五〇歳ごろのことである。善七の誕生は正徳四年（一七一四）だから、遅くとも宝暦一四年（一七六四）までに三木町において前挽鋸鍛冶職人が成立したことになる。つまり、この二つの史料により、三木町における前挽鋸鍛冶職人の開業は、宝暦末年のことであり、山田屋伊右衛門・前挽屋五郎右衛門・大坂屋権右衛門の三軒の前挽鋸鍛冶職人がほぼ同時期に開業したことがわかる。

三木町の前挽鋸鍛冶職人三軒は、三木町前挽鋸鍛冶仲間を組織し、京都前挽鋸鍛冶仲間（一三株）に加入する。しかし、加入の時期は明らかでない。ただ、宝暦一一年に山田屋伊右衛門の前挽鋸職人の免許願が役所から容易に許可されていないことから、そののちに三木と京都とで何らかの交渉があったと思われる。また、後述する大坂屋の没落にさいし、三木役所が前挽鋸株の三木領外への移出を防ごうと努力したことなどから考えて、開業のさいに京都前挽鋸鍛冶仲間に加入し、その三軒で三木町前挽鋸鍛冶仲間を組織し、惣代を決め、京都と連絡したわけで京都前挽鋸鍛冶仲間に加入していたことが推測される。つまり、三木町の三軒の前挽鋸鍛冶職人は元株で

35

ある。

ところで、この前挽鋸鍛冶仲間と同様に、三木町の鋸・庖丁鍛冶職人が、先進地の大坂・堺の株仲間に天明期に加入した。たとえば、鋸鍛冶仲間は、天明三年(一七八三)に大坂の利器鍛冶仲間の文珠四郎鍛冶仲間から大坂町奉行所に告訴された。その結果、三木製鋸の大坂搬入が停止された。しかし、翌年春に内済ができ、三木町の鋸鍛冶のうち七軒が文珠四郎鍛冶仲間に加入し、加入銀として一軒につき年に五匁ずつ納入し、その他の鋸鍛冶はその七軒の在方株となり、一匁ずつ差出すことになった。そして、金物仲買問屋の道具屋善七と次のような証文を取りかわしている。便宜上、A・Bの符号をつけて説明する。

〔A〕　一札

一此度其元大坂文珠四郎株入被成候ニ付、対談之上少々之以口銭ヲ、大坂問屋登之鋸取次、私壱人ヲ御頼被成候ニ付、鋸並注文ヲ引請取次仕候上ハ、当地商人江一切御売被成間敷候、然ル上ハ株外之鋸一切大坂表江売申間敷候、尤当地小売鋸其外諸国直キ卸売、仕来リ之通ニ御勝手次第ニ御売可被成候、自然後々年ニ至リ互ニ不勝手之義も出来候ハヽ、以相対ヲ何時ニ而も勝手次第ニ可仕候、其時一言之違乱妨申間敷候、為後日取替一札仍而如件、

天明四年
辰四月
　　　　　中町道具屋
　　　　　　善　七　㊞

〔B〕　一札

下町
　　山田屋次郎兵衛殿

第二章　近世三木町における前挽鋸鍛冶仲間の成立と発達

一此度大坂文珠四郎株入仕候ニ付、対談之上少々之以口銭ヲ、其元壱人ヲ大坂問屋登シ鋸取次ヲ相頼候上ハ、当地商人ヘ一切ニ鋸売申間敷候、然上ハ株外之鋸大坂表ヘ御売申間敷候、尤是迄当地小売鋸其外諸国直キ商売、仕来リ候通リニ勝手次第ニ可仕候、自然後々年ニ至リ互ニ不勝手之義も出来候ハ、以相対ヲ何時ニ而も如何様ニも可仕候、其時一言之違乱妨申間敷候、為後日之取替一札仍如件、

天明四年
辰四月
　　　　　　　山田屋
　　　　　　　　次郎兵衛　㊞
道具屋善七殿

AとBは、前述の事情により三木町の鋸鍛冶が大坂の利器鍛冶仲間である文珠四郎鍛冶仲間に加入したときに、

① 山田屋次郎兵衛は大坂市場での鋸の販売を道具屋善七に一任する
② 道具屋は山田屋らの鋸鍛冶仲間以外の職人の鋸を大坂へ搬入しない
③ 道具屋は山田屋が従来続けていた三木町内あるいは諸国（大坂以外）との直接取引を認める

という三点の契約を、山田屋（鋸鍛冶職人）と道具屋（金物仲買問屋）との間で取りかわしたいわゆる取替証文である。このBと同様の証文が七通ある。その差出人の名前をあげると、山田屋次郎兵衛・山田屋清兵衛・吉田屋利兵衛・山田屋源兵衛・山田屋善蔵・大黒屋甚右衛門・菱屋忠兵衛の七軒である。この七軒が、大坂の元株に加入したのだった。

同五年には三木町の庖丁鍛冶と堺庖丁鍛冶の間にも紛争があり、これは三木町の庖丁の寸法を上表のように変えることによって決着がついた。

表　三木町と堺の包丁の寸法

庖丁の大きさ		長さ(寸)	幅(寸)
堺	大	四・五	三・七
	中	四・四	三・三
	小	四・四	二・八
三木	大	四・一	三・一
	小	四・一	二・八

この二つの紛争は、当時大坂市場に相当数量の三木町の鍛冶製品が流通し、それを大坂・堺・京都周辺において絹織物・木綿などの産業における「在郷株化」が進み、仲間外の有力商人を仲間に加入させ、流通機構を強化した宝暦～天明期と一致する。このような社会経済事情に応じ、三木町で、前挽鋸鍛冶職人をはじめとする鍛冶職人が勃興したのである。

二　三木金物の発達

三木金物が盛んになるはじまりは、宝暦～天明期における各種鍛冶職人の株仲間の成立ないしは再編成である。それまでは大坂の諸商人の手中に存していた三木金物の販売の実権が、三木町にも金物仲買問屋が発生したことで彼らの手に移った。また、既存の諸商人で財力のある者が鍛冶職人を養っていた時代から進んで、鍛冶製品専門の専業問屋の成立をみる。この金物仲買問屋の成立により、三木金物の販路が定着・拡張され、製品の多量な生産が必要となり、より多くの鍛冶職人が生じた。つまり、この金物仲買問屋の成立が三木金物を発達させた重要な契機であったらしい。

前述したように、三木町における金物仲買問屋の成立は宝暦末年であった。そして、寛政二年（一七九〇）にはすでに三木町金物仲買問屋仲間が成立している。同四年三月の「定法控」には、道具屋善七・作屋清右衛門・紅粉屋源兵衛・今福屋善四郎・嶋屋吉右衛門の五軒の金物仲買問屋の名が記されている。また、その史料から、金物仲買問屋の変遷の一端をうかがうことができる。文化年間に紅粉屋が大坂へ引越し、文政三年（一八二〇）に今福屋と嶋屋が休業し、同五年に井筒屋惣助が、同一〇年に道具屋太郎兵衛が加入している。また、享和四年（一八〇四）に山田屋次郎兵衛が、金物仲買問屋仲間に加入している。そして、幕末の嘉永五年（一八五二）には

第二章　近世三木町における前挽鋸鍛冶仲間の成立と発達

次の一〇軒の金物仲買問屋が営業している(18)。

道具屋善七　　作屋利右衛門　　井筒屋宇兵衛　　井筒屋惣助
井上屋又兵衛　道具屋太郎兵衛　作屋清右衛門
今市屋吉兵衛　道具屋文兵衛　　井筒屋弥平

このうち道具屋と井筒屋が三軒、作屋が二軒あり、それぞれ分家が独立していったものであろう。それだけ取引きの量が多くなり、分家が可能になったと思われる。

このように、寛政四年の三木町金物仲買問屋仲間の成立時から存続したのは、道具屋善七と作屋清右衛門の二軒だけである。この二軒が、江戸積の荷物を扱うことができ、同じ金物仲買問屋仲間のなかでも、比較的資本力があって経営が安定し、群を抜いた存在であった。

次に、職方と金物仲買問屋仲間との関係を「鋸鍛冶仲間控」(19)によって見よう。

　　当地職方江一札之写シ

一此度以相対鋸買次致申所実正ニ御座候、然ルに上者買論売論致、我等仲間中者不及申ニ、其元仲間之差支等致間敷候、猶不景気ニ相成候而も、時節相応ニ八買可申候、将亦買留り出来候共、注文無方江差登シ、亦者振リ売等仕、仲間定メ之直段よりハ壱厘ニ茂下直ニ売申間敷候、尤注文先キ代呂物気ニ入不申、外ニ望人有之候ハ、取下シ被申其方江売捌可申候、右之通相用我等仲間申合急度相携互ニ気ヲ付合、其上ニ而不法致相用ハ、申者有之候ハ、其元申合之通、如何様共御勝手ニ御取斗可被成候、其時一言之申分無御座候、為後日之約束一札、仍而如件、

　　　寛政四年
　　　　　子四月　　　道具屋
　　　　　　　　　　　　仲買中

第一部　三木金物の成立と発展

　　　　　　　　　　　　　文珠四郎当地
　　　　　　　　　　　　　　御仲間中

　三木町金物仲買問屋仲間は、仲間を組織した直後、取扱い量の多かった鋸鍛冶仲間に対し、

① 景気変動にかかわらず鋸を仕入れること
② 協定以下の価格では鋸を販売しないこと
③ 注文を受けてから発送し、注文者以外には販売しないこと

などを約束するとともに、鋸の買入れなどに関して、三木町金物仲買問屋仲間で協定を行ない、もし違反したならば銭一貫文の罰金を支払うことを申し合せている。

　寛政八年（一七九六）には、三木町金物仲買問屋仲間の作屋と道具屋が、鋸鍛冶仲間に対し、大坂から来た仲間外の鍛冶職人の製品を買わないことを約束しているし、また同一二年、不景気のために生産過剰に陥ったときには、三軒（作屋・道具屋・嶋屋）で買取ることを約束している。そして、享和四年に江戸市場から直接取引の引合があったことを聞き知った職方より、買値の値下げや材料費の引き上げなどを防ぐため、江戸積の金物仲買問屋を一軒にして欲しいという申し入れがあった。それに対し、三木町金物仲買問屋仲間からは、金物仲買問屋を一軒にすることはできないけれども、鋸の仕入れ値をむやみに引き下げないことなどを返事した。と同時に、江戸の炭屋七左衛門との取引に関して、道具屋と作屋との間でその注文を折半すること、荷出のさいに余分な荷物を入れないこと、値段を引き下げないことなどを協定している。

　このように、前挽鋸鍛冶職人・鋸鍛冶職人をはじめとする職方に、対等あるいは一歩譲っていた金物仲買問屋も、江戸市場との直接取引の成立によって、全国的に市場が拡大されていくとともに職方に対する優位性を確立

40

第二章　近世三木町における前挽鋸鍛冶仲間の成立と発達

する。つまり、職方はある一定の金物仲買問屋にしか納品しないかわりに、金物仲買問屋もどんなに不景気のときでも製品を引き取る約束をかわしている。たとえば、前挽屋と山田屋は作屋、大坂屋は道具屋との結びつきを強めた。(25) そして、前挽鋸鍛冶職人が操業資金に困っているときには、次のように前借がゆるされている。

　　　　覚

一　新前挽㊞三拾枚

右之代銀慥ニ請取㊞前挽我等方ニ預リ申候、何時成共此書付引替ニ相渡可申候、以上、

　　　文政十一子十一月

　　　　　　　　　　　　　大坂屋
　　　　　　　　　　　　　権右衛門㊞

道具屋
善七殿

次に、三木町の諸鍛冶職人を一覧する。(26)

鋸鍛冶職人　　　天明四年に七軒が大坂文珠四郎鍛冶仲間に加入した
　　　　　　　　寛政四年に三九軒、文化一二年に七三軒（町内五二軒）
曲尺地鍛冶職人　　文化一一年に二〇軒
曲尺目切鍛冶職人　文化八年に嶋屋源左衛門が大坂文珠四郎鍛冶仲間に加入した
鉋鍛冶職人　　　　文政一一年に五軒
鑿鍛冶職人　　　　文政一一年に六軒
庖丁鍛冶職人　　　天明五年に堺と紛争、文化元年に五一軒

41

第一部　三木金物の成立と発展

三木町の鍛冶職人が繁昌したのがわかる。このうち、庖丁鍛冶職人の場合は、金物仲買問屋仲間の成立当初より各金物仲買問屋の翼下にあり、他の金物仲買問屋が介入できなかったという例もある。金物仲買問屋の販売力と職方の生産力との分化が進行し、それとともに、資本力の蓄積をなした金物仲買問屋の優位性が確立されたのであり、金物仲買問屋の資本家化もうかがえる。

剃刀鍛冶職人　　寛政二年に三八軒、天保四年に四九軒
鋏鍛冶職人　　　文化三年に九軒
ヤスリ鍛冶職人　文化一二年に一五軒
鍛い鍛冶職人　　弘化四年に四軒

同じ金物仲買問屋仲間内においても競争がおこる。寛政元年（一七八九）に道具屋善七が、「先切の山鋸」の販売独占権を獲得しているし、享和四年（一八〇四）には山田屋次郎兵衛・嶋屋吉右衛門・作屋清右衛門の三軒が難渋のとき互に助け合う旨を誓い合っている。さらに、天保七年（一八三六）七月に道具屋が、菜切・薄刃の庖丁の江戸積独占権を獲得したのに対し、作屋と井筒屋宗助が近国の取引は今まで通りにして欲しいと願い出ている。この競争に勝ち残れなかった者は姿を消していく。

一方、職方も、寛政から文化年間にかけて飛躍的に発達し、その軒数が増大したため、文政年間には製品の在庫が多くなってきた。たとえば、庖丁鍛冶職人の場合は、文政三年（一八二〇）に製品の在庫が増えたため値下げを行なった。しかし、情勢が悪くなるばかりだったので、同五年に仲間の申合せにより約三か月間休業した。また金物仲買問屋のなかでも、今福屋と嶋屋が文化年間に休業し、文政年間に新しく井筒屋惣助と道具屋太郎兵衛が金物仲間に加入している。

第二章　近世三木町における前挽鋸鍛冶仲間の成立と発達

以上述べてきたように、文政・天保期は三木金物の再編成期であったと考えられる。

三　三木町前挽鋸鍛冶仲間の発達

寛政一〇年（一七九八）に三木町前挽鋸鍛冶仲間は、同二年に再編成した三木町金物仲買問屋仲間との間に前挽鋸の売値を協定以下に下げないこと、売値の変更は両者の協議の上で行なうことの契約を取りかわし、三軒の売値を次のように決定した。

前挽直段之事(32)

三木前挽仲買御衆中江売直段

一伊印　正味銀　　　　三百四拾五匁
一権印　同　　　　　　三百四十五匁
一五印　同　　　　　　三百六拾匁

大坂問屋衆中江売直段

一伊印　金五分かけ　　三百五拾五匁
一権印　同断　　　　　三百五拾五匁
一五印　同断　　　　　三百七拾匁

江戸表問屋衆中江売直段

一伊印　正味銀　　　　三百七拾目
一権印　同　　　　　　三百七拾目

第一部　三木金物の成立と発展

一五印　同　　三百八拾目

右之通相究少茂相違無御座候、尤右直段より高直ニ売候儀者勝手次第ニ仕候事、少々宛之小売新売等在之候ニ付、如斯別段ニ御断申上候、以上、

寛政十年　午十月

　　　　　　　　　　　　前挽鍛冶仲間
　　　　　　　　　　　　　下町山田屋
　　　　　　　　　　　　　　伊右衛門㊞
　　　　　　　　　　　　　同中町前挽屋
　　　　　　　　　　　　　　五郎右衛門㊞
　　　　　　　　　　　　　同滑原町大坂屋
　　　　　　　　　　　　　　権右衛門㊞

　　三木鉄物道具中
　　　惣代道具屋
　　　　善七殿
　　　同　作屋
　　　　清右衛門殿

　三軒の製品に価格の相違があること、すでに三木町の製品が江戸市場に進出していること、大坂の問屋を経由せず江戸の問屋と直接取引を行なっていることなどがわかる。この前挽鋸の江戸市場への進出と、金物仲買問屋の発達とにより、その他の三木金物（鋸・鉋・鋏・庖丁・曲尺など）の江戸市場への進出が可能となり、三木町の金物仲買問屋と江戸の打物問屋との直接取引が成立する。それは享和四年（一八〇四）のことであった。⑶

　なお、前挽鋸鍛冶職人は前挽屋五郎右衛門・山田屋伊右衛門・大坂屋権右衛門の三軒、そのほかに文政年間に

44

第二章　近世三木町における前挽鋸鍛冶仲間の成立と発達

大和屋平右衛門が仲間に加入し、数年間で姿を消している。また、天保一〇年（一八三九）八月に山田屋弥次右衛門が大坂屋権右衛門に代わって仲間に加入した。つまりおよそ三軒が存続するのだが、これは前挽鋸の需要にも関係があろう。そして幕末にいたるまで三軒で仲間を組織し、三木町前挽鋸鍛冶仲間の惣代を決め、京都元株との連絡、あるいは道具屋・作屋の金物仲買問屋、仲間の惣代とともに、大坂・名古屋・江戸(34)の金物問屋と価格・積口銭の交渉を行なった。これには前挽屋五郎右衛門が当たっていた。

ところで、京都元株との関係だが、もともと三木町前挽鋸鍛冶仲間の作る前挽鋸は京都の製品の模倣だった。そこでたやすく圧迫されるわけであるが、ここで新規製品の工夫がなされた。そのうえ、三木金物の流通機構が確立されたために、三木町産の前挽鋸の需要が増大し、逆に京都前挽鋸の市場が縮小された。その故か、京都元株より再三抗議があった。たとえば、「前挽職方控(35)」に次のような記載がある。

　　　覚

京都新前引追々不捌キニ而、当地之新前挽紛銘之義、京都より再々職方江彼是申し甚こまり入申処、当年より急度相改地銘真打に限り申候、則左之通り書付参り諸方江夫々遣し候処、皆々一当ニ請宜敷候而地流真打ニ而売申候、則書付写シ、

親　　甚右衛門

京流　五郎右衛門

ふや町真打七郎左衛門

右者五郎右衛門方ニ而仕候、

京岩倉　三郎右衛門

ふや町真打七郎左衛門
右者権右衛門方ニ而仕候、
京政　伊右衛門
ふや町真打七郎左衛門
右者伊右衛門方ニ而仕候、
右前挽夫々性合相改入念差上申候、不相替御注文被仰付被下候様御願申上候、其外銘前挽當地ニ而者一切不仕候、以上、

　　　　文化十四
　　　　　丑年

　　　諸方
　　　御得意様

　　　　　　播州三木町
　　　　　　前挽屋五郎右衛門　印
　　　　　　山田屋伊右衛門　印
　　　　　　大坂屋権右衛門　印

　京都前挽鋸鍛冶仲間から三木町前挽鋸鍛冶仲間に対して、京都前挽鋸の模倣品を作らないようにたびたび申入れがあり、三木側も一応諒承したが、相変らず模倣品を作っていた。たとえば、京流五郎右衛門・親甚右衛門・ふや町真打七郎左衛門の三極印は前挽屋五郎右衛門が使用し、それぞれの極印の「衛」の字を抜いて使用したようである。
　また、文政二年（一八一九）には江戸打物問屋仲間から、七郎左衛門・五郎右衛門・伊右衛門の三極印だけを

第二章　近世三木町における前挽鋸鍛冶仲間の成立と発達

使用するように申し入れがあった。それに対し、三木町金物仲買問屋仲間と三木町前挽鋸鍛冶仲間は、七郎左衛門の極印のみにすると返書を差出している。

このように、三木町前挽鋸鍛冶仲間は相変らず京都の模倣品を作っていた。模倣品にもかかわらず、江戸市場を始めとして名古屋方面へも盛んに三木前挽鋸が流通し、その反動として、京都前挽鋸は徐々に不振に陥った。天保一〇年ごろには、京都前挽鋸鍛冶仲間一三株のうち、雁金屋七郎左衛門株が江州水口へ、雁金屋平右衛門株が江州三本柳へ、雁金屋次郎左衛門株が丹州へと譲渡されている。三木町内の三株と合せて六株が、京都以外の前挽鋸鍛冶職人の所有となり、京都前挽鋸鍛冶仲間にとっていかに三木町その他の前挽鋸鍛冶職人の成立が痛手であったかがうかがえる。これ以後幕末にかけて、京都は衰退の一途をたどり、代わって三木町・江州甲賀郡が前挽鋸の特産地となる。

四　三木町前挽鋸鍛冶仲間の消長

三木町前挽鋸鍛冶仲間は、文政・天保期に再三にわたって材料の鉄・炭が値上りしたので、前挽鋸の価格を引き上げて欲しいと金物仲買問屋仲間とともに全国の問屋に訴えている。この時期に、仲間成立時より存続していた大坂屋権右衛門が没落し、代わって山田屋弥次右衛門が仲間に加入した。操業不振に陥った大坂屋権右衛門はその打開策として、「京流前挽株」一株と前挽鋸職道具一式を文政一一年（一八二八）一一月に金物仲買問屋の道具屋善七に入質した。次にその一連の史料をあげて説明しよう。

〔A〕
　　前挽職道具覚
　おもとこ（重床）　　　　三拾八貫目

第一部　三木金物の成立と発展

一鉄砧
　かえとこ（替床）　三拾三貫目
　脇砧　　　　　　弐拾四貫目
　小ならし砧　　　弐拾四貫目
　生ならし砧　　　拾三貫目
　ひすみとこ　　　拾三貫目
　〆
　六丁也、

一大切はし壱丁　敷はし弐丁　小はし壱丁　大槌七丁　小槌七丁　藁篶三丁　炭かき五本　銅大湯鍋壱ツ

右之品々質物ニ相渡申処相違無之候、以上、

文政十一子十一月

　　　　　　　　　　　前挽職道具渡主
　　　　　　　　　　　　　大坂屋
　　　　　　　　　　　　　　五郎右衛門㊞
　　　　　　　　　　　証人大坂屋
　　　　　　　　　　　　　　新五郎㊞

　　道具屋
　　　　善七殿

〔B〕
一京流前挽株壱ツ　但し十三株之内
一前挽株職道具借請証文之事
一前挽職道具一式　但し別紙書出証文之通

第二章　近世三木町における前挽鋸鍛冶仲間の成立と発達

右之株職道具不残此度借リ請申度ニ付、我等請人ニ相立借リ請申処実正ニ御座候、然ル上者為借賃壱ヶ年ニ三百五拾匁ツヽ、十一月晦日限ニ相立可申候、万一少シニ而も相滞候ハヽ、加印之者より相弁其元へ少も御損難かけ申間敷候、若其元勝手之節者前挽株職道具・手間職人ニ至迄早速相渡可申候、為後日之前挽職道具借請証文仍而如件、

　　　文政十一子十一月

　　　　　　　　　　　　　　前挽株職道具借主
　　　　　　　　　　　　　　　滑原町大坂屋
　　　　　　　　　　　　　　　　　権右衛門㊞
　　　　　　　　　　　　　　請人大坂屋
　　　　　　　　　　　　　　　　　新五郎㊞

　　道具屋
　　　善七殿

〔C〕
　　前挽職道具借請証文之事

一鉄砧
　おもとこ　　　三十八貫目
　かえとこ　　　三十三貫目
　わきとこ　　　廿四貫目
　小ならし砧　　廿四貫目
　生ならし砧　　拾三貫目
　ひすみ砧　　　拾三貫目

49

第一部　三木金物の成立と発展

〆、六丁也、

一、大切箸壱丁　敷はし弐丁　小はし壱丁　大槌七丁　小槌七丁　藁籥三丁　炭かき五本　銅大湯なへ壱ツ

右之通慥ニ借請申所相違無之候、以上、

文政十一子十一月

　　　　　　前挽職道具借主
　　　　　　　　　大坂屋
　　　　　　　　　　権右衛門㊞
　　　　　　請人
　　　　　　　　　大坂屋
　　　　　　　　　　新五郎㊞

道具屋
　善七殿

〔D〕　一札

一、権右衛門所持之京流前挽株職道具此度勝手ニ付、其元へ質物ニ相渡銀五貫目借用申ニ付我々致世話申候、然ル上者証文文段能致承知申候、若限月ニ銀子改相立不申候ハ丶、京都仲間一統故障無之無滞其元ニ而前挽職出来候様我々請合可申候、権右衛門同様相互ニ職人等之義迄も持合可申候、万一右株職ニ付如何様之義出来候共、株職者我々江引請銀ニ而元利返済仕其元へ少も御損難かけ申間敷候、為後日之一札仍而如件、

文政十一子十一月

　　　京流前挽鍛冶仲間
　　　　中町前挽屋
　　　　　五郎右衛門㊞

第二章　近世三木町における前挽鋸鍛冶仲間の成立と発達

　　　　　　　　　　　　　　　　　　　　　　　　　　右同断下町　山田屋

　　　　　　　　　　道具屋

　　　　　　　　　　　善七殿　　　　　　　　　　　伊右衛門　㊞

〔A〕は、文政一一年一一月に大坂屋権右衛門が、道具屋善七に京流前挽鋸株一株と前挽鋸職道具一式を入質したときの証文であり、それに〔B〕〔C〕（〔B〕が主証文、〔C〕がその添証文）のように一対になるものであるが、残念ながら主証文は見当らない。しかし、この史料から、その当時の前挽鋸鍛冶職人が、どの程度の道具を用いて前挽鋸を生産していたかがよくわかる。

〔B〕〔C〕は、質物になった株と職道具の借用書である。〔B〕により、京都前挽鋸鍛冶仲間が一三株であること、前挽鋸鍛冶職人の手間職人が職道具と同様に譲渡の対象になっていることなどがわかる。〔C〕は〔B〕の「前挽職道具一式」という項目の詳細を記した史料であり、〔A〕と同じ内容である。

〔D〕は大坂屋の株の入質にさいし、その世話をした三木町前挽鋸鍛冶仲間の他の二軒が、株が外部に譲渡されるのを防ぐために道具屋に差し入れた史料である。大坂屋は前挽鋸株とその職道具を道具屋に入質し、その使用を許可され、再び営業を続けたが、資金繰りがうまくいかず経営は苦しかった。以下、大坂屋の株が停止され、その株を山田屋弥次右衛門が獲得する過程を、年月を追って述べよう。

大坂屋は、前挽鋸株を入質した後もたびたび道具屋から新前挽鋸の代金を前借している。前挽鋸株を入質した二年後、文政一三年三月に権右衛門は家督を息子の利右衛門に譲った。その利右衛門も天保七年（一八三六）正月に大坂町奉行所から、借金返済ができないためか、身代限を申し渡された。その結果、同年二月に利右衛門

51

は、息子の常蔵に家督を譲った。利右衛門も常蔵も家督を譲渡されたときに、道具屋善七に対し、

① 前挽鋸株と職道具が質物であることを承知していること
② その借賃を支払うこと（常蔵のときには、年に銀三五〇匁ずつ二月晦日に支払う約束であった）
③ 前挽鋸株についての諸入用、たとえば京都元株への納入金などを負担すること

などを約束した。

しかし、天保八年一一月二七日に中町（道具屋）の年寄治郎左衛門から、滑原町（大坂屋）の年寄山田弥次右衛門へ引合書が出された。内容は、道具屋善七が、同七年二月に同八年一二月までの約束で、常蔵に貸した元利合計八貫八六五匁壱分七厘の貸金の返済の催促をしたが、常蔵の態度がはっきりしないので、三木役所に訴訟したいということであった。

その返書が、翌九年正月一五日にあり、同月二五日までの猶予を申し入れてきた。それ以後も事態が好転せず、ついに、同年春に道具屋から三木役所に、大坂屋の借金返済を求める訴訟が出された。その直後、他領の加東郡垂水村常八から六月二四日に、同郡新畑村の兵蔵から七月六日に、それぞれ大坂町奉行所に訴訟を提出したい旨の引合書が、滑原町年寄の山田屋弥次右衛門のもとに届いた。前者の借金は山田屋ら六人の保証人となったものであり、後者は常蔵が年寄に届けずに借りたものであった。そのため、山田屋らは相談し、三木役所に右の事情を訴えた。その結果、三木役所の役人の判断により、他領からの訴訟はいかんともしがたいので、三木領内の訴訟を早く決済することになった。

一二月二七日に三木役所の召出状に応じて、上・下惣年寄、中町と滑原町の年寄、常蔵の代人として親の利右衛門、前挽鋸鍛冶仲間二人（山田屋伊右衛門・前挽屋五郎右衛門）の七人が出頭した。取調べの結果、役人は、大坂

第二章　近世三木町における前挽鋸鍛冶仲間の成立と発達

屋権右衛門株の一切の書類の上納を命じた。

翌一〇年五月四日に右の七人が再び役所に呼び出され、役人は大坂屋権右衛門株の支配を山田屋弥次右衛門に命じた。そして、山田屋弥次右衛門は、利右衛門とともに京都へ行き、京都元株の名義を変更することになった。しかし、利右衛門が病気を理由に延引していたために、七月四日に山田屋弥次右衛門は再び役所に呼び出され、役人より早く名義の変更を行なうように命ぜられた。

八月一日に山田屋弥次右衛門は、利右衛門が病気を理由に京都行きを拒んでいるため、利右衛門の代理に同じ組内の嶋屋吉右衛門を頼み、京都元株への手紙を親の権右衛門に書かせ、三木町前挽鋸鍛冶仲間の山田屋伊右衛門を仲介人として三人で京都へ向かった。しかし、利右衛門の謀略のため、名義変更の手続は難行した。それでも八月二四日に山田屋弥次右衛門の仲間加入がようやく認められ、株名義変更の手続が完了した。こうして一〇月に弥次右衛門が前挽鋸鍛冶職を開業した。

この山田屋弥次右衛門の前挽鋸株の取得は、三木役所の代官が前挽鋸株の領外移出を防ごうとする意図によって推進された。また株の取得には多額の資金も必要であった。つまり大坂屋がこれまで滞納していた京都前挽鋸鍛冶仲間への納入金や道具屋などからの借金のすべてを清算せねばならなかった。この一件で山田屋弥次右衛門が支出した費用の一覧表を次に掲げる。

引請銀高

一銀壱貫弐百目　　　壱ヶ年三百目株冥加滞、四ヶ年之分、京都納
一金六両　　　　　　右四ヶ年初中元、右同断
一銀五枚　　　　　　株取続祝義、右同断

第一部　三木金物の成立と発展

一金百疋　　　　　　　惣代雁金屋七郎右衛門江祝義
一南壱斤　　　　　　　行司中屋庄左衛門江同断
一金弐百疋　　　　　　右同断
一南壱斤宛之
　白木綿壱疋　　　　　元株五軒江
一銀十枚
　風呂敷五ツ　箱入扇子五ツ
一金弐両　　　　　　　振舞料
一正銀三貫五百目　　　弥次右衛門正銘料、追々参会之節差出し可申相対也
　子年より十ケ年賦被仰付候、
一正銀八百四拾目　　　御役所様、御拝借之分
　子年より弐十年賦願立候、
一同八貫八百六拾三匁壱歩四厘　御切手会所御拝借之分
　子十一月、右同断、利にて滞
一正銀五貫七百目　　　道具屋善七江相渡ス分
一同五貫三百目　　　　垂水村常八江相渡ス分
一同五貫百五匁壱分　　前五郎右衛門江相渡ス分
一同壱貫六百目　　　　三木仲間より是迄取替之分引受ル
一同壱貫三百三拾三匁三分三厘　仲間借金三軒ニ而四貫目、三ツ割壱分引受ル

第二章　近世三木町における前挽鋸鍛冶仲間の成立と発達

是迄同様ニ認御役所江奉申上候、

〆

一　弐貫八百目　　　　　　細工場請普入用（普請）
一　壱貫五百目余　　　　　道具代
一　金五両壱歩　　　　　　をも床代（重）
一　百五拾目　　　　　　　嶋屋吉左衛門度々上京致、並ニ礼として遣ス
一　金弐拾五両余　　　　　京都行入用

三木町前挽鋸鍛冶仲間が、冥加金を年に三〇〇匁、年初と中元の費用として年に一両二分を負担し、京都前挽鋸鍛冶仲間に納入していたこと、仲間加入の披露のためにも出費のいることなどがわかる。以上、大坂屋権右衛門の没落、山田屋弥次右衛門の加入の経過を詳述した。この一件により、三木と京都の前挽鋸鍛冶職人の関係、三木役所と三木町人とのつながりなどが如実に示される。

やがて嘉永六年（一八五三）二二月に同じ三木町前挽鋸鍛冶仲間の前挽屋五郎右衛門も、作屋清右衛門の取次によって、加東郡太郎太夫村の近藤文蔵から一五貫目を借り、一〇か年賦で返済することとなった。続いて安政四年（一八五七）正月に家屋敷を質物にし、九貫目を文蔵から借りた。そして、元治元年（一八六四）には三木町前挽鋸鍛冶仲間三軒が、作屋の取次によって文蔵から銀二貫目を一か年の約束で借金した。

このように、三木町前挽鋸鍛冶仲間の三軒は決して資金的には豊かではなかったが、製品の特殊性によって市場価値を有していたため、金物仲買問屋とか近郷の加東郡太郎太夫村の富豪近藤家の金融資本に支えられた。なおこの三軒は明治維新以後も存続する。

第一部　三木金物の成立と発展

おわりに

三木町の前挽鋸鍛冶職人は、宝暦末年に開業し、京都前挽鋸鍛冶仲間を元株として三木町前挽鋸鍛冶仲間を組織した。寛政期に入ると、三木町金物仲買問屋仲間と前挽鋸の売価を協定し、生産と流通の社会的分業が進行した。このときすでに前挽鋸が江戸市場に進出しており、それを契機として享和四年に三木町と江戸との直接取引が成立し、三木→大坂→江戸という流通機構が確立した。そして、京都元株からの類似品をつくらないようにという申入れを無視して、盛んに類似品をつくりだし、徐々に元株を圧迫した。文政・天保期には、材料の鉄・炭の値上りなどのために不況となり、三木町前挽鋸鍛冶仲間の構成員に変動があった。

一方、この三木町前挽鋸鍛冶仲間の開業した宝暦末年には金物仲買問屋も創業し、三木金物発達の基礎が形成された。寛政期の三木町金物仲買問屋仲間の成立と、享和四年の江戸との直接取引の成立とによって、三木金物は飛躍的に発達した。文政・天保期には、その反動として生産過剰となり、各種の株仲間の構成員に変動があり、三木金物発達の再編成期であったといえる。このように、三木町前挽鋸鍛冶仲間の構成員の消長は、近世三木金物そのものの消長を示しているといえる。

なお、幕末期には、三木町金物仲買問屋仲間の発達に比し、やや衰退したが、市場価値が高かったためか、金物仲買問屋とか近郷の富豪近藤家の金融資本に支えられ、明治維新以後も存続した。

（1）永島福太郎「江戸市場の展開と三木金物の発達」（『社会経済史学』第二三巻第五・六号、昭和三三年）。
（2）前挽鋸とは、前挽大鋸のことであり、正徳三年（一七一三）に刊行された『和漢三才図会』（同刊行委員会、東京美術、昭和四五年）には「長三尺濶一尺一寸歯皆向前、其柄屈シテ以堅ニ引大木為板」と説明があり、板材を作る鋸であ

56

第二章　近世三木町における前挽鋸鍛冶仲間の成立と発達

る。作屋では、看板として使用している。

（3）延享三年九月二五日に三木町は、幕府直轄領から上州館林藩松平右近将監武元の飛び地となった。以後、武寛（安永八年九月一一日襲封）、武厚（天明四年五月一九日襲封）、松平氏の飛び地として天保一三年まで続いた。三木町支配のために、たとえば、天保七年には奉行と代官とが三人ずつ務めていた。

（4）永島福太郎編『三木町有古文書』（青甲社、昭和二七年）一〇一番（のち、永島福太郎編『三木金物問屋史料』思文閣出版、昭和五三年、五六六頁〔以下、『金物史料』と略称〕）。

（5）「父祖行状記」は、初代の行状を二代目音欣が寛政七年三月に、二代目の行状を三代目繁校が同九年初夏に、それぞれ亡父を偲んで記録したものである。また、音欣は心学を学び、三木町の心学舎の典学舎の都講を務め、心学の普及にも貢献があった。

（6）安永七年に小松屋源兵衛が、大坂屋五郎右衛門の前挽鋸鍛冶株を借請けた。このときに大坂屋から前挽屋に屋号を変えた。

（7）「父祖行状記」によれば、善七は農業のかたわら木挽職人として丹州地方に、兄の藤右衛門とともに出稼ぎに行っていたとある。これは、三木町の金物業の勃興にともない、木工関係の職人が減少し、鍛冶職人に転業したということを裏づける一つの史料である。

（8）「前挽株一許録」（三木市立図書館蔵）には一一株とあるが、大坂屋権右衛門の前挽鋸株職道具借請証文には一三株とあるので、一三株とした。

（9）黒田家文書「鋸鍛冶仲間控」（文化二年三月改）（のち、前掲『金物史料』八三〜八五頁）に記録があるのみで、その他の史料がないので詳しく知ることができない。

（10）山田屋次郎兵衛家文書（小川善太郎家）。同家は、享和二年六月から一〇年余三木町金物仲買問屋となっていたが、のち鋸鍛冶職人に戻り、現在は金物問屋業を営業している。

（11・12）井上家文書（のち、前掲『金物史料』四六〇〜四六三頁）。

（13）黒田家文書「庖丁職方控」（文化元年八月改）（のち、『同右書』一四七〜一四八頁）。注（9）と同じくその詳細はわからない。堺の庖丁鍛冶は、享保一五年（一七三〇）に大坂町奉行所から株仲間を許可された（『堺市史』第五巻、堺市、

57

第一部　三木金物の成立と発展

昭和五二年）。

(14) 松本四郎「商品流通の発展と流通機構の再編成」(古島敏雄編『日本経済史体系』近世下、東京大学出版会、昭和四〇年）。

(15) 宝蔵文書八九七番「上丸金谷鍛冶職人引越一件」（天明四年九月）(のち、三木市、平成一四年、四七五～四七八頁）によれば、干鰯業その他の商業に従事していた惣年寄の十河氏が、宍粟郡から引越して来た鍛冶職人の世話をしている。その史料によると、鍛冶職人といっても農閑期に行なっていた者もいたことがわかる。

(16) 黒田家文書「定法控」(寛政四年三月）(のち、前掲『金物史料』六三頁）。

(17) 仲買問屋仲間に加入していたのは数年間だった。天明四年にはすでに鋸鍛冶としてその名が見られる。現在でも鋸の製作を行なっている。

(18) 黒田家文書「飛脚屋解傭通知判取帳」(のち、前掲『金物史料』一五八頁）。

(19) 黒田家文書「鋸鍛冶仲間控」(のち、『同右書』八四頁）。

(20) 黒田家文書「鋸鍛冶仲間控」(のち、『同右書』八四頁）。

(21) 黒田家文書「作屋清右衛門等差入証文控」(のち、『同右書』三頁）。

(22) 黒田家文書「鋸鍛冶仲間控」(のち、『同右書』八四頁）。

(23) 黒田家文書「道具屋善七取替証文」(のち、『同右書』六頁）。

炭屋のはじまりは、寛文六年（一六六六）に京都において木炭商を創業したことである。まもなく打刃物を取扱うようになり、八年後に江戸店を開いた。六代目七左衛門の商才により一層発展し、江戸・京都・大坂の三店の連絡も整備された。三木金物の江戸市場との直接取引も彼によって始められた。それ以後、現在にいたるまで金物業を続けている（湯浅金物株式会社『三百年ののれん』、昭和四四年）。

(24) 井上家文書、享和四年二月、作屋より道具屋への取替証文（のち、前掲『金物史料』四六四頁）。

(25) 井上家文書「大坂屋権右衛門新前挽預手形」(のち、『同右書』四七三頁）。

(26) 黒田家文書の留書類より作成した。

(27) 黒田家文書「鋸鍛冶伊右衛門差入証文写」(のち、前掲『金物史料』一頁）。

(28) 黒田家文書「山田屋次郎兵衛等起請取替証文」(のち、『同右書』六頁）。

第二章　近世三木町における前挽鋸鍛冶仲間の成立と発達

(29) 黒田家文書「作屋清右衛門等願書控」(のち、『同右書』一二頁)。

(30) 黒田家文書「庖丁職方控」(のち、『同右書』一四四頁)。

(31) 前掲注(16)参照。

(32) 黒田家文書「前挽値段書」(のち、前掲『金物史料』四頁)。

(33) 江戸の金物問屋の炭屋七左衛門からの引き合いによって成立した。以後、この炭屋と三木の金物仲買問屋との結びつきは強くなる。たとえば、天保年間の国産金物買上げ事件のときには、三木から江戸へ出荷できなくなるので、三木からは大坂の炭屋に出荷し、大坂で荷札を江戸行と書き換えて欲しいと密約をしたほどであった。

黒田家文書には、名古屋の金物問屋の道具屋宗十郎と笹屋惣助との往復文書がある。

(34) 黒田家文書「前挽職方控」(文化二年改)(のち、前掲『金物史料』一三三頁)。

(35) 黒田家文書「前挽職方控」。

(36) 『水口町志』によれば、三木柳は信楽道、伊勢新街道、水口へ通ずる道が交叉する交通の要衝として、一八世紀前半に形成された町である。

(37) その当時の京都前挽鋸鍛冶仲間は、惣代雁金屋七郎右衛門・行司中屋庄左衛門・仲間天王寺屋三右衛門ほか四軒であった(前掲注(8)「前挽株一許録」)。

(38) 小西勝次郎『國産金物發達誌』(文書堂、昭和九年)六一頁。

(39) 黒田家文書「前挽職方控」(前掲注(35))。

(40) 京流前挽鋸株と表記すると、三木と京都との区別がつかないので、本章ではすべて、三木町前挽鋸鍛冶仲間・京都前挽鋸鍛冶仲間として述べた。

(41) 井上家文書「大坂屋権右衛門前挽鍛冶道具質入証書」「前挽鍛冶株並道具借受証文」「前挽鍛冶道具借受証文」「京流前挽鍛冶仲間権右衛門株質入請書」(のち、前掲『金物史料』四七一～四七三頁)。

(42) また、前挽鋸鍛冶職人については、吉田屋九兵衛という前挽鋸鍛冶職人が親方の大坂屋権右衛門から訴えられ、今後一切前挽鋸の製作を行なわないことを約束している。「京流前挽職人詫状写」文化五年三月二日(前掲『三木町有古文書』一〇二番、のち三木郷土史の会『三木市有宝蔵文書』第五巻(三木市、平成六年)四七八頁)。

(43) 井上家文書には、文政一一年から天保七年までの約八年間に前挽鋸の先借証文が五通あり、前挽鋸一八〇枚分約五貫

目の代金を先借している（のち、前掲『金物史料』四七三～四七九頁）。

(44) 前掲注(8)の「前挽株一許録」によった。身代限を申し渡されるまでに種々の文書が作成されたはずであるが、残念ながら史料がないので、その詳細については知ることができない。

(45) 井上家文書。常蔵のときには文政一一年の入質のときと同じ様式の証文が残っている（のち、前掲『金物史料』四七二・四七八頁）。

(46) 井上家文書「中町年寄次郎左衛門引合書」（のち、前掲『同右書』四八二頁）。

(47) 以後、大坂屋の前挽鋸株の名義変更については、前掲注(8)「前挽株一許録」によった。

(48) 三木町前挽鋸鍛冶仲間の惣代の前挽屋五郎右衛門は、開業のときは大坂屋という屋号であり、大坂屋権右衛門と何らかの関係があったためであろうか。このときには消極的な態度をとり、京都への連絡も怠っていた。

(49) 注(44)参照。

(50) 作屋は文政七年に他の三人の町人とともに切手会所の世話役となった。そのときに近藤文蔵の父亀蔵が切手会所の援助を引請けているので、その関係により取次をしたものと思われる（黒田家文書「切手会所控」。のち、前掲『金物史料』一九六頁）。

(51) 近藤家は加東郡太郎太夫村にあり、五代目亀蔵（天明元年～安政三年）は、文化・文政・天保年間に諸藩の用達、新田開発を行ない、巨万の富を蓄積した。天保四年の加古川筋の百姓一揆に襲われ、古記録・古文書類は消失したという。亀蔵の長男仁右衛門（文化一三年～嘉永二年）が早世したため、次男文蔵（文政二年～明治三四年）が家督を継ぎ、諸藩の用達、新田開発に力を入れ、明治になってからは諸産業に参画した。

(52) 黒田家文書「前挽屋五郎右衛門年賦銀証文写」（のち、前掲『金物史料』四九頁）。

(53) 黒田家文書「家屋敷建物質物証文控」（のち、『同右書』四九頁）。

(54) 黒田家文書「山田屋伊右衛門等連印借銀証文」（のち、『同右書』五二頁）。

(55) 金物仲買問屋も、相互に資金の融通を行なっていたし、江戸との取引には江戸の問屋から前渡金が送られてきている。

【追記】「前挽鋸」については、星野欣也・植村昌子「近世・近代における前挽鋸の変遷について」（『竹中大工道具館研究紀要』第一九号、平成二〇年）などの研究がある。

第三章　近世後期における三木金物と大坂・江戸市場

はじめに

近世後期に勃興した特産物の一つに、打刃物(うちはもの)を中心とした三木金物がある。この三木金物の産地である三木町は、播州東部に位置し、加古川の支流美嚢川の左岸に発達した町である。戦国時代には、東播四郡を領有する別所氏の城下町として賑いをみせていた。近世初期に三木城が廃棄された後は、城下町の機能は消滅した。その後、三木町は直轄領・私領と変遷し、宝永四年（一七〇七）に常陸下館の黒田氏の飛び地領となり、陣屋が設置された。このように、三木町は、城下町の機能を失なったのちも、周辺農村の政経の中心として存続していた。また、三木町は地子免許の町として知られている。

この三木町に特産物として、三木金物が近世後期に勃興する。この三木金物については、すでに、小西勝次郎・永島福太郎によって研究が進められ、発達過程についてはほぼ明らかにされた。しかし、これらの研究は、三木金物の流通部門を担当した金物仲買問屋の作屋清右衛門家の史料を中心に進められ、その後、作屋と同様に、江戸積金物仲買問屋であった道具屋善七家（井上善二家）の史料の所在が明らかになっている。この道具屋の史料を含め、故永島福太郎関西学院大学文学部名誉教授の編集によって、『三木金物問屋史料』が刊行された。

第一部　三木金物の成立と発展

本章では、先学の研究に導かれながら、三木金物の発達過程において、大坂・江戸などの中央市場とどのような連関を有し、それがどのように変化していったのかについて、新史料の道具屋善七家文書によって補足しながら述べてみたいと思う。

一　三木金物の勃興と京坂の鍛冶職

三木金物が勃興したのは、宝暦～天明期であると考えられている。この時期以前では、寛保二年(一七四二)一一月の「播州三木町諸色明細帳」(7)と、延享元年(一七四四)七月の「播州三木郡三木町諸色明細帳」によって、三木町には鍛冶職人が一二軒あったことが知られる。また、寛延元年(一七四八)一〇月の「野道具鍛冶仲間訴状」(9)には、①野道具鍛冶仲間を八軒で組織し、仲間の地法を守ってきたこと、②近年やすり鍛冶・釘鍛冶が増えてきたが、これは各々の師匠から習い請けたことであるのに野道具を製作しているので差留めて欲しいことなどが記されている。

という者が、元来やすり鍛冶であるのに野道具からわかるように、この時期には、三木町の鍛冶職人として、野道具鍛冶仲間八軒とその他若干のやすり鍛冶・釘鍛冶が存在していただけであり、三木町の特色となるほどに鍛冶業が盛んであったとはいえない。しかし、徐々にではあるが、やすり鍛冶・釘鍛冶などの職人が増加傾向にあったことがうかがえる。

この十数年後の宝暦一一年(一七六一)九月の「山田屋伊右衛門前挽鍛冶開業願書」によれば、山田屋伊右衛門が同年二月に開業を延期するようにということだったが、近在の木挽職人からの注文もあり、また、鍛冶職人が大坂へ手間稼ぎに行くようになり困っているので早く許可して欲しいと、上州館林藩の三木町陣屋に願い出ている。この願書がいつ認可されたのか不明だが、この山田屋伊右衛門と親交のあった道

62

第三章　近世後期における三木金物と大坂・江戸市場

具屋太兵衛（金物仲買問屋道具屋善七家の初代、以後初代についても「道具屋善七」とする）の行状を記録した「父祖行状記」の記事から、この願書が提出された後、まもなく許可されたものと推測される。

この山田屋伊右衛門の前挽鋸鍛冶開業と同時期に、大坂屋権右衛門・大坂屋五郎右衛門（寛政元年に前挽屋と屋号を変更した）の二軒も開業し、三木町の前挽鋸鍛冶職人は三軒となっている。

この三軒の前挽鋸鍛冶職人は、天保一〇年（一八三九）に大坂屋権右衛門家の経営が破綻し、その株を山田屋弥次右衛門が継承したときの記録である「前挽株一許録」によれば、京都前挽鋸鍛冶仲間に加入していたことがわかる。つまり、京都前挽鋸鍛冶仲間一三株に加入し、在方株として三木町で組織していた。前述の山田屋伊右衛門の開業許可が遅れた原因は、京都前挽鋸鍛冶仲間への加入の手続のためであったのかもしれない。

このように、近世三木金物の重要商品であった前挽鋸を製作する前挽鋸鍛冶職人が、宝暦末年ごろに京都前挽鋸鍛冶仲間に加入し、その在方株として三木前挽鋸鍛冶仲間を結成したことが知られる。

つづいて天明期に入ると、三木町の鍛冶職人が、大坂・堺の鍛冶職人から相次いで大坂町奉行所に訴えられている。天明三年（一七八三）に大坂の文珠四郎鍛冶仲間からの訴訟によって、三木町産鋸の大坂市場への搬入が禁止された。翌年春に内済ができ、三木町の鍛冶職人七軒が大坂文珠四郎鍛冶仲間の在方株として加入し、その他の鋸鍛冶職人はその七軒の株の下株として組織された。つまり、大坂文珠四郎鍛冶仲間に加入した七軒を中心として、三木町文珠四郎鍛冶仲間が組織されたと推測される。

また、三木町の庖丁鍛冶職人が、天明五年九月に堺庖丁鍛冶仲間からの訴訟により、これも大坂市場への搬入を差留められたが、のち庖丁の寸法を変更することによって和解が成立している（三七頁の表を参照）。

63

これら二つの紛争は、三木町で製作された鍛冶製品が、大坂・堺の鍛冶職人が黙視できないほどに大坂市場に進出していたことを示していると考えられる。また、この時期は、大坂市場において積極的に株仲間が結成され、従来の特権を維持しようとしていたときであり、同時に、大坂三郷の同業株に従属し、あるいは関連する形で在方株が結成されており、その影響があったのかもしれない。

このような三木金物の大坂市場への進出は、明和年間から天明年間にかけて三木町において鍛冶職人が増加したことをもうかがわせる。なぜこのように鍛冶職人が増加したのか、その原因は不明である。しかし、文化一五年（一八一八）正月の「長機織御免伺書控」には、

当町方商売渡世の義ハ、在々入込無少土地故、近比ニハ鍛冶職出来候而より、近村の商内のみニ而渡世薄ク営兼候ニ付、出稼之諸職人多候処、近比ニハ鍛冶職出来候而より、出稼之者過半余も鍛冶職を相習ヒ、他所持も追々相止〆居職罷成

とあり、鍛冶業の隆盛とともに、出稼ぎの諸職人（大工・木挽など）が居職のできる鍛冶職に転職したと述べられている。その一例として、後述するように宝暦末年に金物仲買問屋を創業した道具屋善七家の初代太兵衛が、当初木挽職人であったことが知られている。

一方、このような町内居住職人の転職とともに、他地域からの移住職人もあった。天明四年九月に宍粟郡引原村から四家族が三木町に移住している。また、寛政八年（一七九六）一二月には金物仲買問屋の作屋清右衛門と道具屋善七が、三木町鋸鍛冶仲間に対して大坂から入町して鋸・鉋・曲尺を製作している職人と取引を行なわないことを約束している。これは、大坂から三木町に来住し、鍛冶業を営んでいた人々の存在を物語っている。これらの史料から、三木町における鍛冶業の勃興は、従来から居住していた町民（特に出稼ぎの大工・木挽職人などの職人）の転職と、他地域からの来住者とにより、一層生産者を増加させた情況

64

第三章　近世後期における三木金物と大坂・江戸市場

が知られる。

以上述べてきたように、宝暦期における前挽鋸鍛冶職人の京都前挽鋸鍛冶仲間への加入、天明期における鋸鍛冶職人の大坂文珠四郎鍛冶仲間への加入、および庖丁鍛冶職人の堺庖丁鍛冶仲間との和解などによって、三木町における鍛冶業は公認され、在方株として三木町前挽鋸鍛冶仲間・三木町文珠四郎鍛冶仲間などが結成された。

そして、これら鍛冶職人の製品は、後述するように、三木町金物仲買問屋仲間を経て中央市場である大坂に公然と流通し、江戸市場へも廻送されることとなった。

それとともに、町内の出稼ぎ職人などの鍛冶業への転職、他地域からの鍛冶職人の来住によって生産者の増加が見られ、金物特産地として繁栄する基礎が形成されたと考えられる。

二　三木金物の流通機構の整備

前述のように、天明四年（一七八四）に三木町の鋸鍛冶職人七軒が大坂の文珠四郎鍛冶仲間に加入し、その在方株として三木町文珠四郎鍛冶仲間を結成した。その時に、金物仲買問屋の道具屋善七と三木町の鋸鍛冶職人との間で、次のような取替証文が作成された。

　　　　一札

一此度大坂文珠四郎株入仕候ニ付、対談之上、少々之以口銭ヲ、其元壱人ヲ大坂問屋登シ鋸取次ヲ相頼候上ハ、当地商人へ一切ニ鋸売申間敷候、然上ハ株之外ハ鋸大坂表へ御売被成間敷候、尤是迄当地小売鋸其外諸国直卸売仕来り候通り勝手次第可仕候、自然後々至り互ニ不勝手之義も出来候ハ丶、以相対ヲ何時ニ而も如何様ニも可仕候、其時一言之違乱妨申間敷候、為後日之取替一札、仍如件、

65

この取替証文は、鋸鍛冶職人の菱屋忠兵衛が道具屋善七に提出したものである。このほかにこの取替証文と同

天明四年
　辰四月
　　中町
　　　　道具屋善七殿

下町
　菱屋
　　忠兵衛㊞

文・同年月付で山田屋清兵衛・山田屋次郎兵衛・吉田屋利兵衛・山田屋源兵衛署名のものが四通（これらを便宜上Ⓐ証文という）、同年月付で証文の書出し文言が違う、井筒屋藤五郎・菱屋与三右衛門署名のものが二通（これをⒷ証文という）、同年一一月付でⒶ証文と同文で、大黒屋甚右衛門・山田屋善蔵署名のものが二通（Ⓒ証文という）、同八年二月付でⒷ証文と同文で、大野屋長兵衛署名のものが一通（Ⓓ証文という）の、合計一〇通が残されている。

これらの証文のうち、Ⓑ証文は、前掲史料の冒頭の「此度大坂文珠四郎株入仕候ニ付」の部分が、「不景気ニ付」とあり、以下の内容はほぼⒶⒸ証文と同様であり、これは、大坂文珠四郎鍛冶仲間に加入した七軒以外の三木町文珠四郎鍛冶仲間の証文だと考えられる。すなわち、大坂文珠四郎鍛冶仲間に加入した七軒の鋸鍛冶職人は、菱屋忠兵衛・山田屋清兵衛・山田屋次郎兵衛・吉田屋利兵衛・山田屋源兵衛・大黒屋甚右衛門・山田屋善蔵の合計七軒であったのだろう。

これらの証文の内容は、鋸鍛冶職人が以後大坂市場への鋸の販売を道具屋善七に一任し、直接販売を行なわないこと、しかし、大坂市場以外については従来通り販売を続けることなどである。このように、鋸鍛冶職人の大坂文珠四郎鍛冶仲間への加入、つまり、在方株として三木町文珠四郎鍛冶仲間が成立したことによって、大坂市

第三章　近世後期における三木金物と大坂・江戸市場

場への鋸の販売は金物仲買問屋の道具屋善七に任せられることになった。これを契機に、三木金物業における生産部門と流通部門の分離が次第に進行していくと考えられる。この流通部門の生産部門からの分離によって、流通部門を担った金物仲買問屋の活躍の場が形成され、三木金物の一層の発達が見られる。

この時期までに、創業していたことが知られる金物仲買問屋は、近世三木町の金物仲買問屋の中でも指導的役割を果たした道具屋善七家と作屋清右衛門家である。道具屋善七家は宝暦末年（一七六三ごろ）に、作屋清右衛門家は明和二年（一七六五）に創業している。そして、寛政四年（一七九二）三月に三木町金物仲買問屋が、作屋清右衛門・道具屋善七・紅粉屋源兵衛・今福屋善四郎・嶋屋吉右衛門の五軒で組織された。同年八月には三木町金物仲買問屋仲間は、三木町文珠四郎鍛冶仲間に対して、鋸の取次を行なうこと、公正な売買を行なうことなどを約束している。これによって、道具屋善七の所有していた鋸の大坂市場への販売独占権は破られ、三木町金物仲買問屋によって鋸が販売されることになった。

つづいて、寛政一〇年一〇月に三木町金物仲買問屋仲間と三木町前挽鋸鍛冶仲間との間で、三木町・大坂・江戸の三地における前挽鋸の最低販売価格が協定されている（表1参照）。これによって、三木金物の重要商品であった前挽鋸が、大坂市場はいうまでもなく、江戸市場へも進出していたことがわかるし、その販売も三木町金物仲買問屋にその中心が移ったと推測される。

このように、天明四年に鋸鍛冶職人が、大坂文珠四郎鍛冶仲間の在方株として三木町文珠四郎鍛冶仲間を結成したことを契機として、鋸の製作と販売との分業が進行した。それによって、寛政年間には三木町金物仲買仲間も組織され、さらに、三木金物の重要商品であった前挽鋸の販売も金物仲買問屋に委ねられることとなり、三木金物の流通機構も整備されることと流通部門を担当した金物仲買問屋の発達が見られ、その活躍によって、三木金物の流通機構も整備されること

第一部　三木金物の成立と発展

表1　前挽鋸の販売価格　（単位匁）

	三木	大坂	江戸
山田屋伊右衛門	345	355	370
前挽屋五郎右衛門	360	370	380
大坂屋権右衛門	345	355	370

注1：大坂は金5分かけ
　2：永島福太郎編『三木金物問屋史料』4頁により作成。

　なる。
　寛政一〇年一〇月の前挽鋸の価格協定（表1）にも見られるように、すでに江戸市場に三木金物が進出していた。しかし、三木町と江戸市場との取引が整備されるのは、享和四年（文化元・一八〇四）の江戸打物問屋炭屋七左衛門の引合による。この引合のあったころ、三木町では金物仲買問屋の販売競争によって鋸の価格が下落し、鋸鍛冶職人と金物仲買問屋との間に紛争があったようである。このため、鋸鍛冶職人は、これ以上の金物仲買問屋間の競争による価格の下落を恐れ、江戸積の金物仲買問屋を一軒に決めることを要求した。結局、三木町金物仲買問屋が、今後は公正な取引を行なう旨を鋸鍛冶仲間に約束し、それとともに江戸の炭屋七左衛門からの注文を作屋清右衛門と道具屋善七の二軒で折半して出荷することとなった。早速、二月二二日付で江戸打物問屋仲間の連名で炭屋にその旨を連絡している。翌文化二年三月一六日付で道具屋と作屋の問屋に出荷しないようにという内容の書状が届いている。
　このように、江戸の炭屋七左衛門からの引合を契機として、文化二年には三木町金物仲買問屋と江戸打物問屋との直接取引が成立した。この江戸打物問屋は、上方金物を取扱う問屋であり、寛政三年以来大工道具打物問屋組合を結成しているので、今後は仲間外の問屋に出荷しないようにという内容の書状が届いている。
　このように、江戸の炭屋七左衛門からの引合を契機として、文化二年には三木町金物仲買問屋と江戸打物問屋との直接取引が成立した。この江戸打物問屋は、上方金物の生産地は京都・大坂・堺・三木町などであった。そのうち、三木町だけが新興産地として成長期にあった。前節で述べたように、新興産地である三木町の鍛冶職人たちは、それぞれ先進地の在方株となったり、製品の寸法を変更することによって先進地の鍛冶職人たちとの紛争を解決した。それに対し、金物仲買問屋間の紛争を示す史料は残されていない。これは、買主の江戸打物問屋による

第三章　近世後期における三木金物と大坂・江戸市場

これ以後も江戸打物問屋仲間によって、三木町と江戸市場との流通機構が整備される。というのは、江戸打物問屋仲間は、江戸の十組問屋仲間の通町組に属しており、この文化期は江戸の十組問屋にとって重要な時期であった。すなわち、「江戸地廻り経済圏」の成立による新興商人の増加と競争の激化、大坂の二十四組問屋の集荷力の低下、さらに、大坂―江戸間の海上輸送機関である菱垣廻船の減少と老船化による江戸入津量の減少など、解決しなければならない問題が山積みされていた。この十組問屋の再建は、杉本茂十郎を中心に行なわれた。文化六年（一八〇九）二月に三橋会所を設立し、と同時に冥加金上納を推進し、上納者には鑑札が交付された。この鑑札は法的拘束力は有していなかったが、仲間内では株札同様の働きをしていたという。そして、同一〇年に待望の株札が交付され、十組問屋による江戸市場の独占的支配が確立する。

これを受けて、同年一二月付で江戸打物問屋仲間行事から三木町の金物仲買問屋の作屋と道具屋宛に、次のような書状が寄せられている。つまり、三月に株札が下付されたので、今後仲間外の商人との取引を一切やめるように、また作屋清右衛門と道具屋善七は当地仲間内の問屋とし、当地仲間からも二軒以外には発注しないことなどを伝えている。

このように、文化一〇年の株札の交付により、江戸打物問屋仲間は、江戸市場における販売独占権を確保するとともに、仕入先の一つである三木町金物仲買問屋に対しても、独占的に仕入を行なう態勢を整えた。これによって、三木町金物仲買問屋と江戸打物問屋仲間との取引が確立した。

三 三木町における鍛冶職人の変遷

前節で述べた三木金物の江戸市場への進出によって、三木町内の鍛冶職人はどのように変化したのか、その変遷についてみてみよう。

前述のように、宝暦末年（一七六三年ごろ）に三木町前挽鋸鍛冶仲間、天明初年（一七八一年ごろ）に三木町文珠四郎鍛冶仲間・三木町庖丁鍛冶仲間の成立がみられた。鍛冶職人側の史料が残存していないので、金物仲買問屋の作屋清右衛門家の史料を使用して以後の鍛冶職人の変遷をみてみよう。

三木町前挽鋸鍛冶仲間は、前述のように、宝暦末年ごろに山田屋伊右衛門・大坂屋権右衛門・前挽屋（創業当初は大坂屋）五郎右衛門の三軒で、京都前挽鋸鍛冶仲間の在方株として成立した。この三軒以外では、文政四年（一八二一）ごろから同末年（一八三〇）ごろまで大和屋平右衛門が営業していた。また、天保一〇年（一八三九）には大坂屋権右衛門に代わって山田屋弥次右衛門が仲間に加入している。この山田屋の加入のときの記録によれば、三木町前挽鋸鍛冶仲間は、依然として京都前挽鋸鍛冶仲間に加入し、その在方株として存在していた。しかし、京都前挽鋸鍛冶仲間一三株のうち、三木町を含めて六株が京都以外の仲間であり、親株の京都前挽鋸鍛冶仲間が仲間規制の弱化、衰退の傾向にあり、三木と京都との連絡も途絶えがちで、三木町前挽鋸鍛冶仲間が親株の京都前挽鋸鍛冶仲間から離脱する傾向にあったことがうかがえる。このことは、前挽鋸鍛冶職人は、京都前挽鋸鍛冶仲間の在方株として三木町前挽鋸鍛冶仲間を組織し、その構成員もあまり変動がなかったといえるだろう。

次に、鋸鍛冶職人についてみてみると、天明四年に大坂文珠四郎鍛冶仲間の在方株として三木町文珠四郎鍛冶仲間を組織したときの軒数は不明である。しかし、大坂文珠四郎鍛冶仲間に加入した七軒が、加入銀として五両

第三章　近世後期における三木金物と大坂・江戸市場

ずつ大坂の元株に納入し、その他の職人はその七軒に一両ずつ納めたとあり、ほぼ三〇軒ぐらい存在していたと推測される。その後、文化一二年(一八一五)四月改の「諸鍛冶方連名」によると、鋸鍛冶職人は五五軒で、うち八軒が休株で、総職人数が一六五人であったことがわかる。

また、大坂文珠四郎鍛冶仲間は、鋸鍛冶職人だけでなく、諸種の大工道具などの利器を製作する鍛冶職人によって構成されていた。たとえば、大坂文珠四郎鍛冶仲間のなかに、「曲尺目切仲間」「曲尺仲間」という名称が見られる。また、文政一一年(一八二八)八月改の「曲尺地目切鑿鉋鍛冶控」には、曲尺地(二〇軒)・曲尺目切(一五軒)・鉋(五軒)・鑿(六軒)の鍛冶職人が記載されている。これらの史料から、三木町文珠四郎鍛冶仲間は、鋸・曲尺地・曲尺目切・鉋・鑿などの製品ごとに仲間内仲間を組織していたことが知られる。さらに、前述の文政一一年の史料では鋸鍛冶職人が示されていないので、三木町においては大別して鋸と他の製品との二つの仲間に分離していく傾向にあったと思われる。すなわち、三木町における文珠四郎鍛冶仲間は鋸鍛冶職人によって結成され、次第に他の大工道具(曲尺・鉋など)の鍛冶職人を包括するようになった。その後、鋸鍛冶職人は、職人数の増加にともなって、他の鍛冶職人仲間から分離していったと考えられる。

次に、庖丁鍛冶職人についてみてみると、天明五年(一七八五)の堺庖丁鍛冶仲間との紛争のあったときの軒数は不明で、文化元年八月改の「庖丁職方控」では二三軒、同一二年四月改の「諸鍛冶方連名」には二〇軒で、うち六軒が休株となっている。

その他の鍛冶職人としては、天保四年改の「剃刀鍛冶仲間控」に四九軒、年未詳の「剃刀鍛冶稲荷講中控」には剃刀鍛冶職人が三九軒、鋏鍛冶職人が一〇軒記載されている。この剃刀・鋏鍛冶職人は、前述までの鍛冶職人と違って、三木金物の中では比較的遅く、大坂での技術修得者を元祖として始められたこと、三木町内の職人よ

表2　天保6年の鍛冶職人と取引量

製品名			鍛冶職人		買高		売高	
			軒数(軒)	比率(％)	銀高(匁)	比率(％)	銀高(匁)	比率(％)
前挽鋸			3	1.4	33,485	13.2	19,019	21.4
庖丁			11	5.1	38,088	15.0	22,000	24.8
鋸			64	29.8	102,896	40.5	27,326	30.8
引廻し			13	6.0	2,682	1.1	1,516	1.7
曲尺目切			8	3.7	2,384	0.9	51	0.1
曲尺地			8	3.7	2,775	1.1	853	1.0
鑿			7	3.3	6,059	2.4	3,770	4.3
きり			4	1.9	823	0.3	222	0.3
鉈			13	6.0	5,750	2.3	217	0.2
釘			12	5.6	2,525	1.0	986	1.1
剃刀			26	12.1	18,930	7.5	4,515	5.1
鋏			14	6.5	19,928	7.8	3,462	4.0
鉋			10	4.7	4,850	1.9	1,411	1.6
きたい			2	0.9	1,583	0.6	21.6	0.0
不明			4	1.9	1,947	0.8	459	0.5
〃			2	0.9	1,373	0.5	155	0.2
〃			14	6.5	7,875	3.1	2,700	3.0
計			215	100.0	253,953	100.0	88,683.6	100.0

出典：前掲『金物史料』290～298頁により作成。

りも周辺農村あるいは加東郡内に居住する職人が多かったことなどが特徴的である。これは、三木町における鍛冶業の隆盛に刺激されて、その周辺農村にまで生産地が拡大された一つの例証であろう。

次に、これらの鍛冶職人による生産の情況についてみてみよう。全体をみられる史料が残存していないので、「天保六年棚卸控」を使用して、その一端をうかがうことにする。この史料には、作屋清右衛門家と取引のあった職人ごとに買高・売高が記されている。また、製品名の記載のないものもあるが、他の史料から推測できるものは製品名を記した。これらをまとめたのが、表2である。この数字は作屋における取引量を示すものであり、三木町における全生産高を示すものではないが、ある程度その情況を知ることができるであろう。

作屋と取引のあった総鍛冶職軒数は二一五軒

第三章　近世後期における三木金物と大坂・江戸市場

で、鋸鍛冶職人が六四軒（二九・八％）で最高で、ついで剃刀鍛冶職人が二六軒（一二・一％）となり、この二つで全体の四割強を占めている。買高欄は鍛冶職人の生産高の一部を示しているのだが、それによると鋸が一〇二貫余（四〇・五％）で、ついで庖丁が三八貫余（一五・〇％）、前挽鋸が三三貫余（一三・五％）とあり、この三品で七割弱を占めている。また、売高欄を見ると、鋸が二七貫余（三〇・八％）、庖丁が二三貫（二四・八％）、前挽鋸が一九貫余（二一・四％）とあり、この三品で全体の八割弱を占めている。一軒の金物仲買問屋の史料から類推するのは危険ではあるが、これらのことから鋸・庖丁・前挽鋸が三木金物の主要製品であったように思われる。また、職人の名前は重複していないので、一軒の職人がほぼ一品種のみを製作しており、品種ごとの分業化が進んでいたと考えられる。

以上のように、前挽鋸・鋸・庖丁を中心とした三木金物は、流通機構の整備とともに市場が拡大し、製品の多様化・職人数の増加・品種ごとの分業化の進展がみられた。また、その生産地も三木町内だけでなく、その周辺農村にまで拡大されたのであり、特に剃刀・鋏鍛冶職人はその傾向が強かったことが知られる。

四　三木金物の流通機構の変化

次に、文政期および天保期における三木金物の流通機構の変化について述べるが、その前に三木金物の発達に大きく貢献した江戸打物問屋仲間の炭屋七左衛門家についてみてみよう。炭屋七左衛門家の初代庄九郎は、寛文六年（一六六六）に京都で木炭商を始め、やがて打刃物を取り扱うようになった。同一一年には木炭商をやめ、打刃物業に専念し、東国へも販路を拡張し、延宝二年（一六七四）に江戸店を開設した。そして、二代目の元禄元年（一六八八）に屋号を炭屋と定め、以後炭屋七左衛門を称することになった。六代目の寛政三年（一七九一

に炭屋七左衛門ら打物問屋（一八軒）が、江戸十組問屋仲間に加入した。六代目は、同七年に家督を譲り隠居し、名を三蔵と改めた（但し、七代目は当時五歳であったので、実権は隠居の三蔵にあったと思われる）。そして前述したように、文化元年（一八〇四）には三木町金物仲買問屋との直接取引を始めた。同一二、三年に三蔵は大坂店を開設し、自ら店主となった。このように炭屋の六代目により、炭屋七左衛門家では、京都本店を中心として、上方金物を仕入れ江戸へ出荷する大坂店、江戸市場での販売を行なう江戸店と、三店の協同による経営体制が整えられた。

このような炭屋の経営体制の整備とともに、仕入れ地の一つであった三木町金物仲買問屋との取引も整備された。つまり、三木町と江戸市場との流通機構も確立されるようになる。その後、炭屋大坂店は、文政六年（一八二三）に大坂打物問屋仲間の戎講に加入し、天保二年（一八三一）には大坂二十四組問屋の安永四番組に加入したという。この炭屋の大坂店の開設は、右に述べたように、文化期の江戸十組問屋にとって商品の入荷をいかに確保するかということが重要な課題であり、そのために行われたと考えられる。

このような情況下で、炭屋の大坂店の加入していた大坂打物問屋仲間がどのように変化していったかをみてみよう。大坂の打物問屋は二十四組問屋の安永四番組に属しており、この二十四組問屋は天明四年（一七八四）に株仲間を公許されている。そのときの株数は不明である。この時期には、前述のように、大坂市場と三木町との鍛冶職人の紛争があり、三木町に文珠四郎鍛冶仲間の在方株が組織された。また、幕府による旧来の流通機構維持のために、大坂において株仲間の組織化が盛んに行なわれた時期にあたっている。

その後、文政七年（一八二四）九月一〇日付の大坂打物問屋仲間戎講中連名の書状写によると、文政六年一一月に仲間を再編成したので連名以外の打物問屋との取引を停止するように、三木と北条の金物仲買問屋に伝えてきている。この史料には、仲間外として博労町丸屋九兵衛・嶋之内平喜・松屋町紀伊国屋藤兵衛・砂場大和屋善

第三章　近世後期における三木金物と大坂・江戸市場

三郎・亀橋近江屋喜右衛門の五軒を、また、戎講の連名は次のように一七軒が記されている。

炭屋三蔵　　泉屋吉兵衛　　奈良屋伊兵衛　　河内屋嘉兵衛　　永の屋佐兵衛　　同喜六　　丸屋儀兵衛

信の屋藤八　　丸屋長兵衛　　丸屋利兵衛　　錠屋四郎兵衛　　鍵屋清兵衛　　鍵屋半兵衛　　丸屋五兵衛

紀国屋清兵衛　　丸屋六兵衛　　同和助

その後天保期に入ると、大坂打物問屋の中でも江戸打物問屋仲間と密接な関係を有していた打物問屋が、新しく仲間を結成している。この事を伝えた大坂打物問屋仲間の連名で文政一三年(天保元・一八三〇)一二月一二日付で三木に知らせて来ている。その書状によると、大坂で新規に打物問屋株が公許されたので、その仲間の長野屋佐兵衛・奈良屋伊兵衛・炭屋三蔵の三軒に江戸市場宛の荷物を出荷するようにとある。この三軒は、いずれも先の戎講の仲間であり、そのうち、奈良屋は同名の店が江戸打物問屋仲間にあり、炭屋は前述したように炭屋七左衛門家の大坂店であった。これらのことから、この大坂打物問屋仲間の再編成は、江戸打物問屋仲間が大坂からの荷積を確実にするために行なったと考えられる。また、これによって大坂打物問屋仲間が、仕入問屋から荷積問屋へと変質したと推測される。

それを裏づけるかのように、天保二年から大坂打物問屋仲間は、三木をはじめ京都・堺の荷主から船積の手数料として「積口銭」を徴収することとなった。同年正月一七日付の書状によれば、積口銭として打物・前挽鋸は一函につき銀一匁、砥石は一函につき五分を徴収するとある。それに対し、三木側はなかなか承服せず、やっと天保一〇年に一函につき銀一匁ということで決着をみた。これも江戸打物問屋仲間の斡旋によってようやく終結した。その後の大坂打物問屋仲間の情況は不明だが、嘉永の株仲間再興のときには一二軒あったことが知れる。

第一部　三木金物の成立と発展

以上のように、大坂打物問屋仲間は、天明四年に二十四組問屋仲間の安永四番組として株仲間の結成が認可された。その後、文政七年・天保元年と二度にわたって仲間の再編成が行なわれた。特に天保元年の再編成は江戸打物問屋仲間の主導によって大坂での船積を確実にするために行なわれたのであり、この再編成を契機として大坂打物問屋仲間は仕入問屋から荷積問屋へと変質し、「積口銭」という船積のための手数料を徴収するようになったと推測される。

おわりに

宝暦・天明期に勃興した三木金物は、大坂・京都などの先進手工業地の株仲間の在方株として公認され、発達の基盤が形成された。と同時に、生産部門と流通部門の分離が進行した。寛政期に入ると、三木町金物仲買問屋仲間が結成され、三木金物の販路も拡大した。それを契機として、文化初年に三木町金物仲買問屋仲間と江戸打物問屋仲間との直接取引が成立した。この直接取引の成立によって三木金物の市場が拡大し、鍛冶製品の多様化、鍛冶職人の増加がみられ、生産地も三木町内だけでなくその周辺農村にまで拡大していった。

また、文化期は、江戸打物問屋仲間の所属していた十組問屋仲間では仲間組織の再編・強化の行なわれていた時期である。すなわち、江戸打物問屋仲間にとってはいかに商品の仕入を確実に行なうかが問題であった。そのために三木町金物仲買問屋仲間との直接取引も開始されたのであり、三木町と江戸市場との中継地であり上方金物の集散地であった大坂市場を無視することができなかった。

このような情況下で、江戸打物問屋仲間の主導によって三木町金物仲買問屋仲間との流通機構が整備され、大

76

第三章　近世後期における三木金物と大坂・江戸市場

に、天保元年の再編成において、大坂打物問屋仲間は質的に変化し、荷積問屋の性格を強め、船積の手数料として「積口銭」を徴収するようになった。

一方、三木金物は、このような江戸打物問屋仲間による流通機構の整備によって、三木町金物仲買問屋仲間と江戸市場との結合が確立し、特産物としての地位を確立したことが知られる。

（1）拙稿「近世後期における在郷町の変貌――播磨国美嚢郡三木町の場合――」（『関西学院史学』第一七号、昭和五一年）二二頁参照。（本書第一部第一章参照）。なお、延享三年（一七四六）から天保一三年（一八四二）までは上州館林の越智松平氏が、また以後廃藩までは明石の松平氏が領主であった。

（2）永島福太郎編『三木町有古文書』（青甲社、昭和二七年）所収の二七番「陣屋普請人足役免除願書」（延享五年六月）に「其後黒田豊前守様御領分ニ相成、当町ニ御陣屋相立候節」とある（のち、三木郷土史の会『三木市有宝蔵文書』第一巻（三木市、平成六年、三六頁）］。

（3）『三木市史』（三木市、昭和四五年）九三頁参照。

（4）小西氏には、『播州特産金物発達史』（工業界社、昭和三年）・『国産金物発達誌』（文書堂、昭和九年）・『三木金物誌』（同刊行会、昭和二八年）などの著作がある。

（5）永島氏には「三木の金物」（『日本産業史大系』第六巻所収、東京大学出版会、昭和三五年）・「江戸市場の展開と三木金物の発達」（『社会経済史学』第二三巻第五・六号、昭和三三年）などの研究がある。

（6）昭和五三年三月に思文閣出版から「文部省科学研究費刊行補助金」を得て、発行された。本書の編集の一員に私も加えられた。その成果の一つが本稿である（以下『金物史料』と略称）。

（7）『同右書』五四七頁。

（8）『同右書』五五一頁。

77

第一部　三木金物の成立と発展

(9) 『同右書』五六五頁。
(10) 『同右書』五六六頁。
(11) 『同右書』四五六頁。
(12) 拙稿「近世三木町における前挽鍛冶仲間の成立と発達」(『人文論究』第二二巻第一号、昭和四七年) 六三頁参照 (本書第一部第二章参照)。
(13) 寛政元年五月の「前挽屋半次郎前挽株取戻願書」(前掲『金物史料』五七一頁) によれば、このときに前挽屋半次郎が貸付けていた前挽株を取戻して営業することを届けている。このときから、屋号を「大坂屋」から「前挽屋」と変更したものと思われる。
(14) 「父祖行状記」(『同右書』四五六頁) による。
(15) 『同右書』五八一頁。
(16) 「前挽株一許録」には、一一株とあるが、大坂屋権右衛門が道具屋善七に前挽株を質入れし、借受けたときの証文(『同書』四七二頁) には一三株とある。また、「前挽株一許録」によれば、この大坂屋権右衛門株の名儀書替と同時期に、江州水口・同三本柳・丹州へ三株が京都以外に流出していたことが記されている。
(17) 文化初年の「株仲間帳」には文珠四郎鍛冶仲間とあり (『大阪市史』第二、大阪市、大正三年、五八一頁)、嘉永年間の問屋再興時には一五五人の仲間が存在していたことがわかる (『同書』一三株とする。この文珠四郎鍛冶仲間がいつから仲間を結成していたのか不明であるが、あるいはこのような大坂市場における仲間結成の潮流の中で仲間を結成したのかもしれない。また、この文珠四郎鍛冶仲間は、後述するように、木工具を中心とした利器を製作する鍛冶職人の仲間の集合体であった。
(18) 「鋸鍛冶仲間控」(『金物史料』八三頁) による。
(19) この堺庖丁鍛冶仲間については、乾宏已氏が「十八世紀における手工業技術の流出と市場構造――堺煙草庖丁鍛冶仲間の場合――」(『歴史学研究』第三八五号、昭和四七年) で詳述しているし、関係史料の「石割美禰文書」(『堺市史』続編第五巻、堺市、昭和四九年) も翻刻している。
(20) この時期に大阪で株仲間の結成が激増している (『大阪市史』第一、大阪市、大正二年、一一四三頁)。

第三章　近世後期における三木金物と大坂・江戸市場

(21) 中井信彦「宝暦―天明期の歴史的位置」(『歴史学研究』二九九号、昭和四〇年) による。
(22) 前掲『三木町有古文書』一六三頁 (のち、前掲『三木市有宝蔵之書』第六巻、平成一二年、五三〇頁)。
(23) 「父祖行状記」(『金物史料』四五五頁) による。
(24) 『同右書』五六八頁。
(25) 『同右書』三頁。
(26) 『同右書』四六〇頁。
(27) 山田屋次郎兵衛家 (小川善太郎家) 文書。本書第一部第二章三六・三七頁参照。
(28) 前掲『金物史料』四六〇〜四六四頁。
(29) 寛政元年九月の「鋸鍛冶伊右衛門差入証文」(『同右書』一頁) には、道具屋善七だけが三木町文珠四郎鍛冶仲間中の鋸取次を行なっていたとある。このことからも後述する寛政四年の三木町金物仲買問屋仲間の結成まで、道具屋善七が鋸の大坂市場への販売を独占していたと考えられる。
(30) 拙稿「化政・天保期の三木金物」(『ヒストリア』第六八号、昭和五〇年) 五四頁参照。また、作屋清右衛門家については、追手門大学経済学部畠山秀樹教授との共同研究「金物仲買問屋の経営と帳合法――作屋清右衛門家 (黒田家) の事例――」(『大阪大学経済学』第二八巻第四号、昭和五四年) を参照されたい。
(31) 「仲買仲間定法写」(前掲『金物史料』六三三頁) による。三木町金物仲買問屋仲間の変遷については、前掲注 (30) 拙稿「化政・天保期の三木金物」五六頁を参照されたい。なお、本章末に付表1「三木町金物仲買問屋仲間」と付表2「江戸打物問屋仲間」の変遷を付した。
(32) 前掲『金物史料』八四頁。
(33) 「前挽鍛冶仲間取替証文」「前挽値段書」(『同右書』三・四頁) による。
(34) 『同右書』八五〜八八頁。
(35) 『同右書』八八頁。
(36) このことは、大坂打物問屋仲間の重要な市場であった江戸市場に対する支配力を弱め、販路を減少させることになると考えられる。このためか、後述するように、大坂打物問屋仲間の質的な変換がみられるのかもしれない。

79

第一部　三木金物の成立と発展

(37) 前掲『金物史料』二一頁。
(38) 『同右書』一三四・一三五頁。
(39) 『前挽株』許録』（『同右書』五八二頁）による。
(40) 『同右書』八三頁。なお、寛政一〇年一〇月改の「文珠四郎鍛冶仲間連名写」（『同右書』一七一頁）という史料があるが、この史料には文政・天保期の株の出入などが記され、またその時期に筆写されたと考えられるので、寛政一〇年当時の鋸鍛冶職人数は、推定できない。
(41) 『同右書』一七七頁。
(42) 文化八年六月「曲尺目切株仲間入許状写」（『同右書』五七二頁）による。
(43) 文化九年一〇月七日「曲尺仲間訴状写」（『同右書』五七三頁）による。
(44) 『同右書』一六一頁。
(45) 小西勝治郎氏は、加東郡三草の釣針鍛冶が大坂文珠四郎鍛冶仲間に加入していたこと、安政三年に三木町文珠四郎鍛冶仲間が大坂文珠四郎鍛冶仲間から離脱したことを指摘している（『播州特産金物発達史』工業界社、昭和三年）。
(46) 前掲『金物史料』一四四頁。
(47) 『同右書』一七七頁。
(48) 『同右書』一六八頁。
(49) 『同右書』一六三頁。
(50) たとえば、前述の天保四年の「剃刀鍛冶仲間控」には、仲間連名四九人が記され、うち一二人だけが三木町内の職人であった。その他は、美嚢郡の中石野村・高木村、加東郡の北嶋村・岩倉村・小田村などに居住する職人であった。
(51) 『同右書』二九〇頁。
(52) 『三〇〇年ののれん』（湯浅金物株式会社、昭和四四年）による。
(53) 前掲『大阪市史』第一、九三四・九三五頁。
(54) 前掲『金物史料』九八・九九頁。
(55) 加西郡北条（現在の兵庫県加西市）の道具屋与兵衛・鍛冶屋太郎兵衛・亀屋助太夫の三軒である。また、文化一二年

80

第三章　近世後期における三木金物と大坂・江戸市場

改の「諸鍛冶方連名」(『同右書』一七七頁)には、庖丁鍛冶として北条の喜六・儀兵衛・前高屋五郎兵衛の名がみえる。うち喜六と儀兵衛は作屋と取引があったが、天保六年の「棚卸帳控」(『同右書』二九〇頁)の庖丁鍛冶の中にはみえない。だから、その間に加西郡においても鍛冶業が盛んとなり、その取次を行なう金物問屋が成立したのかもしれない。なお、明治以降になると、この地域は播州鎌の産地の一翼を形成する。

(56) 『同右書』一〇二頁。
(57) 「大工道具打物直段引下ケ書」(『諸問屋再興調』二二、東京大学出版会、昭和四八年)に、「奈良屋伊兵衛大坂住宅ニ付、店預り人忠兵衛印」とあり、奈良屋の本店は大坂にあったことがわかる。奈良屋も炭屋も「江戸店持ち上方商人」であった。
(58) 前掲「化政・天保期の三木金物」六四・六五頁参照。
(59) 前掲『金物史料』一〇二頁。
(60) 前掲『大阪市史』第二、八一四・八一五頁。

〔付記1〕　本稿は、昭和五四年四月二一日に神戸大学において開催された社会経済史学会近畿部会と経営史学会関西部会との合同例会における報告をまとめたものである。当日御出席の諸先生方から種々の御教示を賜った。記して謝意を表する。

〔付記2〕　本章で言及できなかった、「三木金物仲買問屋」と「江戸打物問屋」の変遷を論じた拙稿を次に示す(「化政・天保期の三木金物」『ヒストリア』第六八号、昭和五〇年。のち、『三木史談』第一一号、昭和五九年に転載)。

81

付表1　三木町金物仲買問屋の変遷

	道具屋善七	紅粉屋源兵衛	作屋清右衛門	今福屋善四郎	嶋屋吉右衛門	山田屋次郎兵衛	井筒屋惣助	道具屋太郎兵衛	道具屋文兵衛	作屋利右衛門	井筒屋宇兵衛	今市屋吉兵衛	井筒屋弥兵衛	井上屋又兵衛	小西屋源兵衛	一文字屋真重郎	古手屋利右衛門	出　典
寛政4年(1792)	○	○(1)	○	○(2)	○(3)													定法控(黒田家文書)
享和2年(1802)	↓		↓	↓		◎												職方諸事控(同上)
文化元年(1804)	○		○	○		○(4)												鋸鍛冶仲間控(同上)
文政5年(1822)	↓		↓				◎											定法控(同上)
同12年(1829)	↓		↓				↓	◎										同上
天保10年(1839)	○		○				○	○										道具屋善七等願書(同上)
弘化4年(1847)	↓		○				↓	↓	○			○						冥加金上納願(同上)(5)
嘉永2年(1849)	○	○					○	○	○	○	○	○	○					金物仲買問屋仲間約定書(井上家文書)
同5年(1852)	○	○					○	○										金物仲買問屋仲間歎願書(黒田家文書)
安政4年(1857)	○						○	○	○	○	○	○	○	○	○	○	○	正金銀取扱商人取調書(三木市立図書館所蔵)

凡例：○は、そのときの史料に名前がみえることを、◎は、新規加入を表す。↓は、その史料には記載がないが、営業していたと思われる。

注1：ただし、仲買問屋の取替証文には、名前が出てこない。しかし、定法控には、名前があり、「文化ごろ引越休」とある。
　2：文政3年ごろ休業する。
　3：今福屋と同じころ休業する。
　4：仲間加入の証文の日付は、12月である。
　5：このときの惣代の名前である。

付表2　江戸打物問屋の変遷

年	大坂屋伊兵衛	井坂屋善兵衛	豊嶋屋市兵衛	大坂屋惣兵衛	炭屋七左衛門	奈良屋利兵衛	奈良屋伊兵衛	今津屋平右衛門	木津屋源兵衛	大坂屋喜右衛門	大坂屋佐右衛門	出雲屋藤吉	木屋伊助	山田屋仁兵衛	塩屋増五郎	岡崎屋吉兵衛	出典
文化2年(1805)(1)	○	○	○	○	○	○	○	○	○	○							鋸鍛治仲間控（黒田家文書）
文化13年(1816)(2)				○	○	○	○	○	○					◎			同上
文政2年(1819)				○	○	○	○	○	○				○	○(3)			同上
文政7年(1825)					○	○(4)	○						○	○			同上
天保2年(1831)					○		○	○					○	○			打物仲間控（黒田家文書）
天保7年(1836)					○		○	○					○	○			同上
天保10年(1839)(5)					↓		↓	↓					↓		◎		同上／江戸打物問屋仲間行事書状（黒田家文書）
嘉永4年(1851)(6)					○			○					○			○	江戸打物問屋仲間行事書状（黒田家文書）

凡例：○は、そのときの史料に名前がみえることを、◎は、新規加入を表す。↓は、その史料には記載がないが、営業していたと思われる。

注1：ほかに休株が6軒あった。
　2：このときの連名は不明であるが、8軒とあるので、上記のように推定した。
　3：山田屋の加入を通知してきた書状の印は、文化10年と同じで、文政2年の印とは異なっているので、このときすでに加入していたと考えられる。なお、文政7年の史料で山田屋の名を確認できる。
　4：文政13年に休業する。
　5：このときの連名は、不明である。
　6：外に仮組7軒があった。

第四章　金物仲買問屋と鍛冶職人
―― 近世三木金物の事例 ――

はじめに

近世後期に勃興した地方特産物などの一つに、三木金物がある。この三木金物は、現在も兵庫県三木市において鋸・鉋（かんな）などの大工道具や機械用刃物などが盛んに製造されている。兵庫県南部地方にはこの三木金物と同様の地場産業として、竜野の醤油醸造業、赤穂の製塩業、西宮・伊丹・神戸市東部の酒造業などがある。これらの近代以前にその端緒をもつ地場産業が存続していくためには、その産業に関わった多くの人々――生産・流通に携わった人々――の弛まぬ奮闘があったと考えられよう。

本章では、それら地場産業の一つである三木金物をとりあげ、その勃興・発達過程において流通（三木町金物仲買問屋）と製造（諸鍛冶職人）とがどのような関係を有していたのか、それが三木金物の発達にどのような影響を与えたのかについて考えてみたい。

一　勃興期における金物仲買問屋と鍛冶職人

三木金物が勃興したのは宝暦～天明期（一七五一～一七八八）であった。この時期に三木金物の流通・生産の各

85

第一部　三木金物の成立と発展

部門の成立がみられた。流通部門では、三木町金物仲買問屋仲間の中心的存在であった作屋清右衛門(3)と道具屋善七が宝暦末年(一七六三年ごろ)から明和初年にかけて創業している。

生産部門では、宝暦末年に三木町前挽鋸鍛冶仲間が京都前挽鋸鍛冶仲間の在方株として成立し、山田屋伊右衛門・大坂屋五郎右衛門(5)・大坂屋権右衛門の三軒で組織されている。(6) それから十数年後の天明四年(一七八四)に三木町の鋸鍛冶職人七軒が大坂文珠四郎鍛冶仲間に加入した。そしてその七軒が中心となって、大坂文珠四郎鍛冶仲間の在方株として三木町文珠四郎鍛冶仲間が組織された。(7) さらに、同五年には堺庖丁鍛冶仲間から訴訟が起こり、三木町の庖丁鍛冶職人は製品の寸法を変更することによって生産の続行が認められた。(8)

このように、宝暦～天明期に三木町においては金物仲買問屋が創業し、前挽鋸・鋸鍛冶職人などの株仲間が先進地の株仲間の在方株として組織された。これによって、公然と三木町産の金物、すなわち三木金物として、中央市場である大坂市場に流通することとなり、特産物となる基盤が形成された。

この時期の金物仲買問屋と鍛冶職人との関係を示す史料として、次のような史料が残されている。

〔A〕一札(9)

一此度大坂文珠四郎株入仕候ニ付、対談之上、少々之以口銭ヲ、其元壱人ヲ大坂問屋登シ鋸取次ヲ相頼候上ハ、当地商人へ一切ニ鋸売申間敷候、然上ハ、株外之鋸大坂表へ御売被成間敷候、尤是迄当地小売鋸其外諸国直キ卸売、仕来り候通りニ勝手次第ニ可仕候、自然後々ニ至り互ニ不勝手之義も出来候ハヽ、以相対ヲ何時ニ而も如何様ニも可仕候、其時一言之違乱妨申間敷候、為後日之取替一札、仍如件、

　　　　天明四年
　　　　　辰四月
　　　　　　　　　　山田屋
　　　　　　　　　　　次郎兵衛　印

86

第四章　金物仲買問屋と鍛冶職人

〔B〕　一札⑩

　　　道具屋善七殿

一此度其元大坂文珠四郎株入被成候ニ付、対談之上少々之以口銭ヲ、大坂問屋登之鋸取次、私壱人ヲ御頼被成候ニ付、鋸並注文ヲ引請取次仕候上ハ、当地商人江一切御売被成間敷候、然ル上ハ株外之鋸一切大坂表江売申間敷候、尤当地小売鋸其外諸国直キ卸売、仕来り之通ニ御勝手次第ニ御売可被成候、自然後々年ニ至り互ニ不勝手之義も出来候ハヽ、以相対ヲ何時ニ而も勝手次第ニ可仕候、其時一言之違乱妨申間敷候、為後日取替一札、仍而如件、

　　天明四年
　　　辰四月
　　　　下町
　　　　　山田屋次郎兵衛殿
　　　　　　　　　中町道具屋
　　　　　　　　　　　善　七　㊞

　この一対の史料によって、鋸鍛冶職人の山田屋次郎兵衛が、大坂文珠四郎鍛冶仲間への加入を契機として、鋸の大坂市場への販売を道具屋善七に委任したことがわかる。

　また、この〔A〕と同文・同日付の証文が他に四通、同文で同年一一月付の証文が二通、合計七通が残されている。前述したように、大坂文珠四郎鍛冶仲間に加入したのは七軒であった。その七軒の鋸鍛冶職人が、大坂文珠四郎鍛冶仲間に加入したことがわかる。さらに、「鋸鍛冶伊右衛門差入証文写」に、「道具屋善七様方、辰ノ四月より文珠四郎中間中鋸取次ヲ被致候」とある。これらのことから、道具屋善七が三木町で製造された鋸の

第一部　三木金物の成立と発展

大坂市場への販売をほぼ独占していたと推測されよう。

このように三木金物の勃興期にすでに、生産と流通とが分離傾向にあったことがわかる。これによって流通部門を担当する金物仲買問屋の活躍の場が形成され、この金物仲買問屋の活躍によってより一層三木金物業が隆盛に向かうことになる。

二　三木町金物仲買問屋仲間の成立と鍛冶職人

前節で述べた道具屋善七の有していた鋸の大坂市場への販売独占権は、寛政四年（一七九二）三月に三木町金物仲買問屋仲間が組織されたことによって破られた。(14)つまり、三木町金物仲買問屋仲間が、道具屋善七・作屋清右衛門・紅粉屋源兵衛・今福屋善四郎・嶋屋吉右衛門の五軒で組織され、鋸の販売についての協定が結ばれ、(15)仲間の取決めを守ることが約定された。さらに、同年八月には次のような取替証文が作成されている。(16)

　　　　一札

一　御公儀様御法度之儀、相互ニ堅相守可申候、

一　紛敷品売買仕間敷候、

一　組合申合之通、互ニ義相守、不実之働仕間敷候、

一　直段申合之通相守可申候、若心得違ニ而相背候ハヽ、約束之通其品買止り可申候、並買論売論仕間敷候、

一　諸代呂物（しろもの）何ニ不寄、注文無之品積送り、投売等一切仕間敷候、

一　庖丁鍛冶之義者、下地より世話致、職為致候方江跡より入込取引等致間敷候、若取引致候ハヽ、先取引之方江相談之上及、承知之上取引可致候、

88

第四章　金物仲買問屋と鍛冶職人

右之通、互二堅相守可申候、若心得違仕相背候ハヽ、其品買止り、且申合之通如何様共取斗可被成候、為後日之一札、仍而如件、

寛政四年子八月

　　　　　　　　　　　　　　　　道具屋

　　　　　　　　　　　　　　　　善　七　㊞

　今福屋善四郎殿
　嶋屋吉右衛門殿
　作屋清右衛門殿

このように、まず鋸の販売を中心にして三木町金物仲買問屋仲間が結成され、その後他の製品の取扱についても約定が結ばれている。これによって三木町で生産された鍛冶製品が、この仲間によって大坂をはじめ各地へ販売されることになった。

また、この取替証文には庖丁鍛冶職人について取決めが行なわれている。それによると、「下地より世話致」とあり、庖丁鍛冶職人の中には金物仲買問屋から鍛冶道具や資金を借りて営業していた者が存在していたことが知られる。

さらに、寛政一〇年（一七九八）には三木町金物仲買問屋仲間は、三木町前挽鋸鍛冶仲間と三木・大坂・江戸における前挽鋸の最低販売価格の協定を結んでいる。(17)これによって三木町金物仲買問屋仲間は、三木金物の最重要商品の一つであった前挽鋸を販売することになったことが知られる。

このように、寛政年間に三木町金物仲買問屋仲間は、鋸・前挽鋸をはじめとして、三木町で生産されるすべて

89

第一部　三木金物の成立と発展

の鍛冶製品について販売を担当する体制を築いている。すなわち、三木金物は、三木町金物仲買問屋仲間によって中央市場である大坂市場へ搬入され、大坂から各地へ輸送されることになった。このような実績があったからこそ、後述するように、江戸打物問屋仲間と三木町金物仲買問屋仲間との直接取引も開始されたと考えられる。

次に、この時期における金物仲買問屋仲間と鍛冶職人との関係について述べてみよう。寛政八年に作屋清右衛門と道具屋善七の二軒が、三木町鋸鍛冶仲間に対して、大坂から来て鋸・鉋・曲尺を製作している者の製品を取扱わないことを約束している。このことは、三木町鋸鍛冶仲間による仲間規制が強力に行なわれていたことを示すとともに、彼らの強い姿勢をうかがうことができる。

しかし、寛政一三年正月に鋸鍛冶職人の井筒屋伊右衛門と花屋安兵衛の二人が、作屋清右衛門に対して他の金物仲買問屋と取引しないので、自分たちの製作した製品をすべて買取ってもらうという約束が行なわれている。これは、鋸鍛冶職人の増加にともなって鋸の売れ行きが落ち、そのためにせっかく鋸を作りながらも売れないという情況の中で、金物仲買問屋に強く依存する鍛冶職人が出現してきたことを示していると推測されよう。

以上のように、寛政年間には三木町金物仲買問屋は仲間を組織し、三木町で製作される鍛冶製品をすべて取扱う体制を整備している。また、この時期は鍛冶職人仲間の方がまだまだ優勢で、金物仲買問屋仲間と対等にあるいはそれ以上に力が強かったように思える。しかし、そのような情況の中でも、一部の鍛冶職人が金物仲買問屋の系列の中に組み込まれていたことが知られる。

三 江戸市場への進出による金物仲買問屋の変化

三木金物が地方特産物としてより一層発達するのは、三木町金物仲買問屋仲間と江戸打物問屋仲間との直接取引の成立を契機としてであった。この直接取引は、三木町金物仲買問屋仲間の一員であった炭屋七左衞門の引合によって成立した。この引合のあったとき、三木町においては三木町金物仲買問屋間の販売競争によって鋸の価格が下落していた。そのため鋸鍛冶職人は、江戸の炭屋七左衞門と取引するのは一軒だけに定めて欲しいと、三木町金物仲買問屋仲間に申入れた。両者の相談の結果、三木町金物仲買問屋仲間(道具屋善七・作屋清右衞門・今福屋善四郎・嶋屋吉右衞門・山田屋次郎兵衞)は、鋸鍛冶仲間に対して金物仲買問屋を一軒にすることはできないが、鋸や材料の売買に関して実意をもって取引をすることを約束している。また、道具屋善七と作屋清右衞門の二軒で、炭屋七左衞門からの注文を受け、等分して出荷することなどを約している。

このように、江戸打物問屋の炭屋七左衞門からの注文は、三木町金物仲買問屋仲間の道具屋善七と作屋清右衞門の二軒で折半して出荷することになった。その旨を文化元年(一八〇四)二月二二日付書状で、炭屋七左衞門に連絡している。そして、翌三月一六日付で江戸打物問屋仲間連名の書状が届いた。それによると、寛政三年(一七九一)から江戸打物問屋の引合を契機として、仲間外の問屋と取引しないように強くいましめている。

このように炭屋七左衞門の引合を契機として、江戸打物問屋仲間と三木町金物仲買問屋仲間との直接取引が成立した。

この江戸市場との直接取引の成立にさいし、鋸鍛冶職人は日頃の不満を新しい金物仲買問屋仲間との協定という形で見事に解決している。だから、この時期には鋸鍛冶職人をはじめとして諸鍛冶職人は、まだまだ金物仲買

第一部　三木金物の成立と発展

表1　作屋清右衛門家における貸付高の変遷(単位：匁)

年　月　日	質　物　高	取替銀高	鍛冶貸付高
寛政5・3・10	4,727.20	——	973.30
寛政12・4・30	11,159	——	——
享和元・3・7	6,330	——	——
享和2・5・21	6,690	——	——
享和4・2・11	4,720	6,396	425
文化2・4・21	2,150	5,800	——
文化4・5・24	1,014.20	10,720	——
文化5・4・13	1,700	13,720	5,148.80
文化7・2	1,450	15,200	5,613.44
文化12・12	1,800	101,800	3,820
文化13・12	1,500	119,000	2,800
文政元・4	——	153,700	——
文政元・12	400	151,800	6,580
文政2・12	900	177,000	7,250
文政3・12	1,120	191,000	16,200
文政5・12	350	250,000	12,700
文政6・12	450	290,000	18,700
文政8・5・26	860	336,000	19,200
文政9・5・11	870	349,000	20,500
文政13・6・13	——	428,850	9,300
天保3・12	100	510,800	12,700
天保8・2・1	60	453,440	2,865
嘉永7・7・12	——	555,031.08	13,959.73

出典：永島福太郎編『三木金物問屋史料』(思文閣出版、昭和53年) 243～413頁により作成。
注：月の□は閏月。

問屋と対等にあるいはそれ以上に有勢であったと考えられよう。

しかし、江戸打物問屋仲間との直接取引の成立によって、三木町金物仲買問屋の資力が強大となり、次第に職方を抑えることになる。三木町金物仲買問屋仲間の重要な構成員であった作屋清右衛門家をとりあげ、その実態をうかがってみよう。

作屋清右衛門家には、創業以来幕末にいたるまでの棚卸関係の史料が残されている。これらの史料から、貸付に関係する項目をまとめたのが、表1である。この数字は、当該年度の取引の全額を示すものでなく、棚卸当時の残高を示すものであるが、ある程度これによって全体を推測することは可能であろう。この表でわかるように、享和四年(文化元年・一八〇四)から作屋における貸付が、質による貸付と取替証文による貸付に分離し、そして、今までの質による貸付から証文による貸付が中心になったことがわかる。次に鍛冶貸付高をみると、文化五年(一八〇八)に五貫一四八匁八分と急増し、文政九年(一八二六)に二〇貫五〇〇匁と最高額を記録している。

92

第四章　金物仲買問屋と鍛冶職人

四　諸鍛冶職人の変遷

(1) 前挽鋸鍛冶職人

次に、諸鍛冶職人の変遷について三木町金物仲買問屋仲間との関係をも含めて述べよう。最初に前挽鋸鍛冶職人についてみてみよう。前述のように、三木町前挽鋸鍛冶仲間は、宝暦末年（一七六四年ごろ）に京都前挽鋸鍛冶仲間の在方株として山田屋伊右衛門・前挽屋（大坂屋）五郎右衛門・大坂屋権右衛門の三軒で組織された。この三軒のうち、大坂屋権右衛門株が天保一〇年（一八三九）に山田屋弥次右衛門に譲渡された。他の二軒は幕末まで存続していた。また、この三軒のほかには、文政年間（一八一八～三〇）に大和屋平右衛門が営業していたことが知られる。だから、三木町前挽鋸鍛冶仲間は、創立から幕末までほぼ三軒だけで組織されていたといえよう。

写真　作屋清右衛門預り金証文反故
（「黒田清右衛門家文書」689番）

このように、文化初年に作屋清右衛門家では貸付高が急増していることがわかる。これは、前述の江戸打物問屋仲間との直接取引が成立して、市場の拡大にともなう売上増と江戸打物問屋からの前渡金の流入が起こり、金物仲買問屋の経営基盤が確立したためと考えられよう。そして、このような資力の増大にともなって、三木町金物仲買問屋仲間は次第に鍛冶職人を支配するようになったと考えられる（上掲写真参照）。

この三木町前挽鋸鍛冶仲間と三木町金物仲買問屋仲間は、どのように関係し合っていたのであろうか。三木金物の中でも前挽鋸は、技術的にも市場価値においても重要であった。前述のように、寛政一〇年における前挽鋸の最低販売価格が協定されており、すでに三木町製の前挽鋸が江戸市場へ進出していたと推測される。そしてこの協定以後、三木町金物仲買問屋仲間と江戸打物問屋仲間との直接取引が開始されるようになったと考えられる。

この寛政一〇年の協定によって、三木町金物仲買問屋仲間が前挽鋸の販売を行なうことになったが、これ以後も前挽鋸鍛冶職人による直売の部分は残されていた。その事例としては、天保初年にときの領主上州館林藩によって三木金物の専売制が実施されようとしたが、そのときにも前挽鋸の見本品の納入は三木町前挽鋸鍛冶仲間に直接命ぜられている。このように、三木町前挽鋸鍛冶仲間は、製品の特殊性によって常に三木町金物仲買問屋仲間と並立していたと考えられる。

一方、天保一〇年に山田屋弥治右衛門が前挽鋸鍛冶株を取得したとき、山田屋は大坂屋善七への借銀五貫七〇〇匁を負担している。この大坂屋の借銀は、前挽鋸鍛冶株と職道具の質銀と前挽鋸の預り証文銀（前借銀）であった。幕末になると、嘉永六年（一八五三）一二月付で前挽屋五郎右衛門が、作屋清右衛門の取次で、加東郡太郎太夫村の豪農近藤文蔵から、銀一五貫目を一〇か年賦で借りている。また、文蔵から銀二貫目を借りている。さらに、元治元年（一八六四）には三木町前挽鋸鍛冶仲間三軒が、作屋清右衛門の取次で、文蔵から家屋敷地を質物として、正月に家屋敷地を質物として、文蔵から銀二貫目を借りている。これらのことから、三木町金物仲買問屋仲間の資力が増加していくにしたがって、周辺の豪農の資金も利用していたことが知られる。屋仲間の資力に依存するようになった。さらに、三木町金物仲買問屋仲間の取次によって、前挽鋸鍛冶職人はその資力に依存するようになった。

第四章　金物仲買問屋と鍛冶職人

(2)　鋸鍛冶職人

　前述のように、天明四年（一七八四）に三木町文珠四郎鍛冶仲間が、大坂文珠四郎鍛冶仲間の在方株として組織された。このときに何軒の鋸鍛冶職人によって組織されたのかは不明である。文化一二年（一八一五）四月改の「諸鍛冶方連名」によると、鋸鍛冶職人の軒数は六一軒で、うち八軒が休株で、職人数は一六五人であったことが知られる。
　次に、鋸鍛冶職人と三木町金物仲買問屋仲間の関係についてみてみよう。三木町金物仲買問屋仲間が結成される契機となったのは鋸の大坂市場への販売をめぐってであったし、江戸打物問屋仲間との直接取引の開始も江戸からの鋸の注文をどのように取扱うのかということであった。このように、三木町金物仲買問屋の発達に鋸鍛冶職人は深くかかわっていた。そのため文化期までは、鋸鍛冶職人の仲間である三木町文珠四郎鍛冶仲間が、常に三木町金物仲買問屋仲間より優位に立っていたと考えられる。
　しかし、そのような情況の中でも三木町金物仲買問屋仲間は、個別的に鋸鍛冶職人をその系列下に組み込んでいった。寛政一三年（一八〇一）正月に井筒屋伊右衛門と花屋安兵衛の二軒が、文化三年（一八〇六）四月に枡屋伝兵衛が、作屋清右衛門以外の三木町金物仲買問屋仲間と取引しないので製品全部を買ってもらう約束をしている。このような鍛冶職人と金物仲買問屋との結合は、作屋に限ったことではなかった。文化一二年四月改の「諸鍛冶方連名」によれば、作屋とだけ取引している鋸鍛冶職人として、枡屋伝兵衛・井筒屋伊右衛門など六軒が記載されている。ところが、寛政一三年に井筒屋伊右衛門とともに作屋とだけ取引しないと約定していた花屋安兵衛は、この六軒のうちに含まれず、この約定から自由になっている。このことは、金物仲買問屋による系列化が、それほど強力なものでなかったことを推測させる。また同様に、道具屋とだけ取引する者として万屋平兵

衛・飯野屋粂七など六軒が記されている。

このように、文化一二年の三木町鋸鍛冶職人仲間六一軒中の約二割の一二軒が、三木町金物仲買問屋仲間の系列化に組み込まれていたことが知られる。しかし、そのメンバーには変遷があった。つまり、三木町金物仲買問屋仲間による三木町鋸鍛冶職人仲間の系列化は、それほど徹底した形で進行してはいなかったと推測される。

(3) 庖丁鍛冶職人

天明五年（一七八五）に堺庖丁鍛冶仲間と紛争のあったときに、庖丁鍛冶職人が何軒あったのかは不明である。文化元年（一八〇四）八月改の「庖丁職方控」では一三軒、同一二年四月改の「諸鍛冶方連名」では二〇軒で、うち六軒が休株となっている。次に、この庖丁鍛冶職人と三木町金物仲買問屋仲間との関係についてみよう。寛政四年（一七九二）に三木町金物仲買問屋仲間を組織したときの取替証文（八八頁参照）の一項目に、庖丁鍛冶職人のうち、三木町金物仲買問屋仲間が下地から世話をして営業させている者とその三木町金物仲買問屋仲間の承諾を得てからするようにとある。これは、庖丁鍛冶職人の中には、三木金物勃興期から三木町金物仲買問屋仲間の資力によって営業していた者が存在していたことを示している。つまり、庖丁鍛冶職人は、他の鍛冶職人に比べ、技術的にも設備面でも小規模であったため、このようなことが可能であったと考えられる。

そのためか他の鍛冶職人と比し、庖丁鍛冶職人は三木町金物仲買問屋仲間の系列下にあった者が多かったようである。前述の文化一二年四月改の「諸鍛冶方連名」には、二〇軒の庖丁鍛冶職人が記載されている。そのうち、営業している者が一四軒で、作屋清右衛門と道具屋善七と取引している者が七軒、作屋と嶋屋吉右衛門と取

第四章　金物仲買問屋と鍛冶職人

引している者が三軒、作屋だけが三軒、嶋屋だけが一軒となっている。このように、三木町金物仲買問屋仲間による庖丁鍛冶職人の系列下は、必ずしも一対一の関係とはなっていないが、すべての庖丁鍛冶職人が特定の三木町金物仲買問屋仲間としか取引していなかったことがわかる。

三木町金物仲買問屋仲間が庖丁鍛冶職人を系列化する一つの手段として、ある製品についての販売独占権を取得する場合があった。天保七年（一八三六）五月に藤兵衛・茂左衛門の二軒、同年六月に伊左衛門・嘉兵衛の二軒、同年七月に久兵衛の合計五軒が、道具屋善七が販売独占権をもっていた菜切薄刃庖丁を作ることになり、他の金物仲買問屋と取引をしないことを約束している。この証文によると、五人の庖丁鍛冶職人は、前年に大坂町奉行所に召し出され、堺田葉粉庖丁の類似品を製作することを禁止された。そのため生産もできず困窮していたときに、道具屋善七と前述のような取決めを行なった。

この道具屋の菜切薄刃庖丁の販売独占権については、天保七年七月に作屋清右衛門と井筒屋宗助が、江戸市場へは出荷しないので、近在との取引は認めて欲しいと三木陣屋に願い出ている。これらの史料から、前年に大坂町奉行所で堺田葉粉庖丁の類似品の売買を禁止された道具屋善七は、新製品の菜切薄刃庖丁の販売独占権を願い出て許可を受け、それを前々から取引のあった庖丁鍛冶職人に製作させたことがわかる。この一連の事件は金物仲買問屋が、系列下にある庖丁鍛冶職人に対する指導力の一つの現象であった。

このように、三木町金物仲買問屋仲間が独自で庖丁鍛冶職人を系列化する一方、三木町金物仲買問屋仲間と肥切り庖丁鍛冶業を行なわせていた事例もあった。嘉永二年（一八四九）に三木町金物仲買問屋仲間と肥切り庖丁鍛冶との交渉が決裂し、太郎太夫村善助がその取次を行なうことになった。そのときに三木町金物仲買問屋仲間は、製品を確保するために中屋九兵衛に元手金として一〇両を与え、肥切り庖丁鍛冶業を行なわせ、製品を三木

第一部　三木金物の成立と発展

町金物仲買問屋仲間以外に売らないことを約束させている。この事件は、鍛冶職人が団結して三木町金物仲買問屋仲間に対抗しても、三木町金物仲買問屋仲間の資力によって打ち破られることを示している。逆に、三木町金物仲買問屋仲間が鍛冶職人を抑えていたと推測される。

(4) その他の鍛冶職人

前述の鍛冶職人のほか、鋸鍛冶職人と同様に、大坂文珠四郎鍛冶仲間に属していたと考えられる鉋・鑿・曲尺目切・曲尺地鍛冶職人もいた。文政一一年(一八二八)八月改の「曲尺地目切鑿鉋鍛冶控」には、曲尺地(二〇軒)・曲尺目切(一五軒)・鉋(五軒)・鑿(六軒)の鍛冶職人が記載されている。

また、年未詳の「剃刀鍛冶稲荷講中控」には、剃刀鍛冶職人(三九軒)・鋏鍛冶職人(一〇軒)が記されている。三木町内よりもその周辺の美嚢郡・加東郡内の農村地帯に居住する鍛冶職人が多かったことなどが特徴的である。

これらの鍛冶職人は、三木金物の中でも比較的遅く始められ、大坂での技術修得者を元祖としていること、三木町内よりもその周辺の美嚢郡・加東郡内の農村地帯に居住する鍛冶職人が多かったことなどが特徴的である。

以上のように、近世三木町では、前挽鋸鍛冶職人を始めとして、鋸・鉋・鑿・曲尺地・曲尺目切などの大工道具を製作する鍛冶職人と、庖丁・鋏・剃刀などの日常生活用刃物を製作する鍛冶職人など、多種多様の鍛冶職人が成立した。そして、これらの鍛冶職人の製品を三木町金物仲買問屋仲間が、大坂・江戸の中央市場をはじめとして中国・四国地方へも販売し、特産物三木金物を定着させたのである。

おわりに

宝暦～天明期に勃興した三木金物は、文化初年に江戸市場と結合することによって、特産物としての地位を確

第四章　金物仲買問屋と鍛冶職人

実なものとした。つまり、江戸打物問屋の前渡金が三木町金物仲買問屋仲間に流入し、市場の拡大と相俟って三木町金物仲買問屋仲間の資力が増強されることになる。そのため、三木町金物仲買問屋仲間は、その資力によって鍛冶職人に貸付を行ない、あるいは開業資金・鍛冶株を貸付け、鍛冶職人の系列化を推し進めることになる。

その系列化の度合は、各々の鍛冶職の設備量・技術力の差によって相違がみられた。すなわち、設備量も小さく、より安易な技術で行なうことのできる鍛冶職ほど、金物仲買問屋仲間の系列下に強く組み込まれていた。その例が、庖丁鍛冶職人であった。寛政四年の三木町金物仲買問屋仲間結成時の取替証文に、すでに系列下にある庖丁鍛冶職人の取扱いについての項目があった。また、文化一二年の「諸鍛冶方連名」では、すべての庖丁鍛冶職人がいずれかの三木町金物仲買問屋仲間の系列下にあった。逆に、設備量も大きく、高度な技術を要求され、市場価値も高かった三木町前挽鋸鍛冶職人仲間も、三木町金物仲買問屋仲間の発達にともなって、自己の資本のほかに金物仲買問屋やその取挽鋸鍛冶職人仲間も、三木町前挽鋸鍛冶職人仲間の発達にともなって、幕末まで一部分直接販売を続けていた。しかし、この三木町前次によって周辺の豪農近藤家の資金を利用していたことが知られる。また、三木町金物仲買問屋仲間による系列化の方法としては、一軒だけで行なう場合と二軒以上あるいは仲間として行う場合があった。

このような三木町金物仲買問屋仲間による鍛冶職人の系列化によって、鍛冶職人としては製品をすべて買取ってもらえるため、安心して製作活動を行なえ、良質な製品を作りだすことができたと推測される。三木町金物仲買問屋仲間としても、一定の技術水準の製品を安定して供給できるという利点があったと考えられよう。これが、三木金物を特産物として存続させた一つの要因であったのだろう。

以上のように、三木金物は、文化初年の江戸市場との結合によって特産物としての地位を築いた。そして、そ

第一部 三木金物の成立と発展

(1) 三木金物については、小西勝次郎『播州特産金物発達史』(工業界社、昭和三年)をはじめとして、永島福太郎「江戸市場の展開と三木金物の発達」(『社会経済史学』第二三巻第五・六号、昭和三三年)などの研究がある。また、近世三木金物関係の史料と研究が、永島氏の編集によって『三木金物問屋史料』(思文閣出版、昭和五三年)として発行された(以下、『金物史料』と略称)。

(2) 拙稿「近世後期における三木金物と大坂・江戸市場」(『社会経済史学』第四六巻第一号、昭和五一年)四四頁を参照されたい。本書第一部第三章参照。

(3) 現在も黒田清右衛門商店(三木市本町)として、金物問屋業を続けられている。また同家については、畠山秀樹氏(追手門学院大学)との共同研究「三木金物仲買問屋の経営と帳合法」(『大阪大学経済学』第二八巻第四号、昭和五四年)において、その創業から幕末までの経営の変遷について述べている。

(4) 当時は、神戸市須磨区において金物小売業を営んでいた(井上善次氏)。

(5) 寛政元年五月の「前挽屋半次郎前挽株取戻願書」(前掲『金物史料』五七一頁)によれば、このときに前挽屋半次郎が貸付けていた前挽株を取戻して営業することを届けている。屋号を「大坂屋」から「前挽屋」に変更したのである。以後は「前挽屋五郎右衛門」と称していた。

(6) 拙稿「近世三木町における前挽鍛冶仲間の成立と発達」(『人文論究』第二二巻第一号、昭和四七年)において、三木町前挽鋸鍛冶職人の変遷について詳述している。本書第一部第二章参照。

(7) 「鋸鍛冶仲間控」(前掲『金物史料』八三頁)。

(8) 「庖丁職方控」(『同右書』一四四頁)。本書三七頁の表参照。

(9) 「山田屋次郎兵衛取替証文」(『同右書』四六一頁)。

(10) 「道具屋善七取替証文」(三木市、小川善太郎氏所蔵文書)。

100

第四章　金物仲買問屋と鍛冶職人

(11) 前掲『金物史料』四六〇～四六四頁。これと同時期に、史料の冒頭部分が「不景気ニ付」と異なっているだけで、ほかはほぼ同文の鋸鍛冶職人の証文が三通残っている（『同書』四六二～四六四頁。だから、本文にあげた合計七通の史料は大坂文珠四郎鍛冶仲間に加入した七軒の鋸鍛冶職人の証文で、「不景気ニ付」で始まる証文が七軒以外の鋸鍛冶職人のものであったと推測される。

(12) 山田屋次郎兵衛・菱屋忠兵衛・山田屋清兵衛・吉田屋利兵衛・山田屋源兵衛・大黒屋甚右衛門・山田屋善蔵の七軒。

(13) 前掲『金物史料』一頁。

(14) 「仲買仲間定法控」（『同右書』六三頁）。

(15) 三木町金物仲買問屋仲間の消長については、拙稿「化政・天保期の三木金物」（『ヒストリア』六八号、昭和五〇年）五六頁を参照されたい。

(16) 前掲『金物史料』二頁。なお、作屋清右衛門の名前が見当たらないが、前述の「仲買仲間定法控」に「文化頃大坂江引越、休」とあり、寛政年間から文化年間まで営業していたと推測される。だから、何らかの事情によって証文を取替さなかったのであろう。

(17) 「前挽鍛冶仲間取替証文」『同書』三・四頁。

(18) 「作屋清右衛門等差入証文扣」『同書』三頁。

(19) 「前挽値段書」『同書』五頁。

(20) 「井筒屋伊右衛門等差入証文」『同書』五頁。現在の湯浅金物㈱のことである。前掲注(2)拙稿において、江戸打物問屋仲間によって三木—江戸間の流通機構が整備されたことについて詳述した。

(21) 「鋸鍛冶仲間控」（前掲『金物史料』八五頁）。また、享和四年二月一八日付で山田屋次郎兵衛・嶋屋吉右衛門・作屋清右衛門の三軒の金物仲買問屋が、相互扶助の約束を行なった起請文が残されている（『同書』六頁）。このときに、金物仲買問屋間にも紛争があったのであろうが、その詳細については不明である。

(22) 『同右書』六・四六五頁。

(23) 『同右書』八七頁。

(24) 『同右書』八八頁。

第一部　三木金物の成立と発展

(25) 『同右書』一二五三～四一二三頁。なお、「黒田(作屋)清右衛門家文書目録」(『八代学院大学紀要』第二八・二九号、昭和六〇年)に、第二回目の調査を掲載した(約一五〇〇点)。また、平成八年に第三回目の調査が行なわれ、約六〇〇点弱が『黒田(作屋)清右衛門家文化財調査報告書』に掲載されている。次の「作屋清右衛門預り金証文反故」(『三木の金物』(『兵庫県の歴史』第一九号、昭和五八年)五四頁)参照。

　　預り金一札

　一　金百拾両也

右者此度御注文之品代銀為前金御預ケ被成、慥ニ請取申候処実正也、然ル上者右之品々江戸表へ追々積下シ差引皆済可仕候　(中略)

文政二年己卯十月　　　　　　作屋清右衛門(消アリ)㊞

炭屋七左衛門殿

(26) 前掲注(6)拙稿を参照されたい。

(27) 「前挽株一許録」(前掲『金物史料』五八二頁)。

(28) 「同右書」一三四頁)。

(29) 拙稿「播州三木町の切手会所──舘林藩越智松平氏の藩政改革の一端──」(『八代学院大学紀要』第一三号、昭和五二年)八一頁参照(本書第二部第二章参照)。

(30) 「前挽株一許録」(前掲『金物史料』五九九頁)。

(31) 「同右書」四七一～四七三頁。

(32) この近藤家については、小西勝次郎『土のかをり』第一篇(土のかをり社、昭和二六年)、作道洋太郎「豪農の大名貸と企業家活動」(『近世封建社会の貨幣金融構造』塙書房、昭和四六年)などに詳しい。

(33) 前掲『金物史料』四九頁。

(34) 『同右書』四九頁。

(35) 『同右書』五二頁。

(36) 『同右書』一七七頁。

第四章　金物仲買問屋と鍛冶職人

(37)『同右書』五頁。
(38)『同右書』八頁。
(39)「仲買仲間定法控」に「右之内、花印井い前条常山金印壱分まし、但し内証分」とあり、これらの鋸鍛冶職人は、協定価格よりも高く買い取ってもらっていたようである（『同右書』六八頁）。
(40)『同右書』一七七頁。
(41)『同右書』一四四頁。
(42)『同右書』一七七頁。
(43) 前掲注(3)参照。
(44) 前掲『金物史料』一七八頁。
(45)『同右書』四七九～四八一頁。また、この五人の庖丁鍛冶職人は、いずれも加東郡に居住している者であった。三木金物の発達にともなって生産地が拡大していたことを示している。
(46) このとき、道具屋善七も同様に大坂町奉行所に召し出され、堺田葉粉庖丁の類似品の売買を禁止されている（『同右書』四八一頁）。だから、この五人の庖丁鍛冶職人は、前々から道具屋善七と取引をしていたと考えられる。
(47)『同右書』一二頁。
(48)『仲買問屋仲間約定書』『同右書』四八三頁）。
(49)「中屋九兵衛差入証文」「元手金受取証文」（『同右書』一六頁）。
(50)『同右書』一六一頁。
(51)『同右書』一六三頁。
(52) 天保四年の「剃刀鍛冶仲間控」（『同右書』一六八頁）には、四九軒の剃刀鍛冶職人が記され、うち一二軒だけが三木町内の職人であった。そのほかは、美嚢郡の中石野村・高木村、加東郡の北嶋村・岩倉村・小田村などに居住する職人であった。明治以降、これらの地域では、播州鎌・和鋏の生産が盛んに行なわれるようになった。
(53)「黒田家文書」内には、「中国・四国控」「讃岐控」などがあり、大坂・江戸以外にも営業が行なわれていたことが知られるが、ここでは触れなかった。

第五章　第二次世界大戦前における伝統産業の発展と同業組合
——三木金物の事例——

はじめに

日本経済の特質の一つとして、二重構造があげられる。つまり、日本の生産構造は、近代的部門（大企業）と前近代的部門（中小零細企業）とから成り立っている。そのうち、後者の中小零細企業についての研究は、大企業の下請としての中小零細企業を対象にしたものと地場産業を支えている中小零細企業のそれとに分類することができる。この意味において地場産業について研究することは、日本経済の特質の一端を明らかにすることになるであろう。では、地場産業（明治維新以前から存在していた産業──伝統産業──をいう）とはいかなる特性をもっているのであろうか。山崎充によれば、①特定の地域に起こった時期が古く、伝統のある産地である。②特定の地域に同一業種の中小零細企業が地域的企業集団を形成して集中立地している。③多くの地場産業の生産、販売構造がいわゆる社会的分業体制を特徴としている。④ほかの地域ではあまり産出しない、その地域独自の「特産品」を生産している。⑤地場産業は市場を広く全国や海外に求めて製品を販売している。と地場産業について五つの特性をあげている。

兵庫県内には、地場産業として酒造業・醬油醸造業・利器金物業など、多種多様の産業が立地している。これ

105

第一部　三木金物の成立と発展

らのなかには、江戸時代あるいはそれ以前に起源をもつものも少なくない。本章では、三木市域を中心として立地している伝統的な地場産業の金物業、三木金物についてその発展過程を、流通部門を担った問屋の同業組合の変遷を通して考察していきたい。

一　明治前・中期の三木金物問屋

　明治維新新政府は、明治元年（一八六八）閏四月二五日に商法司を設置し、勧商政策を行ないはじめ、同年五月三〇日に「商法大意」を発布し、旧来の株仲間を変革した。株札に代わり鑑札を下付し、二名の肝煎(きもいり)の選出と名簿の提出を命じた。これに対し、三木町の金物問屋や諸鍛冶職人がどのように対処したのかは不明である。しかし、同年一二月付で鍛冶株をめぐる紛争があったことを示す史料が残されている。この史料によれば、兵庫津裁判所に願い出て許可を受けたことがうかがえるが、その詳細については不明である。
　明治初年に営業していた三木町の金物問屋は、道具屋太兵衛（太郎兵衛カ）・作屋清右衛門・井筒屋惣助・井筒屋宇兵衛の四軒であった。幕末の安政四年（一八五七）の「正金銀取扱諸商人名前調帳」には、道具屋太兵衛（太郎兵衛カ）・一文字屋真重郎・道具屋善七・作屋清右衛門・同利右衛門・古手屋利右衛門・小西屋同多郎兵衛・今市屋吉兵衛・井筒屋惣助・同宇兵衛・同弥兵衛・井上屋又兵衛の一三軒の金物問屋が記載されている。安政四年に一三軒の営業が知られているから、幕末から維新にかけての社会変動・物価騰貴のために、多くの金物問屋の廃業がみられたのである。その中には、作屋清右衛門とともに三木金物の勃興期から創業し、江戸

第五章　第二次世界大戦前における伝統産業の発展と同業組合

表1　明治10～18年の三木金物の仕入・販売価格

年	製造仕入価格 実数(円)	指数	販売価格 実数(円)	指数
明治10	96,003	100	99,843	100
明治13	271,720	283	288,023	289
明治17	43,110	55	39,230	67
明治18	30,467	68	22,950	77

出典：『兵庫県勧業報告』第86号(明治19年)による。
注：指数は、明治10年を100とした。

積金物仲買問屋であった道具屋善七が含まれている。

明治維新以後の日本産業の近代化に伴う鍛造技術の変革が進展せず、三木金物の原料である鉄鋼も和鋼から洋鋼に変わっていった。しかし、材料の変化に伴う鍛造技術の変革が進展せず、刃物としての品質は低下し、三木金物の評価は下落し、その生産も低下したといわれている。その事情について、「兵庫県勧業報告」第八六号(明治一九年八月刊)には次のように記述されている。

三木金物（利器）は播磨国美嚢郡の産物にして、工業の盛時（明治十三年）に当っては、製造家四百余戸、職工千余人ありしも、今や半数を減じたり。之れは一八目下の不景気なると、一八其材料に洋鉄をしたるが為め、声価を失墜したるに因せり。（句読点は筆者）

さらに表1のように、金物仕入および販売価格について、明治一〇・一三・一七・一八年の四か年の数字が記されている（ただし一八年については、六月までの計算をもって一か年を予算した数字）。この表によれば、販売価格の最高は明治一三年のわずかに二八八、〇二三円で、以後衰退し、明治一七年は三九、二三〇円と一三年の二一三・六％にすぎない。この原因として、松方財政の緊縮政策の影響と、原料が洋鋼に変化し、その技術の遅れによって評価を落していたことが考えられる。

このような情況は、ひとり三木金物だけの問題ではなかった。そのため明治政府は、明治一七年（一八八四）に「同業組合準則」を発布し、組合をして粗製乱造を取締らせるとともに、新時代に適合する組合を発達させようとした。その達し文に(8)は、次のようになる。

107

表2　三木町金物問屋の販売額

年　代	販売総額（円）
明治24	218,000
明治25	252,000
明治26	256,000
明治27	235,000

出典：『兵庫県物産調査書』（明治33年）268頁による。

同業組合を結び、規約を定め、営業上福利を増進し、乱悪の弊害を矯正するを図る者不少候処、往々其目的を達すること能わざる趣に付、今般同業組合準則相定候条、向後組合を設け、規約を作り認可を請ふ者あるときは、此準則に基づき取扱旨相達候事、但認可の都度当省に届出すべし。

このように明治政府は、統一的な基準に基づき組合を結成させ、同業者による自主規制を強め、粗製乱造の弊害を排除しようとした。

この「同業組合準則」の発布にともなって、三木町において明治一八年に金物問屋によって「三木金物商組合」が設立された。このほか、鍛冶職によって「三木町鍛冶職工組合」「三木町鍛冶職工共励会」などが設置されたという。「三木金物商組合」は、明治三〇年ごろには組合の規約も整備されていなかったため、ほとんど効力を発することもなく、瓦解してはいないが有名無実の情況で、構成員は一二名であったという。その個々の名前については不明であるが、明治三〇年六月の「鋸目立組合規約」には次の一五名がみられる。

石田又平・原市三郎・宮田宗十郎（前出の井筒屋惣助）・中尾竹治・黒田弥三郎・井筒新吉・神沢三蔵・井上豊之助・富岡寅之助・重松市之助・本城亮之助・武原助治郎・三木金物株式会社（現、三木輸出㏍）・黒田清右衞門（前出の作屋清右衞門）・松本源太郎

この一五軒のうち、一二軒が「三木金物商組合」の組合員であったと思われる。このように、この時期の金物問屋は幕末期と同じ程度の軒数に復調してきた。また、金物問屋の販売額を示すと表2のようになる。前掲の表1の最高額は明治一三年の二八八、〇〇〇円余であったので、この時期はその額に近い水準まで復調してきている

第五章　第二次世界大戦前における伝統産業の発展と同業組合

表3　明治28年の三木町における金物生産額

品　名	数　量	単価(円) 最高	単価(円) 最低	生産額(円)	(％)
前挽鋸	10,800枚	3.000	1.200	22,100.000	7.4
鉋	434,700枚	0.200	0.090	46,360.000	15.5
鑿	648,000枚	0.200	0.040	37,290.000	12.5
鋸	315,000枚	1.000	0.150	94,500.000	31.6
鋏	1,400,000丁	0.050	0.010	42,000.000	14.0
剃刀	490,000丁	0.040		19,600.000	6.5
小刀	360,000丁	0.026		9,000.000	3.0
度器	134,800丁	0.250	0.030	13,200.000	4.4
その他				15,000.000	5.0
計				299,500.000	

出典：『兵庫県物産調査書』(明治33年)による。
注：度器の最高は金属製、最低は竹製である。

ことが知られる。またその販売先は、明治二八年では大阪（三五％）、名古屋・東京・北海道（二〇％）、広島（一五％）、その他（二〇％）となっている。

三木金物の勃興期から存続している唯一の金物問屋である黒田清右衛門家の明治三〇年の「東国帳」によれば、東京の取引先としては加藤伊助（木屋）・河合半兵衛（井坂屋）・岡野佐吉・福島幸太郎・岡谷惣助・水越正蔵・高橋伝之助・湯浅七左衛門（炭屋）の八軒が記載されている。このうち、加藤・河合・湯浅・岡谷（本店は名古屋）の四軒は、江戸時代から黒田の取引先であった。東京のほかこの「東国帳」には、相州・甲州・駿州・尾州・三州・京都・奈良・大阪・堺・明石などの三三軒が記されている。この三二軒の中にも、江戸時代から続いている取引先が含まれていた。このように黒田においては、江戸時代からの取引先を中心に、その他の地域へも販路を拡大していっている。このことからも三木金物の販路は、江戸時代からの取引先だけでなく、前述の北海道・九州などの江戸時代にはまったく取引先のなかった地域へも積極的に販路を拡大していっていることが知られる。

次にこの時期の三木金物の生産情況をみてみよう。明治二八年における三木町の鍛冶工場は一七〇、職工数は八九一人（全員男子）で、一工場当たりの職工数は五・二人であった。当時最大の工場は井筒新吉で、七三人の職工を使用していた。また、主な製

品の生産量・生産額を示すと、表3のようになる。生産額の最高は鋸で、全生産額の三一・六％を占めていた。第二位は鉋、第三位は鋏、第四位は鑿で、いずれも一〇数％を占めている。これら四品で総生産額の七三・六％を占めていた。江戸時代の主要製品であった前挽鋸は、わずかに総生産額の七・四％にすぎなかった。これは、機械による丸鋸の導入により、前挽鋸の需要が減少してきたためと思われる。また表1に示した明治一三年の総生産額を越え、三木金物の生産が復調してきたと考えられよう。

二　明治後期〜大正期の三木金物問屋

「同業組合準則」によって全国各地で多数の組合が設立されたが、同業者に対し加入を強制することができなかった。そのため、同業者の営業上の弊害を矯正することに十分効力を発揮できず、この点についての改正を要望する動きが高まってきた。また当時盛んになってきた輸出において、粗製乱造による製品が他の国内産地の同種の製品の声価へも悪影響を及ぼすことになった。このような情況の下で「同業組合準則」が改正され、明治三〇年四月に「重要輸出品同業組合法」が制定された。そしてさらに、重要輸出品に限らず国内向けの重要物産の製造販売業者にも適用するため、明治三三年三月に「重要物産同業組合法」が制定された。これにともない「重要輸出品同業組合法」は廃止され、同法に基づき設立された同業組合も「重要物産同業組合法」によって設立したものと見なされることになった。

「重要物産同業組合法」の目的は、「同業組合準則」と同様に、「組合員協同一致して営業上の弊害を矯正し、其の利益を増進する」ことを目的としていた。しかし、「同業組合準則」と根本的に相違している点は、本法で設立された同業組合が強制加入の団体であったことである。すなわち、地区内の同業者の三分の二以上の同意を

第五章　第二次世界大戦前における伝統産業の発展と同業組合

得て組合が設立されると、主務大臣が営業上の特別の事情があり加入の必要がないと認めた者以外は、地区内の同業者はすべて同業組合に加入しなければならなかった。これに違反した場合には、五円以上五〇〇円以下の過料に処せられることとなった。

この「重要物産同業組合法」に基づいて、明治四二年（一九〇九）五月二一日に「三木金物販売同業組合」が設立された。この同業組合の設立時の定款は不明であるので、大正一〇年（一九二一）七月二五日に改正された定款についてみてみる。第一章から第一三章まで全六五か条から成り立っている。同業組合の事務所は、兵庫県美嚢郡三木町福井字殿屋敷一五一八番地に置かれた。組合の地区は兵庫県美嚢郡一円で、その地区内の大工道具その他打刃物各種・土工用金物・建築用金物・農業用金物・鉱山用金物・鋼鉄および金物諸原料の販売業者によって組織された。同業組合設立の目的は、「組合は組合員共同一致して、営業上の弊害を矯正し、福利の増進を計るを以て目的とす」とあり、「重要物産同業組合法」の制定趣旨に沿って規定されている。さらに同業組合の事業として、①製品改良に務め声価を博する事、②粗製乱造を防止する事、③販売拡張のため各地に視察員を派遣する事、④斯業功労者および模範従業者表彰の事、⑤組合員相互間、もしくは組合員と組合員外のものの間に営業上の紛議を生じたるときは、仲裁裁断をなす事、⑥斯業に係る講話研究の諸会を開く事、⑦斯業改良発達に関する諸般の事」を行なうと規定されている。

こうして「三木金物販売同業組合」が設立され、初代の役員は組合長富岡寅之助、副長井筒亀吉であった。同業組合発足当初の組合員は三四名であった。翌四三年度には三名増加し、三七名になった。組合員は、表4に示したように、特等の年額三二円四八銭から五等の年額四円六銭まで六段階の組合費を負担していた。その後、翌四四年には三八名に、大正末年には四九名に増加している。

111

表4　明治43年度三木金物販売同業組合賦課額

等級	標準比率	人員	一人負担額 円 銭厘	金　額 円 銭厘	組　合　員
特等	40	1	32.480	32.480	三木金物株式会社
一等	20	2	16.240	32.480	富岡寅之助・宮田宗十郎
二等	16	3	13.000	39.000	黒田清右衛門・木下庸吉・田中左右次
三等	11	8	8.930	71.440	斎藤初治郎・石田岩吉・藤岡宗冶・広田藤吉・石田冶兵衛・二波合資会社・堀田弁吉・池内梅吉
四等	8	14	6.500	91.000	武原治郎兵衛・黒田元治郎・藤田善三郎・神沢浅吉・黒田俊治・競定治郎・吉田友三郎・巽利代太・広田和三郎・守沢幸太郎・正井幾松・小西常八・岡宮商店・山本八三郎
五等	5	9	4.060	36.540	中尾竹治・河合市太郎・岩井平治郎・梶原幾太郎・市原寿一・山本八二・広田寅吉・石田冶一郎・宮脇兵太郎
合計	100	37		302.940	

出典：拙稿『三木金物問屋史』（三木商工会議所・全三木金物卸商協同組合、昭和59年）33頁。
　　　原史料は、「黒田清右衛門家文書」1263番。

表6　大正末期の三木金物の販路

地　域	割合	地　域	割合
北　海　道	10%	山陰・山陽	10%
奥　　　羽	5	九　　　州	20
中山道・北越	5	四　　　国	8
東　海　道	10	朝鮮・台湾	6
南　海　道	3	満　　　洲	6
近　　　畿	14	欧　　　米	3

出典：前掲『三木金物問屋史』47頁。なお、原史料は、「美嚢郡役所事蹟」（『兵庫県郡役所事績録』兵庫県、昭和2年）7頁による。

表5　明治38年の三木金物の販路

地　域	割合	地　域	割合
北　海　道	8%	東海道・奥羽地方	7%
北越地方	15	東山道(奥羽を除く)	5
京阪地方	21	神戸及びその付近	8
岡山・広島	10	山口県地方	6
四　　　国	5	九　　　州	10
産地付近	5		

出典：『明治38年兵庫県重要工業産物調』（兵庫県第三部商工係、明治40年）110頁による。

第五章　第二次世界大戦前における伝統産業の発展と同業組合

次に、明治三八年と大正末年の三木金物の販路を示すと表5・6のようになる。この二つの表は地域区分が相違しているため、厳密に販路の変化を示すことはできないが、その傾向をうかがうことはできるであろう。国内では九州地方への販売割合が一〇％から二〇％に増加していること、そして、大正末期には記載されていない朝鮮・台湾の植民地や、満洲・欧米への輸出が行なわれるようになったことなどを指摘できる。大正末期には全販売額の一五％が輸出されていたのである。このことは、明治後期から大正期にかけての三木金物問屋の営業の最大の特色であった。その後の三木金物の発展は、輸出の増加によるところが大きかったのだが、その端緒がこの時期に形成された。

この輸出の契機となったのが、明治四五年（大正元＝一九一二）の視察であった。三木金物販売同業組合副組合長井筒亀吉と評議員黒田清右衞門の二人が、兵庫県と美嚢郡の依嘱を受け、満洲と朝鮮における打刃物需要状況の視察を行なった（三月一五日〜四月二〇日）[20]。

この視察復命書によれば、朝鮮における打刃物の輸入・移入額は、明治四二年―二一、六八三円、同四三年―三三、〇〇二円、同四四年―五〇、九一八円と年ごとに増加し、製品の種類は鋸・韓人向鋏・鑿・鉋・剃刀など卸売商人も存在している。需要の大半は内地から移住した人々で、京城より南部の仁川・釜山などが中心で、それらの都市には周辺の村落を対象とした卸売商人も存在している。朝鮮人の購買力は小さいが徐々に浸透しつつある。以後、内地からの移住者の増加と朝鮮人への普及によって、将来有望な市場である。また満洲については、打刃物の輸入額は微々たるものである。満洲では、中国からの打刃物が利用されており、その形状は大いに見劣りするが、切れ味は鋭く安価である。その中国には、ドイツ製の打刃物が低価格で大量に入ってきている。中国人の使用している剃刀は、大半がドイツ製で、切れ味も鋭く、安価で、形も中国人の好みに合わせている。

このような状況であるので、以上の事のほかに、朝鮮の主要都市の取引方法や商店名などの調査、販路拡張のための方策などを述べている。

また黒田清右衛門は、大正四年（一九一五）に中国山東省の視察を行なっている。このように三木金物販売同業組合の役員が、新市場である朝鮮・満洲・中国への視察を行ない、新市場への三木金物の進出の方策を考え、大正末年には表6に示したように朝鮮・満洲・中国が、三木金物の重要な市場の一つとなったのである。

次に、この時期の三木金物の生産状況を示すと、表7のようになる。三木町だけのものは不明で美嚢郡全体の数字を示したが、美嚢郡で生産された打刃物は大半が三木町の問屋によって販売されていたと考えられるので、美嚢郡全体の数字によって三木金物の生産情況と見ても差支えがないであろう。まず製造戸数についてみてみよう。明治三〇年代は三〇〇軒前後であったのが、同四〇年代には約一・五倍増加して四〇〇軒台となり、大正二〜七年には約二倍に増加して五〇〇軒台となっている。大正七・八年は第一次世界大戦後の不況により製造戸数は減少したが、同九年以後再び増加し続け、大正末年には九〇〇軒を越え、明治三〇年に比べ約三倍に増加している。次に職工数についてみると、明治三〇年代は一〇〇〇人前後、明治四〇年代から大正一二年ごろまでは二〇〇〇人前後、大正末年には約二五〇〇人と増加し、明治三〇年代の約二・五倍となっており、製造戸数の増加率に比し低くなっている。このことは、製造戸数一戸当りの職工数が減少していることを示している。たとえば、明治四〇年では一戸当り三・八人であったのが、大正一四年には二・七人と減少している。つまり三木金物の製造業者が、戸数の増加にともなって零細化していることがわかる。

次に生産額をみてみよう。明治三四年を基準とすると、明治三七年以後急増し、同三九年に二・二倍になって

第五章　第二次世界大戦前における伝統産業の発展と同業組合

表7　明治後期～昭和初期における美嚢郡の刃物生産

	製造戸数		職　人　工			生　産　額	
	実数	指数	男	女	計	実数	指数
	戸		人	人	人	円	
明治34(1901)	291	100	―	―	―	222,587	100
明治35(1902)	288	99	―	―	―	230,761	104
明治36(1903)	329	114	―	―	―	243,229	109
明治37(1904)	318	110	―	―	―	332,268	149
明治38(1905)	251	86	932	1	933	362,600	162
明治39(1906)	275	95	1,344	2	1,346	495,136	222
明治40(1907)	414	144	1,578	0	1,578	644,325	289
明治41(1908)	421	145	1,588	9	1,597	830,220	373
明治42(1909)	467	160	1,902	3	1,905	822,590	370
明治43(1910)	483	166	1,972	6	1,978	862,420	387
明治44(1911)	487	167	1,985	6	1,991	863,450	388
大正元(1912)	489	168	1,983	5	1,988	862,530	388
大正2(1913)	600	206	2,019	10	2,029	813,680	366
大正3(1914)	559	192	1,838	139	1,977	654,290	294
大正4(1915)	528	181	1,688	98	1,786	725,972	326
大正5(1916)	559	192	1,744	138	1,882	967,989	435
大正6(1917)	584	201	1,778	155	1,933	1,323,270	594
大正7(1918)	560	192	1,709	139	1,848	1,830,190	822
大正8(1919)	473	163	1,358	56	1,414	2,518,300	1,131
大正9(1920)	429	147	1,217	47	1,264	1,836,315	825
大正10(1921)	533	183	1,336	32	1,368	2,128,891	956
大正11(1922)	639	220	1,698	18	1,716	1,804,848	811
大正12(1923)	732	252	1,907	34	1,941	2,169,125	975
大正13(1924)	890	306	2,383	39	2,422	3,252,051	1,461
大正14(1925)	933	321	2,472	20	2,492	3,207,168	1,441
昭和元(1926)	946	325	1,888	536	2,422	2,774,940	1,247
昭和2(1927)	972	334	2,485	49	2,534	2,817,667	1,266

出典：前掲『三木金物問屋史』36・48頁。原史料は、『兵庫県統計書』による。
注：指数は、明治34年を100として、比較したものである。

いる。これは日露戦争の影響であった。さらに同四一年に三・七倍となったが、大正五年まではほぼ横ばい状態となっている。その後同八年には第一次世界大戦の好況により約十一倍に増加し、戦後不況の期間も八～九倍と戦前の水準よりも高い生産額をあげ、大正末年には明治三四年の約十四倍の生産額をあげている。このことは、

三木金物が明治維新以後の近代化を経て、日露戦争・第一次世界大戦などの戦争景気・戦後不況を地場産業として定着したことを示していると考えられよう。

この時期の三木金物の製品については、表3の明治二八年(一八九五)と比較してみると、前挽鋸が消え、スコップ・ショベル・洋刀などの新しい製品が登場してきている。特に、スコップ・ショベルの生産額は、三木町における各種製品の生産額が知られる(表8)。三木町でスコップ・ショベルが生産されるようになったのは、明治二八年二月に設立された三木金物組合商会(現、地球工業株式会社)による。日清戦争不況下に、姫路歩兵隊からの円匙(まるさじ)注文がきっかけとなって設立されたという。その後生産を始めたスコップ・ショベルが、日露戦争・第一次世界大戦時に大量の注文を受け、三木金物の主要製品の一つとなったのである。

また大正末期の三木金物の生産情況を示すと、表9のようになる。これによれば、工場法が適用される工場が一七社(全体の二%)で、その従業員数は四六八人、一社平均二七・五人となる。また工場法が準用される工場が一一三社(同一四%)で、従業員数は六二七人、一社平均五・五人となる。さらに家内工業は六八〇社(同八四%)で、従業員数は一、三七五人、一社平均二・〇人である。次にそれらの工場別の主要製品をみてみると、スコップ・ショベルは工場法が適用される工場でのみ生産され、三木金物の中でも最も近代化された生産設備によって生産されていた。また金床も、工場法が適用されるか準用される工場において生産されていた。逆に江戸時代から存続している製品は、会社工場で生産される物から家内工業で生産される物まで種々雑多であったことがわかる。

以上述べてきたように、明治後期から大正末期の三木金物は、「三木金物販売同業組合」が設立され、金物問

第五章　第二次世界大戦前における伝統産業の発展と同業組合

表8　大正10年の三木町における金物生産額

製　品　名	数　　　量	生　産　額	
		円	%
スコップ・シャベル	448,035個	398,488	21.2
鋸	497,232枚	691,309	36.7
鉋	181,812枚	253,447	13.5
鑿	480,000本	241,643	12.8
洋　　　　　刀	2,281,200本	69,336	3.7
度　　　　　器	313,450個	43,700	2.3
棒通五分に換算	105,240本	31,572	1.7
剃　　　　　刀	106,824枚	28,860	1.5
煙　草　庖　丁	52,000枚	24,620	1.3
鏝	46,920挺	22,522	1.2
鎌	78,360枚	18,022	1.0
小　　　　　刀	83,520本	8,352	0.4
フ ラ イ 鍋	26,480個	12,398	0.7
そ　の　他	──	37,305	2.0
計	──	1,881,574	100.0

出典：前掲『三木金物問屋史』49頁。原史料は、『三木町勢要覧』（大正10年）による。

表9　大正末期の生産情況

		工　場　数			従業員数	主　要　製　品
		計	株式会社	その他		
会社工場	工場法適用工場	17	8	9	468	スコップ・ショベル・鋸・金床・ナイフ・庖丁など
	工場法準用工場	113	1	112	627	鋸・鑿・ナイフ・剃刀・鉋・前挽鋸・金床・鋏・鑢・ボート錐・庖丁など
家内工業		680		680	1,375	鋸・ナイフ・鑿・剃刀・小刀・鉋・鎌・鋏・鑢など
合　　計		810	9	801	2,470	

出典：前掲『三木金物問屋史』49頁。原史料は、前掲「美嚢郡役所事蹟」6・7頁による。

なわれ、三木町の地場産業として金物生産が定着したことがうかがえよう。[24]

三　昭和前期の三木金物

昭和六年（一九三一）に「三木金物販売同業組合」は、定款の一部を改正するとともに内規を制定した。[25] 定款の改正点は、第一章第二条の「本組合の事務所は兵庫県美嚢郡三木町に置く」と、所在地の「福井字殿屋敷一五一八番」が省略されただけであった。内規は、一四章五六条からなり、加盟、脱退、従業員、組合の権利・義務、商取引、役員、積立金などに関する規定が定められた。主な条項を掲げてみよう。

① 組合に加盟する場合には、加盟料一〇円以上と積立金五〇円を納入すること。
② 従業員の原籍・住所・戸主との続柄・生年月日・雇傭年月日などを記した従業員名簿を常備しておくこと。
③ 組合員が契約の不履行・商品代金の未払などを行なった場合、組合が組合員にその実行を勧告し、それに応じなかった場合には、商取引の中止を命ずることがある。
④ 組合に功績のあった役員や、成績の優秀な永年勤続者を表彰すること。
⑤ 新規登録品は、登録手数料として一か年に五円を納入すれば、最長二か年間他の業者が製作することを禁止すること。
⑥ 定休日を一月一～三日・一五日、二月一日・一五日など二九日間に定めること。

このように、組合運営上の細則や、組合員の営業活動を保障し、ほかに害をおよぼさないように制限し、三木金物の発展のための諸条件を整備した。

第五章　第二次世界大戦前における伝統産業の発展と同業組合

表10　昭和前期の美嚢郡における刃物生産

	職工数			(人)	価格					(円)
	男	女	計	合計	農業用具	大工道具	家庭用具	その他	計	合計
昭和3年 (1928)	1,707 377 208	15 5 1	1,722 382 209	2,313	4,910 150 62,821	1,674,308 80,766 81,805	124,634 1,480 15,592	524,193 45,047 ――	2,328,045 127,443 160,218	2,615,706
昭和4年 (1929)	1,663 394 268	12 2 5	1,675 396 273	2,344	4,092 250 61,222	1,262,518 70,196 77,208	118,437 51,540 13,223	552,328 550 ――	1,937,375 122,536 151,653	2,211,564
昭和5年 (1930)	1,368 382 252	16 2 2	1,384 384 254	2,022	2,660 200 51,282	820,637 38,500 62,103	76,978 25,850 9,828	359,013 2,300<>――	1,259,288 66,850 123,213	1,449,351
昭和6年 (1931)	1,392 401 221	21 4 3	1,413 405 224	2,042	4,104 700 42,828	666,445 38,640 53,123	63,350 14,140 8,921	294,631 24,430 ――	1,028,530 77,910 104,872	1,211,312
昭和7年 (1932)	1,323 420 385	12 7 3	1,335 427 388	2,150	4,752 750 23,182	699,002 45,050 62,828	43,107 18,100 12,387	260,653 26,320 9,825	1,007,514 90,220 108,222	1,205,956
昭和8年 (1933)	1,376 423 432	12 5 3	1,388 428 435	2,251	8,428 780 28,384	849,406 45,120 71,761	46,090 17,960 12,935	466,458 26,350 8,720	1,370,382 90,210 121,800	1,582,392
昭和9年 (1934)	1,365 427 458	21 9 5	1,386 436 463	2,285	7,980 750 29,823	1,140,634 47,220 73,761	61,010 17,590 12,238	621,961 25,840 8,222	1,831,585 91,400 124,044	2,047,029
昭和10年 (1935)	1,443 441 478	28 12 5	1,471 453 483	2,407	8,740 827 38,529	1,394,500 79,050 83,123	7,564 20,100 19,826	671,977 35,920 23,243	2,082,781 135,897 164,721	2,383,399

出典：前掲『三木金物問屋史』48頁。原史料は、『兵庫県統計書』による。
注：各年の上段が三木町、中段が久留美村、下段が別所村である。

次に、この時期の三木金物販売同業組合の組合員の変遷についてみてみよう。昭和四年の組合員数は五七人で、大正末年の四九名から八名増加している。昭和六年には、同四年の組合員のうち八人が脱退し、三人が加盟し、総数では五二人に減少している。同一〇年には、同六年の組合員のうち六人が脱退し、二四人が加盟し、総数では七〇人と一八人が増加している。さらに同一二年には、同一〇年の組合員のうち一一人が脱退し、二四人が加盟し、総数では八四人と一四人が増加している。このように昭和一〇～一二年にかけて、急激に組合員が増加していることがわかる。

昭和前期の三木金物の生産情況を示すと、表10のようになる。昭和四年の

第一部　三木金物の成立と発展

表11　昭和4年の三木町における主要金物生産情況

製品名	戸数		従業員数			生産量	生産額	
	実数	割合	大人	小人・女	合計		実数	割合
	戸	%	人	人	人		円	%
鋸	244	44.0	481	286	767	1,190,140枚	756,869	39.1
鉋	87	15.7	149	66	215	415,440丁	249,838	12.9
鑿	130	23.4	239	93	332	1,034,720丁	198,753	10.3
ナイフ	20	3.6	37	7	44	1,699,200丁	56,923	2.9
剃刀	18	3.2	28	6	34	218,040丁	26,164	1.4
鑢	10	1.8	20	3	23	235,680丁	20,932	1.1
鏝	15	2.7	24	2	26	63,888丁	15,333	0.8
ボートー	8	1.4	11	4	15	61,920本	10,526	0.5
鎌	5	0.9	5	2	7	40,920丁	4,092	0.2
小刀	3	0.5	5	0	5	57,600丁	2,800	0.1
厚刃物	10	1.8	23	12	35	142,570丁	32,550	1.7
度器	1	0.2	61	0	61	1,000,000個	25,600	1.3
煙草庖丁	1	0.2	10	2	12	39,870丁	22,578	1.2
ショベル・スコップ	3	0.5	89	13	102	60,409打	514,417	26.6
計	555	100.0	1,179	496	1,675	──	1,937,375	100.0

出典：前掲『三木金物問屋史』49頁。原史料は、『郷土調査』（三樹尋常高等小学校、昭和5年）185頁による。

表11は、世界恐慌に見舞われる前の昭和四年の三木町における金物の製品別の生産額を示したもので世界恐慌の影響を受け、同五年から八年までは三年の生産額の六〇・五％～四六・一％におちこんでいる。そして九年から一〇年にかけて復調したものの、昭和三年の水準を越えるにいたっていない。また昭和一〇年の生産額のうち、三木町が八七・四％、別所村が六・九％となり、久留美村が五・七％、別所村が六・九％となり、三木金物の大部分が三木町内で製造されていたことがわかる。しかし、同年の製品別の生産額をみてみると、農業用具は別所村が三木町の四倍強の生産額であり、家庭用具も久留美村が三木町の三倍弱、別所村が約二・六倍となっている。三木町の刃物生産の中心が大工道具であり、その生産額は他地域を大きく引き離している。久留美村・別所村においても大工道具の生産額が全生産額の過半を占めており、三木金物の中心は大工道具であったといえよう。

第五章　第二次世界大戦前における伝統産業の発展と同業組合

ある。生産額・製造戸数・従業員数のすべてで最高だったのが鋸であった。つづいて鉋は生産額・製造戸数・従業員数がともに三位で、鑿が製造戸数・従業員数が二位で生産額が四位であった。この鋸・鉋・鑿の三品で、製造戸数の八三・一％、従業員数の七八・四％、生産額の六二・三％を占め、ここからも大工道具が三木金物の中心であったことがわかる。またこの表でショベル・スコップは、製造戸数がわずかに三社であるが、従業員数は六・一％、生産額は二六・六％を占め、前節でみたように三木金物の中でも近代的な工場において生産されていたことがうかがえる。

この時期、三木金物が以後地場産業として発展していく一つの原動力になった工業試験場が独立している。三木町に兵庫県工業試験場三木分場が開設されたのは大正八年（一九一九）七月であったが、昭和八年（一九三三）四月一日に兵庫県三木金物試験場として独立した（兵庫県機械金属工業指導所）。独立当時は四一二坪の敷地に事務所・分析室・鍛工場・金属検定室など五棟であったが、昭和九年三月にレザー（西洋剃刀）作業場一棟が増設され、翌年二月に三木町が土地一一四坪、火造作業場などを寄付し、試験場の設備が整備された。この試験場において各種製品の技術開発、伝習生の訓練が行なわれ、三木金物の発展に重要な役割を果たした。

四　戦時経済下の三木金物

昭和一四年（一九三九）に、「卸商業組合法」に基づき「三木金物卸商業組合」が設立された。同年四月五日に定款を制定し、同月二五日に兵庫県に設立を申請し、七月二〇日に認可を受けた。昭和一五年四月一日の組合員数は八九軒で、出資口数五六六口であった（ただし一口一〇〇円）。従業員数は、家族従事者も含めて三九四名である（この他に四一名の従業員が応召入営中である）。そのうち、家族従事者が二二三人、男子が二七二人、女子が

121

九九人であった。一軒当たり四・四人で、一〇人以上の従業員を雇傭していた業者は一三軒で、そのうち二〇人以上の従業員を雇傭していたのは四軒で、最高は二五人で二軒あった。その後、同一六年には二五軒が加入し合計一一七軒で、出資口数は六四九口となった。

この「三木金物卸商業組合」の設立の目的は、「本組合は金物卸商業の改良発達を図る為、共同の施設を為すを以て目的とす」（定款第一条）とある。そしてこの目的達成のため、下記の事業を行なうとある（定款第三五条）。

① 組合員の取扱商品および営業用品の共同仕入。
② 特殊商品や、特殊需要先と諸官庁へ納入の共同販売。
③ 組合員の取扱商品の保管・運搬・加工・包装などのため、共同設備を設ける。
④ 営業上必要のある場合、営業方法・営業時間・休日・販売価格に関する協定を行なう。
⑤ 視察員の派遣、見本市・博覧会への出品、講習講話会の開催、市場調査などを行なう。
⑥ 組合員への融資、組合員の貯金を受け入れる。

以上のように、「三木金物卸商業組合」の事業内容が示されているが、これと前述の「三木金物販売同業組合」の事業内容を比較してみると、大きく事業内容が変更され、共通した内容は⑤だけである。最も大きな変更点は、「三木金物販売同業組合」が組合員による粗製乱造を防止し、同業者の発展を目指していたのに対し、「三木金物卸商業組合」では組合による共同仕入、販売が組合の事業の中心になっていることである。

このように「三木金物卸商業組合」は、戦争の拡大にともない国の経済統制が強化されてきたため、その対策として設立されたのであった。共同販売については、昭和一五年一〇月二〇日の臨時総会で軍部納品部の設置が

第五章　第二次世界大戦前における伝統産業の発展と同業組合

表12　三木金物卸商業組合組合員の営業情況

年　度	軍需品一般		利器工具		その他		合　計
	販売額	比率	販売額	比率	販売額	比率	
	円	％	円	％	円	％	円
昭和13	450,000	6.3	6,500,000	90.9	200,000	2.7	7,150,000
昭和14	450,000	4.6	9,000,000	92.8	250,000	2.6	9,700,000
昭和15	450,000	5.2	8,000,000	92.5	200,000	2.3	8,650,000
昭和16	700,000	10.2	6,000,000	87.6	150,000	2.2	6,850,000
昭和17	1,000,000	16.4	5,000,000	82.0	100,000	1.6	6,100,000

出典：「三木金物卸商業組合関係書類綴」（「黒田清右衛門家文書」1253番）による。

決定され、一一月一日に規定が定められた。この軍部納品部には、一口五〇〇円の出資金を出資した黒田清右衛門・堀田光雄ら二二人によって組織された。この時期の三木金物卸商業組合の組合員の販売額を示すと、表12のようになる。全体の販売額や利器工具・その他の販売額が昭和一四年度以後減少しているのに対し、軍需品一般の販売額は軍部納品部の設置にともない昭和一六年度以後増加し、同一七年度には全販売額の一六・四％を占めるようになっている。このことからも軍部納品部の設置意図もうかがえよう。また表12からもこの時期の三木金物が、大工道具を中心とした利器工具の生産が中心であったことがわかる。

さらに、昭和一六年一月に北海道移出部が設置された。これは、北海道とかラフトなどの地域に対する販売を拡大しようとするもので、特に北海道金物商業連合会との取引を促進するために設置された。この北海道移出部への入部資格は、すでに当該地域との取引を有する組合員を対象として、昭和一四年一月から同一五年一二月までの二か年の実績を査定し、それを基準として受注品を割当てようとするものであった。

このように「三木金物卸商業組合」の主要な設置目的は、軍部納品部・北海道移出部の設置にみられるように共同販売であったが、それとともに製品の販売価格の協定も重要な設置目的であった。昭和一四年一二月一七日付の「兵庫

123

県報」(兵商第一二八二一号)で、「価格等統制令」第三条第一項により協定価格の認可申請を行なうように示達があった。これを受けて、翌一五年四月二〇日に「三木金物卸商業組合」は、協定価格設置委員会を開き、また隣接の「播州金物販売組合」(加東郡・多可郡の地域)と協議し、六月二〇日に認可申請を行なった。そしてその後、協定価格審議専門委員会を開き、各々の製品の価格について製造業者の代表と話し合いがたびたび行なわれている。翌一六年五月一九日に「三木金物卸商業組合協定価格」が認可された（兵庫県告示第五六一号）。さらに価格統制が強められ、公定価格の設定が行なわれた。たとえば鑿については、昭和一六年一二月に公定価格が制定され、翌年一月に「三木金物卸商業組合」から「鑿公定販売価格表」が発行されている。

こうして戦時経済下における三木金物の存続を計るとともに、この情況に対抗するために全国の金物生産地の同業組合が結成された。まず卸売業者においては、全国金物卸商業連合会が組織された。昭和一五年六月一一日に「三木金物卸商業組合」の緊急理事会が開催され、「全国利器工具・土農具産地商業組合連合会」の結成について協議を行ない、そのために同月一五日に臨時総会が開催されることになった。臨時総会においても設立参加が承認された。六月二三日開催の理事会で、連合会の名称が「全国生産地金物卸商業組合連合会」と変更され、七月一八日に創立総会が開催され、翌年五月に定款が制定された。一方、製造業者は社団法人日本利器工具統制協会が、利器工匠具の生産と配給に関する全国的な統制機関として、昭和一八年四月に設立された。これらの全国的な組織作りの中心となったのが、当時「三木金物卸商業組合」の理事長であった黒田清右衞門であったといわれている。

以上のように、三木町の金物問屋は、戦時経済下において営業の継続を計るために「三木金物卸商業組合」を設立したのである。そのため、明治四二年(一九〇九)に設立された「三木金物販売同業組合」は有名無実とな

第五章　第二次世界大戦前における伝統産業の発展と同業組合

った(37)。昭和一五年(一九四〇)五月一六日付で兵庫県経済部長から解散するように勧告を受け、昭和一八年四月二八日の総会において解散が決議され、明治四二年以来三〇余年の活動に終止符を打った。

その後、昭和一九年には戦局の悪化のため、「三木金物卸商業組合」も解散することになる。同年六月一八日の役員会での決定を経て、七月一〇日に臨時総会が開催され、組合の解散が決定された。同月一七日に兵庫県の認可を受け、「三木金物卸商業組合」は解散した。この解散にともない、七月三日に組合員の全員協議会が開催され、「三木利器工匠具配給株式会社」の設立を決め、株式の募集を始めている。その募集案内には、「申込人は本組合員に限る」とあり、組合の解散にともない金物問屋の新しい組織としてこの会社が設立されたとわかる。

このように三木町の金物問屋は、戦局の悪化にもかかわらず、何とか存続を計ろうと努力していたことが知られる。

おわりに

宝暦～天明期(一七五一～一七八八)に勃興した三木金物は、明治維新の変革、西洋近代文化の流入などの試練を乗り越え、現在にいたるまで三木市を中心とした地域の伝統的な地場産業として存続している。本章では、第二次世界大戦終結までの三木金物の発展について、三木金物を取扱う卸問屋の同業組合の変遷を通じて考察してみた。

三木金物問屋による最初の同業組合は、明治一八年(一八八五)に設立された「三木金物商組合」であったが、この組合は組合員も一〇数軒と少なく、十分な活動を行なうことができず、三木金物の生産自体が沈滞したままであった。その後、明治四二年(一九〇九)五月に「三木金物販売同業組合」が設立された。この組合では、組

125

第一部　三木金物の成立と発展

合員も三四名と増加し、組織も整備された。この時期になると、三木金物にショベル・スコップなど新しい製品も加わり、市場も拡大し、三木町の基幹産業として再び活況を呈するようになった。国内市場だけでなく、海外市場へも積極的に販売が拡大された。そして、組合員も大正末年には四九名に、昭和一〇年（一九三五）には七〇名と急激に増加した。

その後、昭和一〇年代には戦争の拡大につれて経済統制が強化されたが、それに対処するために、昭和一四年（一九三九）に「三木金物卸商業組合」が設立された。設立当初の組合員数は八九名で、昭和一八年には一一三三名に増加した。この「三木金物卸商業組合」の設立によって、前述の「三木金物販売同業組合」は昭和一八年に解散した（実際は、昭和一四年以後組合の活動は休止状態であった）。この「三木金物卸商業組合」は、共同仕入、共同販売、価格の協定・公定などを行ない、何とか営業を続けていこうとしたものの、戦局の悪化のため昭和一九年に解散した。しかし、この時期の三木金物の問屋・製造業者の協調が、戦後の三木金物の発展に生かされることになるのである。この問題については、次章で述べる。

冒頭でも述べたように、近世には特産物として生産されていたものが、現在まで地場産業として存続している例は少ない。明治維新の社会変動・近代文明の流入などによって、消えてしまった産業も多かったのである。しかし、三木金物は、技術革新、新しい社会に必要な新製品の開発などによって、その土地で培われてきた技術が生かされ、地場産業として現代まで存続している数少ない例であるといえよう。

（1）『日本の地場産業』（ダイヤモンド社、昭和五三年）六〜九頁。

（2）『兵庫県の地場産業』（財団法人兵庫県中小企業振興公社・兵庫県産業情報センター、昭和六一年）。

126

第五章　第二次世界大戦前における伝統産業の発展と同業組合

(3) 『龍野市史』第三巻（龍野市、昭和六〇年）四九頁。
(4) 『壺屋忠兵衛等諸鍛冶株取締役訴状扣』「江戸屋源吉等諸鍛冶株願書扣」（永島福太郎編『三木金物問屋史料』思文閣出版、昭和五三年。以下、『金物史料』と略称）一七～二〇頁。原史料は、黒田清右衛門家所蔵の文書番号二四・二五番である。黒田家文書については、拙稿「黒田（作屋）清右衛門家文書目録」（『八代学院大学紀要』第二八・二九号、昭和六〇年）を参照されたい。なお、三木市教育委員会『黒田（作屋）清右衛門家文化財調査報告書』（平成八年）に、さらに多くの古文書が公開されるようになっている。
(5) 小西勝治郎『三木金物誌』（同刊行会、昭和二八年）一三八頁。
(6) 三木市立図書館所蔵。前掲『金物史料』六〇〇～六〇四頁。
(7) 近世の三木町の金物問屋の変遷については、拙稿「化政・天保期の三木金物」（『社会経済史学』第四六巻第一号、昭和五五年）・「近世後期における三木金物と大坂・江戸市場」（『ヒストリア』第六八号、昭和五〇年）などを参照されたい。本書第一部第三章参照。
(8) 後藤清「商工業組合法」（『新法学全集』第三〇巻、日本評論社、昭和一三年）一二頁。以下、同業組合の変遷についてはこの書によるところが大きい。
(9) 『兵庫県物産調査書』（兵庫県、明治三三年）二七一頁。
(10) 井本由一『明治以後の三木金物』（宝蔵文書調査委員会、明治三三年）二九頁による。
(11) 前掲『兵庫県物産調査書』二六八頁。
(12) 『黒田清右衛門家文書』一四四六番。拙著『三木金物問屋史』（三木商工会議所・全三木金物卸商協同組合、昭和五九年）二五頁参照。
(13) 岡谷については、関戸武平『鉄一筋──岡谷鋼機三百年の歩み──』（中部経済新聞社、昭和四三年）に詳述されている。
(14) 湯浅については、『三百年ののれん』（昭和四四年）、『湯浅金物社史』（昭和四四年）などの社史に詳しい。
(15) 前掲『兵庫県物産調査書』二六七・二六八頁。
(16) 前掲「商工業組合法」一三・一四頁。本節の同業組合に関する叙述は、これによる。

127

第一部　三木金物の成立と発展

(17) 「黒田清右衛門家文書」一三八〇番。前掲『三木金物問屋史』一八三～一八九頁。

(18) その後組合長には、大正四年（一九一五）に黒田清右衛門、同一四年に富岡善之助、昭和二年（一九二七）に赤松初三郎、同五年に田中左右次が就任した。

(19) 「美嚢郡役所事績」（『兵庫県郡役所事績録』上、昭和二年）八頁。

(20) 前掲『三木金物問屋史』三八～四〇頁。なお関係史料は「黒田清右衛門家文書」一二四八・一三四三～一三四六番などである。

(21) 『同右書』三六頁、四七・四八頁による。

(22) 前掲『三木金物誌』一四七～一五三頁。

(23) 前掲『三木金物問屋史』四八～五〇頁。

(24) 大正八年に、兵庫県立工業試験場の岡野東次郎技手の報告によれば、新潟県三条が二六五万円、岐阜県関が五九万円余、三木が三四六万円で、三木が三大金物産地の中でも最も高い生産額を示している（前掲『三木金物誌』一五四頁）。

(25) 前掲『三木金物問屋史』一八九～一九三頁。

(26) 『同右書』五六～五八頁に、個別の変遷を示しているので参照されたい。

(27) 『同右書』六〇・六一頁。

(28) 『同右書』四四～四六・五五・五六頁、『工業試験研究機関五十年史』（兵庫県、昭和四三年）八五～一一二頁による。その後、平成一四年から機械兵庫県立工業技術センター、機械金属工業技術支援センターとなる。

(29) 三木金物卸商業組合の定款については、前掲『三木金物問屋史』一九七～二〇八頁を参照されたい。

(30) 『同右書』六四～六七頁。なお原史料は、「三木金物卸商業組合関係書類綴」（「黒田清右衛門家文書」一二五三番）による。

(31) 『同右書』二一〇～二一二頁。原史料は注(30)と同じ。

(32) 『同右書』二一二～二一四頁。原史料は注(30)と同じ。

(33) 『同右書』七一～七三頁。原史料は注(30)と同じ。

(34) 『同右書』七二～七四頁。原史料は注(30)と同じ。

第五章　第二次世界大戦前における伝統産業の発展と同業組合

(35)『同右書』二二四〜二二六頁。
(36) 同協会の要綱については、『同右書』二二六〜二二八頁参照。
(37)『同右書』七〇・七一頁。同組合の決算報告書によれば、昭和一四年以後まったく賦課金は徴集されていないので、「三木金物卸商業組合」の設立によって、組合の活動は休止していたと思われる。

【付記1】　本章および次章は、昭和五九年に執筆した『三木金物問屋史』を土台にした。同書の「あとがき」にもあるように、執筆予定は近世の三木金物の部分であったが、急拠昭和五八年までの三木金物の発達について執筆した。しかし、同書の中心課題であった三木金物問屋の同業組合変遷について十分叙述することができなかった。そのため本稿で、三木金物を取扱う問屋の同業組合の変遷と、三木金物の発達について再論した。

【付記2】　本章で引用した同業組合法・同業組合の定款などの条文は、現代文にかえ、適宜句読点を入れた。

【付記3】　本章の作成に当たっては、史料の閲覧を快く許して下さった先代の黒田清右衛門氏や、種々の助言をいただいた全三木金物卸商協同組合の方々に記して謝意を表する。

第六章　第二次世界大戦後における伝統産業の発展と同業組合
―― 三木金物の事例 ――

はじめに

　第二次世界大戦により日本の経済は壊滅的な打撃を受けたが、現在では世界の経済大国として国際社会における日本の役割が注目されている。このような日本の経済復興を支えてきた一つの要因として、中小企業の果たした役割は無視できないであろう。特に各地の地場産業が、国や地方自治体の指導・援助を受けながら、生産・流通の体質改善をはかり、日本経済を底辺から押しあげたことは注目に値しよう。
　本章では前章に続き、三木金物業の流通面を担った金物問屋の同業組合の変遷を通して、その戦後における発展過程を明らかにしていきたい。

一　昭和二〇年代の三木金物

　昭和二〇年（一九四五）八月一五日に第二次世界大戦は終った。そして日本は敗戦し、政治的・経済的にも壊滅的な打撃を受けた。しかし、人々の復興への動きは早く、三木金物の主力であった鋸・鉋などの大工道具は飛ぶように売れたという。その中には、売れることを良いことに粗悪品を平気で売買する正規の商人でないブロー

カーたちも輩出したが、金物問屋は信用第一に手堅く商売を続けたといわれている。世情が安定してくるのにともなって、正規の販売ルートが整備され、ブローカーの活躍する場も少なくなっていった。

昭和二二年に入ると、各種の商工団体の組織も再編されてくる。金物問屋たちは、同年六月一五日に「社団法人三木商工会議所」「兵庫県利器工匠具工業組合」などが組織された。同組合」の創立総会を開催し、七月一日に兵庫県知事に設立申請を提出し、同月二六日に認可を受け、即日設立登記を完了し、組合が創立された。創立当初の組合員数は一八七名であった。昭和一八年に解散した金物問屋の組合「三木金物卸商業組合」の組合員数は一三三名であったので、五四名の増加となっている。このように組合員が増加したのは、従来未加入者が多かったのが、戦後の経済混乱の中で組合の存在意義を重視したためだと思われる。翌二三年にはさらに増加し、二五〇名と戦前の約二倍に増加している。設立時には、組合員を地区別に一七のブロックに分け、また、部会として庶務部・会計部・事業部・指導調査部の四部を置き、各部会は部長一名・委員五名から構成され、毎月一回委員会を開催することになっていた。

昭和二四年六月一日に「中小企業協同組合法」が公布された。同法は、第一条に「中小規模の商業・工業・鉱業・運送業・サービス業・その他の事業を行なう者、勤労者その他の者が相互扶助の精神に基づき協同して事業を行なうために必要な組織について定め、これらの者の公正な経済活動の機会を確保し、もってその自主的な経済活動を促進し、かつその経済的な地位の向上を図ること」と、その目的が示されている。また、同法の第四条第一項に、

一組合はこの法律に別段の定めのある場合の他、左の各号に掲げる要件を備えなければならない。

（一）組合員又は会員（以下本章および第六章から第八章までにおいて「組合員」と総称する）の相互扶助を

第六章　第二次世界大戦後における伝統産業の発展と同業組合

目的とする。
(二)　組合員が任意加入し、又は脱退することができること。
(三)　組合員の議決権および選挙権は、出資口数にかかわらず平等であること。
(四)　組合の剰余金の配当は、主として組合事業の利用分量に応じてするものとし、出資口数に応じて配当するときは、その限度が定められていること。

とあり、この規定に基づき、「三木金物卸商業協同組合」は、同年一〇月二〇日に臨時総会を開催し、組織変更を行ない、同名称の新しい組合として再発足することになった。しかし、この再編成の過程で、一部の組合員(一三三名)は別に「三木金物事業協同組合」(昭和二四年九月二日設立総会)を金物製造業者を含めて結成した。これ以後、昭和四七年に「全三木金物卸商協同組合」に統合されるまで、三木の金物問屋は「三木金物卸商業協同組合」と「三木金物事業協同組合」の二つの組合に分裂した状態が続くことになる。本章では、史料の制約もあり、前者を中心として述べたいと思う。

昭和二〇年代の組合員の変遷を示すと、表1のようになる。組合分裂以後脱退者が続出し、昭和二七年には最低の七七名となり、新組合結成時の三分の一弱となった。このような脱退者の増加に対し、昭和二六年六月四日に開催された第二回通常総会において、その対策として「今後の脱退者の出資金返還は、組合解散の時の精算に限ること」が、満場一致で可決された。その効果は、翌々年の昭和二八年に現れ、はじめて前年に比べ増加し、八五名となった。同二六年の『三木商工名鑑』によれば、「三木金物卸商業協同組合」の組合員が八四名、「三木金物事業協同組合」の組合員が五八名、合計しても一四二名で、分裂前の五六・一％にすぎない。協同組合の分裂のために、いずれの組合にも参加していない金物問屋が増加していることが知られるのである。

第一部 三木金物の成立と発展

表1 昭和20年代の「三木金物卸商業組合」の組合員数の変遷(1)

年月日	組合員数
昭和22年6月15日	187
昭和23年3月31日	250
昭和24年3月31日	253
昭和24年10月20日	257
昭和24年11月12日	151
昭和25年7月1日	113
昭和25年8月5日	104
昭和26年6月4日	86
昭和27年5月6日	77
昭和28年5月8日	85

出典：拙著『三木金物問屋史』（三木商工会議所・全三木金物卸商協同組合、昭和59年）83頁による。原史料は、「総会に関する綴」（全三木金物卸商協同組合文書）による。

表2 三木利器工匠具工業協同組合の組合員構成

業種	理事数	監事数	組合員数
鑿	3	1	94
鉋	2	1	34
刃物工具	2	0	33
ギムネ	1	0	27
ナイフ	1	0	26
小刀	1	0	20
鏝	1	0	24
剃刀	0	1	18
合計	11	3	276

出典：『播州金物新聞』創刊号（昭和22年7月15日）による。
注：上記の他に、理事長、専務理事各1名。

　一方、三木金物の製造業者の組合も、同時期に再編成されている。昭和二二年三月一八日に「兵庫県利器工具工業協同組合」が設立された。この組合は、戦時経済統制下の昭和一七年一〇月二〇日に設立された「兵庫県利器工匠具工業施設組合」（昭和一九年七月に「兵庫県利器工匠具工業協同組合」と改編）を母体として組織され、同年五月二五日に「三木利器工匠具工業協同組合」と改称され、その後昭和二五年二月八日に「商工協同組合法」の改正により、組織変更を行なった。この組合は、加入者によって理事・監事の役職者を割り当てられている（表2参照）。組合員は、当初、鑿・鉋・刃物工具など八種の業種から構成され、最大は鑿職人の九四人、最少は剃刀職人の一八人で、鑿・ギムネ・鉋などの金物製造者二七八人であったが、昭和二五年二月には三九二人に増加している。これらの金物製造業者の組合とは別に、鋸製造業者は昭和二三年四月二七日「三木鋸工業協同組合」を組織しているが、組合員数は三八三人であった。その後昭和二五年六月一五日に三木金物の関連のこれらの四組合の合同組織

第六章　第二次世界大戦後における伝統産業の発展と同業組合

として、「三木金物商工協同組合連合会」が設立されている。
また、三木金物の振興をはかるため、昭和二四年一〇月に新殖産奨励助成金(最高三〇万円)の交付が行なわれるようになると、新製品・新技術の開発に積極的に取り組むようになった。

一方、戦前から三木金物の発展を技術的な側面から支えていた三木金属工業指導所は、昭和二二年一二月八日に三木町大塚一四二の一(現、三木市大塚三丁目一四二の一)に移され、現在にいたっている。この間、昭和二一年六月一五日から同二三年一〇月三一日まで「三木鍛冶工補導所」が併設され、一〇四名の修了生を送り出し、終戦後の三木金物の鍛冶職人の養成・技術向上に大きな役割を果たしたと思われる。また、昭和二二年一一月一八日に「三木金属貿易品生産指導所」が併設され、三木金物の輸出拡大に大きく貢献している(同二九年一二月九日閉鎖)。

戦後の三木金物の復興・発展にとって、国内市場だけでなく、海外市場への進出が果たした役割は無視できないであろう。昭和二二年八月一五日に民間貿易許可が発令され、貿易が再開されることになった。これにともなって、輸出貿易振興座談会や貿易振興懇談会などが開催され、輸出再開に向けて積極的に対応策がとられた。昭和二四年に「三木貿易協会」が設立され、同年九月に三木商工会議所は、欧文カタログを作成し、各国の商工会議所に送付した。また、海外市場の視察・博覧会・見本市への出展と積極的に海外市場への進出がはかられた。

昭和二六年から二九年までの三木金物の輸出情況を示すと表3のようになる。輸出額は、多少変動がある程度でほぼ横ばい状態であった。仕向地を見てみると、昭和二六年から二八年では台湾・東南アジアが第一・二位を

表3 昭和20年代の三木金物の輸出情況

仕向地＼年度	昭和26年(1951) 千円	%	昭和27年(1952) 千円	%	昭和28年(1953) 千円	%	昭和29年(1954) 千円	%
朝　　　　鮮	8,619	4.8	27,279	13.1	34,905	15.6	23,665	14.2
沖　　　　縄	9,092	5.0	38,725	18.7	22,071	9.9	19,006	11.4
台　　　　湾	43,710	24.3	70,649	34.0	51,494	23.0	31,305	18.8
東南アジア(1)	55,755	31.0	41,473	20.0	72,718	32.5	22,816	13.7
インド以西(2)	15,213	8.4	3,156	1.5	3,513	1.6	1,549	1.0
中　南　米	5,091	2.8	3,033	1.5	6,845	3.1	18,562	11.2
カナダアメリカ	16,919	9.4	20,489	9.9	30,098	13.4	44,259	26.6
欧　　　　州	25,713	14.3	2,742	1.3	2,320	1.0	5,097	3.1
その他(3)								
合　　　　計	180,122	100.0	207,546	100.0	233,964	100.0	166,304	100.0
指　　　　数	100		115.2		124.3		92.3	

出典：前掲『三木金物問屋史』89頁による。原史料は、三木商工会議所貿易部会資料による。
注(1)：ビルマ・ベトナム・マライ・香港・インドネシア・フィリピン・タイ
　(2)：インド・パキスタン・アフガニスタン・イラン・イラク・サウジアラビア・トルコ・アフリカ全土
　(3)：オーストラリア他

占めていたが、昭和二九年にはカナダ・アメリカが第一位となっている。このことは、三木金物の輸出は、当初戦前から結びつきのあった東南アジア地域を中心に再開された。しかし、戦後の日本の貿易がアメリカを中心に発展していったように、三木金物も例外でなく、新市場のカナダ・アメリカ市場への進出をはかっていたことが知られるのである。

次に、この時期の三木金物の生産情況を見ると、表4・5のようになる。表4は、昭和二二年度から同二四年度までの品目別の生産量および生産額を示したものである。この表によると、総生産額はほぼ横ばい状態で、生産額の第一位の鋸が、全生産額の四七・三〜五八・九％を占め、以下鑿・鉋と続き、この三品で全生産額の七四・五〜七八・八％を占めている。この時期の三木金物の生産は、伝統的な大工道具の生産が中心であったことが知られる。

第六章　第二次世界大戦後における伝統産業の発展と同業組合

表4　昭和22年度から24年度までの三木金物の生産情況

品目	昭和22年度			昭和23年度			昭和24年度		
	数量	生産額		数量	生産額		数量	生産額	
		千円	%		千円	%		千円	%
鋸	1,189,550	184,897	47.3	1,081,410	217,525	48.7	1,256,610	235,350	58.9
鑿	800,500	56,385	14.4	819,520	61,464	13.8	120,400	40,326	10.1
鉋	293,800	49,946	12.8	303,850	57,731	12.9	231,600	39,377	9.8
ギムネ	395,600	23,736	6.1	423,000	29,610	6.6	330,000	23,100	5.8
鏝	113,500	7,954	2.0	103,100	7,567	1.7	99,000	6,930	1.7
ナイフ	1,500,000	12,000	3.1	1,600,000	16,000	3.6	1,320,000	10,560	2.6
小刀	433,000	7,794	2.0	434,000	7,632	1.7	414,000	7,452	1.9
剃刀	85,500	2,565	0.7	108,000	3,780	0.8	78,000	2,340	0.6
鉈・斧・庖丁	185,000	11,000	2.8	186,000	13,020	2.9	129,600	9,072	2.3
その他	1,143,000	34,290	8.8	1,075,000	32,250	7.2	844,800	25,344	6.3
計	6,144,400	390,658	100.0	6,128,880	446,579	100.0	5,324,010	399,846	100.0

出典：前掲『三木金物問屋史』90頁による。原史料は、小西勝治郎『三木金物誌』(同刊行会、昭和28年)225頁による。

表5　昭和29年度三木金物工業業種別工場数・従業者数・出荷額

業種別	工場数	従業者数							出荷額	
		総計	常用労働者			個人業主・家族従業者				
			男	女	計	男	女	計		
	軒	人	人	人	人	人	人	人	千円	%
鋸製造業	278	776	340	37	377	399	0	399	239,889	29.4
のみ製造業	97	207	64	1	65	141	1	142	38,335	4.7
鉋製造業	54	212	116	18	134	78	0	78	67,870	8.3
ギムネ製造業	36	149	85	14	99	50	0	50	72,144	8.8
ナイフ製造業	30	102	57	5	62	40	0	40	20,087	2.5
小刀・庖丁製造業	27	64	25	1	26	38	0	38	23,256	2.8
手工具製造業	21	280	220	32	252	26	2	28	210,114	25.7
農機具および農具製造業	47	322	247	19	266	56	0	56	89,558	11.0
鏝製造業	24	59	22	10	23	36	0	36	10,892	1.3
カミソリ製造業	14	20	2	0	2	18	0	18	3,468	0.4
鋸目立業	69	122	30	0	30	92	0	92	17,345	2.1
のみ・かんな(水研)業	14	33	15	0	15	18	0	18	5,967	0.7
鋸・のみ・鉋・台柄製造業	55	105	22	4	26	75	4	79	18,170	2.2
合計	766	2,451	1,245	132	1,377	1,067	7	1,074	817,105	100.0

出典：前掲『三木金物問屋史』91頁による。原史料は、『三木統計書』による。

表5は、昭和二九年度の三木金物の業種別工場数・従業員数・出荷額を示したものである。表4の昭和二四年度と比較すると、総生産額は二・〇四倍に増加している。また、表4に表示されていなかった業種として、手工具製造業・農機具および農具製造業がある。そのうち、手工具製造業は総出荷額の二五・七％を占め、鋸製造業の二九・四％についで第二位となっている。すなわち、スパナ・ペンチ・ハンマー・ドライバーなどの手工具が、戦後の三木金物の主要な品目として新しく登場していることが知られる。このため、鋸・鑿・鉋の大工道具の総出荷額に占める割合は、四二・四％と低下してきている。出荷額では、鉋製造業以外ほとんど変化がない。

このように、表5で新しく立項された手工具・農機具および農具などの出荷額が、総出荷額を上昇させた要因であったことがわかる。つまり、昭和二〇年代後半の三木金物の生産は、新しくカナダ・アメリカ市場へ進出することによって、それらの市場へ輸出する新しい生産品目が加わり、全体として三木金物の生産額を上昇させたことが知られるのである。

二　昭和三〇年代の三木金物

次に、昭和三〇年代の「三木金物卸商業協同組合」の情況についてみよう。組合員数は表6に示したように、ほとんど変化はなかった。金物問屋の協同組合が二つに分裂したままであったため、どちらの組合にも加入していない金物問屋が相変わらず多かったのだろう。このような組合の状態を改善しようとして、昭和三四年（一九五九）三月二日に第五回臨時総会が開催された。この臨時総会では、「三木金物卸商業協同組合」「三木鋸工業協同組合」「三木利器工匠具工業協同組合」「三木鑿工業協同組合」「三木金物協同組合」の五組合の合同について審議が行なわれ、組合合同については基本的な合意がなされ、その具体案を早急に作成することになった。

第六章　第二次世界大戦後における伝統産業の発展と同業組合

表6　三木金物卸商業協同組合の組合員の変遷(2)　　(人)

	組合員数
昭和32年5月1日	88
昭和33年2月10日	86
昭和33年5月11日	96
昭和34年5月1日	95
昭和39年5月25日	97
昭和40年5月29日	98
昭和41年5月28日	98
昭和42年5月29日	113
昭和43年5月29日	113
昭和43年12月8日	115
昭和44年5月28日	115
昭和45年5月28日	117
昭和46年4月30日	113
昭和47年5月30日	111

出典：前掲『三木金物問屋史』94・107頁による。原史料は、「総会に関する綴」No.1・2による。

しかし、「三木金物卸商業協同組合」の決議があっただけで、五組合の合同の動きは挫折してしまった。そのため、金物問屋の組合も二つに分裂したまま経過することになった。

この時期に、「三木金物卸商業協同組合」では、三木金物の販路獲得の手段として、見本市の開催が積極的に行なわれている。組合の開催した見本市には、

（A）三木市で三木金物の販売を行なう見本市。
（B）三木市以外の場所で、三木金物の販売を行なう見本市。
（C）三木市で、三木以外の金物産地の金物類の販売を行なう見本市。

の三種類が行なわれている。（A）の見本市としては、毎年上の丸の金物神社の「ふいご祭」に協賛して行なう「三木金物見本市」（昭和二七年・同三一年・同三六年に行なわれた「三木金物振興展」（昭和二九年から）と、がある。

（B）の見本市としての最初は、昭和三〇年二月の「三木金物北海道見本市」で、同三四年五月に第二回が行なわれている。この二回の見本市は相当の成果が得られたため、他地域での見本市が積極的に開催されるようになる。昭和三五年一〇月に第一回九州見本市（大分県別府市）、同三八年一〇月に第一回中国・四国見本市（広島市）、同三九年九月に第一回東海・北陸見本市（石川県金沢市

第一部　三木金物の成立と発展

などが、兵庫県や三木市の後援を得て開催された。

（C）の見本市としては、昭和三七・三八・三九年に開催された「産地金物問屋見本市」がある。この見本市は、（A）・（B）と違って、三木市以外の金物産地の業者を売方として三木市に集め、三木市の業者が買方となるものであった。たとえば、第一回の見本市では、売方として東京都・大阪市・名古屋市・関市・堺市・三条市・燕市・新潟県与板町・高知市の九地区から四〇社が、買方として三木市内の業者二〇〇社が参加している。このように、三木市の金物問屋は各種の見本市を開催し、三木金物だけでなく、他産地の製品も積極的に営業品目に取り入れ、経営の安定をはかろうとしていたのである。

次に、昭和三〇年代の三木金物の輸出情況を示すと、表7のようになる。輸出総額は、昭和三四年から急増し、昭和三〇年の約九倍となっている。また仕向地別では、欧米諸国（その他を含む）が昭和三〇年には四三・六％であったのが、昭和三九年には欧米諸国だけで七四・〇％に達している。戦前から昭和二〇年代までは、輸出の中心が朝鮮・台湾などの東南アジア地域であったのが、昭和三〇年代には欧米諸国に移ったことが知られるのである。

また、昭和三〇年代の三木金物の生産情況を示すと、表8のようになる。総生産額は、昭和三五年以後急増し、昭和三七年に三一年の約三倍、昭和三九年には四・六倍と増加している。次に、製品別の生産額を見てみると、鋸・鑿・鉋などの大工道具の占める割合が急激に低下している。鋸について見てみると、昭和三一年には総生産額の三六・五％を占めていたのが、昭和三五年には第一位を手工具に譲り、昭和三九年には一五・七％に激減している。これらの製品とは対象的に手工具の生産額が急上昇し、総生産額に占める割合も昭和三〇年の二二・五％から昭和三九年に四〇・二％に急増している。このように三木金物の生産は、昭和三〇年中ごろに大き

表7　昭和30年代の三木金物の輸出情況

年度別 地域別	昭和30年(1955) 千円	昭和31年(1956) 千円	昭和32年(1957) 千円	昭和33年(1958) 千円	昭和34年(1959) 千円	昭和35年(1960) 千円	昭和36年(1961) 千円	昭和37年(1962) 千円	昭和38年(1963) 千円	昭和39年(1964) 千円	地域別割合 昭和30年 %	地域別割合 昭和39年 %
朝鮮	9,248	3,949	7,186	12,917	17,425	17,117	27,769	24,265	4,636	545	4.8	0.0
沖縄	20,427	35,732	30,869	29,864	28,960	45,538	37,959	43,420	44,624	50,679	10.7	3.0
台湾	16,489	44,532	52,533	28,486	47,701	45,728	66,676	70,086	39,214	52,708	8.6	3.1
東南アジア	26,795	95,684	65,248	63,965	57,606	67,403	108,917	134,564	115,170	115,349	14.0	6.7
インド以西	6,095	9,271	16,511	17,377	37,576	28,642	40,765	47,937	80,331	96,547	3.2	5.6
中南米	28,705	20,546	14,284	16,301	48,157	47,237	84,130	89,339	62,616	63,763	15.0	3.7
カナダ			11,906	35,933	96,440	96,844	103,749	185,434	57,040	78,789		4.6
米国	77,012	142,169	178,992	306,855	643,483	898,863	892,280	890,512	736,704	950,079	40.3	55.2
欧州							102,041	153,749	187,580	244,641		14.2
その他	6,285	1,594	10,055	35,518	68,140	147,534	14,586	25,267	70,438	67,130	3.3	3.9
合計	191,056	353,477	387,584	547,219	1,045,488	1,394,906	1,478,872	1,664,573	1,398,353	1,720,230	100.0	100.0
指数	100.0	185.0	202.9	286.4	547.2	730.1	774.1	871.2	731.9	900.4		

出典：前掲『三木金物問屋史』104頁による。原史料は、三木商工会議所貿易部会資料による。

表8　昭和30年代の三木金物の生産情況

年度 品種	昭和31年(1956) 千円	昭和32年(1957) 千円	昭和33年(1958) 千円	昭和34年(1959) 千円	昭和35年(1960) 千円	昭和36年(1961) 千円	昭和37年(1962) 千円	昭和38年(1963) 千円	昭和39年(1964) 千円	製品別割合 昭和31年 %	製品別割合 昭和39年 %
鋸	523,800	573,800	567,998	603,485	565,128	743,601	746,570	1,047,140	1,047,140	36.5	15.7
鑿	45,900	65,900	60,524	72,360	58,760	78,612	88,590	100,450	117,440	3.2	1.8
鉋	94,080	117,080	128,192	194,335	215,704	201,610	158,670	231,950	231,950	6.6	3.5
ヤスリ	158,050	196,050	138,435	214,750	258,454	270,790	401,990	428,300	428,300	14.0	6.4
ムネ	323,100	356,700	276,548	393,800	1,172,241	1,577,357	1,073,360	2,679,650	2,679,650	22.5	40.2
手工具			77,346	79,435	170,120	198,660	219,330	367,000	367,000	11.0	5.5
その他	290,970	324,730	762,487	689,864	498,911	455,555	1,580,480	1,955,480	1,797,110	20.3	26.9
総計	1,435,900	1,643,460	1,934,184	2,245,940	2,848,633	3,497,645	4,248,320	6,668,590	6,668,590	100.0	100.0
指数	100.0	114.5	134.7	156.4	198.4	243.6	295.2	344.6	464.4		

出典：前掲『三木市統計書』105頁による。原史料は、『三木市統計書』による。

三　昭和四〇年代の三木金物

な転換期を迎え、伝統的な大工道具の生産に代わり、戦後の新殖産品である手工具の生産がその中心となっている。この変化は、前述の輸出総額が急激に伸長した時期と一致していることが知られるのである。

三木金物卸業界にとっては、「三木金物卸商業協同組合」と「三木金物協同組合」の二つの組合を一本化しようとするのが長年の宿願であった。このため、昭和四五年六月五日に開催された「三木金物卸商業協同組合」の役員会で組合の統合問題について活発な討議が行なわれ、組合の一本化していくために、三木市・三木商工会議所などに話し合いの場を設定してくれるように申入れを行なうことになった。さらに、正副理事長は、各組合の顧問・相談役との懇談会を開き、組合の統合に全面的に協力する約定を取りつけた。

この三木金物卸商業協同組合の動きを受けて、三木市は、九月四日に関係の七組合の代表者を招集し、協議会を開いた。この会合で、金物卸業者が団結し、組織強化を推進すべきであるという基本的な合意が成立した。そのために「組織改善委員会」（のち、三木金物卸商新団体設立発起人会と改称）が設置されることになった。一〇月七日に「三木金物卸商新団体設立発起人会」の第一回の会合が開催された。これによって、「三木金物卸商業協同組合」と「三木金物卸商協同組合」の二つの組合に分裂していた三木金物問屋を、未加入者も含めて、一本化しようという長年の課題が克服されることになった。

以後十数回の会合を重ね、昭和四七年四月一一日に「全三木金物卸商協同組合」の設立総会が開催された。この総会において、新組合設立にいたる経過が報告され、定款の決定、理事長・理事などの役員の選出が行なわれた。新組合の加入者は一九八社で、三木市の金物問屋の九五％が参加している。そして、八月一四日に「三木金

第六章　第二次世界大戦後における伝統産業の発展と同業組合

物卸商業協同組合」は、臨時総会を開催し、組合の解散決議を行ない、昭和二二年の創立以来約二五年間の活動に終止符を打ち、三木金物の卸業者は新組合の「全三木金物卸商協同組合」に結集することになったのである。

この新組合への統合の動きと同時に三木金物業界に新しい波が押し寄せてきている。昭和四二年一一月八日に別所町高木に「三木金属工業センター」が開所され、鋸・鉋・鑿・鏝などの業者一五社が加入し、協同組合方式により近代的な設備を導入し、生産を開始した。また、昭和四五年四月二二日に「兵庫県機械金属工業指導所」が、平田町に新築移転した。この指導所は、大正六年（一九一七）の創立以来、常に三木金物の技術センターとしての役割を担ってきたのであり、新時代に対応できる設備を備えた施設として再生されたのである。

さらに、昭和四八年一〇月二九日に兵庫県開発公社によって、三木市別所町に建設中の「三木工業団地」の入居者二六社（三木市内一〇社）が決定された。また、四九年一月には「三木金物卸団地建設促進委員会」が組織され、新時代に対応した物流機構の整備を行なおうとしている。

昭和四〇年代の見本市も、昭和三〇年代と同様に行なわれた。昭和四〇年一〇月に「関東・東北見本市」（福島市）を行なったことで、日本のすべての地区での見本市を開催したことになる。昭和四一年には第二回九州見本市が開催された。また、三木市に他産地の金物問屋を招く、「産地金物問屋見本市」も昭和四〇年九月（第四回）、昭和四三年九月（第五回）と開催されている。

このような国内市場での見本市だけでなく、輸出拡大を目指した見本市も国内外で積極的に開催された。国内では、東京で「三木輸出金物見本市」が四〇年一〇月・四二年二月・四三年二月の三回開催された。海外では、昭和四三年一〇月にアメリカのロサンゼルス市で行なわれた日本貿易振興会主催の「日本製作業工具・金物特別展示会」への出品が最初で、金物問屋・製造業者二八社が参加した。またこれを契機として、アメリカ市場視察

第一部　三木金物の成立と発展

団が結成され、二一名が渡米した。また、兵庫県が西ドイツのハンブルグに駐在員を派遣することになり、兵庫県と日本貿易振興会の主催で、ハンブルグで昭和四五年三月・昭和四六年三月・昭和四七年三月の三回「三木輸出金物見本市」が開催されている。このように、昭和四〇年代の前半には、三木金物の主要輸出先である欧米諸国で見本市を開催し、輸出拡大の努力が行なわれていたのである。

また、新組合発足後も、国内外での見本市に参加していた。その中で、昭和四八年五月に開催された第一八回三木金物振興展では、「全三木金物卸商協同組合」がこの振興展に協賛して、第一回金物びっくり市を開催した。これは、振興展のマンネリ化を打破するとともに、直接消費者に三木金物を宣伝しようとするものであった。

次に、昭和四〇年代の三木金物の輸出情況を示すと、表9・10のようになる。輸出総額は順調に増加し、一〇年間で約三倍になっている。仕向地では、アメリカが輸出総額の約半分を占め第一位となっているが、漸減傾向にある。それに対し、欧州・東南アジアへの輸出が増加し、昭和四九年には約一五％を占めるようになってきている。逆に、昭和二〇年代の輸出の中心であった朝鮮・台湾への輸出は、価格競争ではなく、品質を向上させ、競争力を強化することが必要となってきている。また、ごく少額だが四七年から中国への輸出が始まっている。

つづいて、三木金物の生産情況を示すと、表11と表12（折込）のようになる。まず表11を見ると、総生産額は、昭和四四年に急増し、昭和四五年には昭和四〇年の二・六倍に達している。品種別では、昭和三〇年代と同様に、鋸・鉋などの生産額は増加しているが、総生産額に占める割合が低下している。そして、その他の区分の生産額が急増し、総生産額に占める割合が手工具を越える年度もでてきている。そのため、表12に示したように三木市商工課による統計方法が変更され、品種別区分が七区分から二〇区分と小分けされ、事業所数・従業者数

144

第六章　第二次世界大戦後における伝統産業の発展と同業組合

表9　昭和40年から同46年までの三木金物の輸出情況

年度 輸出地	昭和40 (1965)	昭和41 (1966)	昭和42 (1967)	昭和43 (1968)	昭和44 (1969)	昭和45 (1970)	昭和46 (1971)	地域別割合	
								昭和40	昭和46
	千円	千円	千円	千円	千円	千円	千円	%	%
韓　　国	2,554	550	6,110	16,073	18,548	10,476	13,263	0.1	0.3
沖　　縄	75,667	70,304	113,494	86,979	73,392	154,207	136,828	3.3	2.9
台　　湾	79,512	44,238	60,930	64,373	61,558	54,045	68,314	3.5	1.4
東南アジア	113,020	124,527	242,893	271,281	230,963	474,052	532,706	4.9	11.1
インド以西	107,890	92,753	132,148	107,937	96,603	92,937	94,521	4.7	2.0
中 南 米	85,325	102,753	120,524	106,181	109,099	150,630	161,846	3.7	3.4
カ ナ ダ	145,847	205,858	297,848	295,889	558,948	599,126	477,921	6.4	10.0
米　　国	1,154,624	1,185,848	1,292,973	1,728,665	1,610,504	2,239,889	2,496,666	50.4	52.2
欧　　州	403,136	448,617	431,696	416,537	422,905	701,336	656,831	17.6	13.7
太 平 洋	123,616	91,544	83,131	84,324	121,705	134,275	140,730	5.4	2.9
総　　計	2,291,191	2,366,994	2,781,747	3,178,239	3,304,226	4,610,973	4,779,626	100.0	100.0
指　　数	100.0	103.3	121.4	138.7	144.2	201.2	208.6		

出典：前掲『三木金物問屋史』114頁による。原史料は、三木商工会議所貿易部会資料による。

表10　昭和47年から同49年までの三木金物の輸出情況

年度 輸出地	昭和47年			昭和48年			昭和49年		
	輸出額	地域別比率	前年度対比	輸出額	地域別比率	前年度対比	輸出額	地域別比率	前年度対比
	万円	%	%	万円	%	%	万円	%	%
韓　　国	1,167	0.2	88.0	4,392	0.7	376.3	1,099	0.2	25.0
台　　湾	6,274	1.2	91.8	7,038	1.2	112.2	9,888	1.5	140.5
中　　国	147	0.0	0.0	93	0.0	63.3	6	0.0	6.5
東南アジア	51,998	10.1	97.6	66,515	10.9	127.9	98,748	15.0	148.5
インド以西アフリカ	10,867	2.1	115.0	13,641	2.2	125.5	31,095	4.7	228.0
カ ナ ダ	59,490	11.5	124.5	65,090	10.7	109.4	78,016	11.9	119.9
アメリカ	285,535	55.3	114.4	326,638	53.6	114.4	278,822	42.5	85.4
中 南 米	17,071	3.3	105.5	13,611	2.2	79.7	19,851	3.0	145.8
欧　　州	68,249	13.2	104.5	85,833	14.1	125.8	100,490	15.3	117.1
太 洋 州	15,155	2.9	107.7	26,682	4.4	176.1	38,544	5.9	144.5
総　　数	515,953	100.0	111.1	609,553	100.0	118.1	656,559	100.0	107.7
指　　数	225.2			266.0			286.6		

出典：前掲『三木金物問屋史』128・137頁による。原史料は、三木商工会議所貿易部会資料による。
注：昭和40年を100とする。

表11 昭和40年度から同45年度までの三木金物の生産情況

品種＼年度	昭和40 (1965)	昭和41 (1966)	昭和42 (1967)	昭和43 (1968)	昭和44 (1969)	昭和45 (1970)	品種別割合 昭和40	品種別割合 昭和45
	千円	千円	千円	千円	千円	千円	%	%
鋸	1,323,680	1,519,790	1,566,410	1,859,490	2,236,800	2,482,000	23.3	16.7
鑿	84,180	115,790	168,170	224,660	262,730	330,780	1.5	2.2
鉋	319,250	367,210	433,020	610,300	370,910	380,880	5.6	2.6
ギムネ	335,870	393,910	438,360	511,830	638,380	653,380	5.9	4.4
手工具	1,617,160	1,910,580	2,805,710	2,917,260	4,323,920	5,177,070	28.5	34.8
鏝	332,930	481,420	549,360	686,460	760,300	1,010,530	5.9	6.8
その他	1,670,310	1,847,870	2,199,510	3,333,000	4,256,070	4,845,970	29.4	32.6
総額	5,683,380	6,636,570	8,160,540	10,134,000	12,849,110	14,880,610	100.0	100.0
指数	100.0	116.8	143.6	178.3	226.1	261.8		

出典：前掲『三木金物問屋史』115頁による。原史料は、「三木市統計書」による。

も表示されるようになった。さらに生産額についてもより詳細に表示され、従来副次的に生産されていた製品の生産額も、その事業所の主製品に混入されていたのを、各製品ごとの生産額（事業所数・従業員数に無関係に）が、「純生産額」として表示されるようになった。

表12の昭和四六年の情況についてみてみると、金物関係の総事業所数は八九三で、従業者数は五三二二人となっている。事業所数は、鋸（一七八）・鋸目立（一七）・鏝（九一）・鑿（七四）の順位であるが、平均従業者数は二一〜六人で、零細な事業所が多いことがわかる。次に従業者数をみると、鋸（九八七人）・その他の工具類（九五三人）・その他金属製品（八〇〇人）となっている。平均従業者数の多い品種は、その他の工具類（一六・二人）、ギムネ（一五・二人）、機械・機械部品・機械の取付具（一二・三人）となり、三木金物のうちでも新しい製品を生産している事業所が、比較的大規模であるとわかる。ついで、純生産額を見てみると、その他の工具類、鋸、その他の金属製品、機械・機械部品・機械の取付具の順になっている。三木金物の伝統製品である鋸の生産額が第二位であり、依然として三木金物にとって鋸などの大工道具が一定の割合を占めていたことが知られる。

表13　全三木金物卸商協同組合の組合員数の変遷　　（社）

昭和47年4月	198	昭和56年3月	221
昭和48年3月	200	昭和57年3月	219
昭和49年3月	205	昭和58年3月	218
昭和50年3月	206	昭和59年3月	223
昭和51年3月	212	昭和60年3月	224
昭和52年3月	213	昭和61年3月	220
昭和53年3月	216	昭和62年3月	209
昭和54年3月	217	昭和63年3月	206
昭和55年3月	220	平成元年3月	203

出典：全三木金物卸商協同組合文書による。

四　昭和五〇・六〇年代の三木金物

昭和四七年の「全三木金物卸商協同組合」の結成以後、三木の金物問屋の大半が組合に加入し、表13に示したように組合員数は順調に増加している。組合統一によって組合の活動も活発になり、見本市の開催などもより効果的に運営していこうという気運が高まった。これは、金物生産地である三木市の諸施設の見学会と見本市とを併催するものであった。昭和五四年九月には第一回三木金物グランドフェアが開催された。これは、金物生産地である三木市の諸施設の見学会と見本市とを併催するものであった。単に三木金物を売るだけでなく、伝統産業としての三木金物をアピールし、より効果的に三木金物の販路を拡大しようとしていたのである。

このような動きは、同年七月二日に制定された「産地中小企業対策臨時措置法」の影響を受けたものであろう。同法の対象地域として、兵庫県内では神戸市（ケミカルシューズ）・西脇市（織物）・豊岡市（かばん）と三木市（利器工匠具・手道具・作業工具・鋸製造業）が決定された。このため「三木金物商工協同組合連合会」のなかに、「三木金物産地振興推進委員会」が設置された。

この委員会に、総務・新商品開発・開拓需要・教育情報・生産流通対策・環境整備の六部会が置かれた。

また、一〇月に兵庫県商工部の指導の下に、三木金物産地振興ビジョンが作成された。このビジョンによれば、昭和五四年から昭和五八年までの五か年間で総事業費四億七六八五万円をかけて、新製品の開発・販路の拡張・広

(単位:万円)

昭和57年	昭和58年	昭和59年	昭和60年	昭和61年	昭和62年	昭和63年
12,093	16,550	13,075	7,473	6,995	6,901	13,916
18,439	30,581	29,091	24,281	25,672	69,321	71,769
—	8	6,432	1,828	110	—	674
132,409	143,727	134,246	114,890	59,939	64,349	78,430
114,385	114,171	77,931	47,487	27,900	12,333	27,411
48,941	91,562	85,641	104,415	84,045	66,586	55,320
357,349	450,580	530,586	530,185	437,577	341,353	339,941
17,064	14,501	21,777	29,503	18,930	5,326	4,310
243,873	234,672	226,144	229,938	191,055	189,615	196,490
111,526	94,693	105,519	101,883	53,941	57,946	61,135
1,056,080	1,191,044	1,230,443	1,191,883	906,165	813,729	849,396
460.9	519.8	537.0	520.2	395.5	355.2	370.7

昭和53年		昭和54年		昭和55年		昭和56年	
事業所数	従業者数	事業所数	従業者数	事業所数	従業者数	事業所数	従業者数
166	1,049	158	1,085	150	1,076	154	1,065
28	95	27	94	25	79	25	66
85	384	83	391	80	379	81	366
25	84	24	74	23	72	26	63
11	270	11	276	9	289	10	299
66	222	66	213	62	199	59	185
4	—	4	—	4	—	5	—
11	49	10	55	10	79	8	58
24	80	24	90	24	70	24	95
3	—	3	—	3	—	2	—
3	—	3	—	3	—	3	—
7	40	7	39	5	19	5	19
105	251	106	244	104	230	101	201
55	108	55	107	57	115	59	121
26	63	26	73	25	63	26	75
43	158	44	162	46	192	44	167
27	92	27	90	27	87	26	80
55	789	51	760	53	855	50	900
51	596	52	691	44	569	51	595
61	388	66	465	73	475	74	513
856	4,763	847	4,955	827	4,900	833	4,918

表14 昭和50年から同63年までの三木金物の輸出額

輸出地＼期間	昭和50年	昭和51年	昭和52年	昭和53年	昭和54年	昭和55年	昭和56年
韓　　　国	833	3,423	10,628	28,536	29,128	17,776	11,459
台　　　湾	6,742	9,495	16,308	35,170	23,997	50,580	20,675
中　　　国	—	—	—	—	13	—	—
東南アジア	116,765	104,605	97,901	75,843	84,085	142,236	121,439
インド以西アフリカ	42,277	56,901	66,172	50,531	51,880	110,922	191,613
カ ナ ダ	42,218	75,322	58,470	51,611	35,921	43,397	75,230
ア メ リ カ	235,758	388,606	452,226	300,007	304,169	366,928	396,948
中　南　米	43,011	28,840	21,314	28,400	20,908	38,394	42,568
欧　　　州	105,778	148,136	191,294	140,097	269,361	413,417	326,461
太　洋　州	29,019	47,209	53,622	66,649	49,667	68,564	91,302
総　　　額	622,401	862,537	967,935	776,844	869,129	1,252,214	1,279,695
指　　　数	271.6	376.5	422.5	339.1	379.3	546.5	558.5

出典：三木商工会議所貿易部会資料による。
注：指数は、昭和40年を100としたものである。

表15 昭和50年から同56年までの三木金物の事業所数・従業者数

品種別＼区分	昭和50年 事業所数	昭和50年 従業者数	昭和51年 事業所数	昭和51年 従業者数	昭和52年 事業所数	昭和52年 従業者数
鋸	174	980	162	1,006	163	1,005
鉋	30	149	29	142	28	103
鏝	94	380	82	387	81	375
鎌	27	94	27	91	26	87
ギ ム ネ	17	272	10	253	11	269
鑿	80	278	70	226	70	222
包　　丁	4	13	4	13	4	—
は さ み	15	66	11	54	12	75
ナイフ・小刀	26	67	24	84	23	56
や す り	4	6	3	4	3	—
水　平　器	4	30	4	43	4	—
手　　鉤	7	25	7	41	8	45
鋸　目　立	109	240	107	242	107	248
水研・研磨	33	71	57	112	57	117
溶　　接	13	34	23	58	24	60
木 工 柄 類	45	172	46	167	43	165
鉋　　台	27	101	27	96	27	97
工 具 類	56	738	59	768	55	783
機械部品取付具	38	433	45	474	51	547
その他の金属製品	94	802	77	668	72	509
金物関係小計	897	4,951	874	4,929	869	4,825

出典：『三木市統計書』による。

報活動などが行なわれることになった。その結果、昭和五四年九月に『金物のまち三木――金物のルーツを探る――』、翌年四月に『生活と道具』という二つの小冊子が作成され、三木市が伝統ある金物産地であることを広く知らせようとしている。また、五六年一〇月に浜松共同団地の見学会、消費動向ゼミナールを開催し、金物業者の識見を高める事業を行なっている。

さらに昭和五七年四月には「三木の金物マーク」を制定し、品質・デザインともに優れた三木金物製品にのみこのマークを付すことを認めることになり、三木金物の品質の向上をはかることになった。これらの三木金物の販売のために、各種の金物の解説や基本的な知識をまとめた『道具のふるさと三木金物辞典』を昭和五八年三月に刊行した。このように、「産地中小企業対策臨時措置法」の適用地域となった三木市では、三木金物の伝統の継承と新しい活力を求めて各種の振興事業が行われた。

また、この時期に三木市の伝統産業である三木金物をアピールするものとして、昭和五一年七月に「三木市立金物資料館」が開設され、昭和五三年一二月には小学校の音楽の教科書から「村のかじや」の曲が消えるのを惜しんで、「村のかじや記念碑」が建立された。資料館は、三木におけるギムネ生産の中心的存在であった人の遺志による寄付金を原資として、市内各所から鍛冶道具・鍛冶製品や関連資料などが収集され、日本最初の金物資料館として設立されたものである。

次に、この時期の三木金物の輸出情況についてみてみよう（表14参照）。昭和四〇年と比較してみると、昭和五六年には五・六倍に増加したが、昭和六一年以後円高の影響、東南アジア諸国の台頭などにより昭和六三年には三・七倍に低落し、やや停滞しているといえよう。輸出地としては、アメリカ・欧州への輸出が依然として大きな比重を占めていることが知られる。

第六章　第二次世界大戦後における伝統産業の発展と同業組合

表16　昭和57年から63年までの三木金物の事業所数・従業者数

区分 品目別	昭和57年 事業所数	昭和57年 従業者数	昭和58年 事業所数	昭和58年 従業者数	昭和59年 事業所数	昭和59年 従業者数	昭和60年 事業所数	昭和60年 従業者数	昭和61年 事業所数	昭和61年 従業者数	昭和62年 事業所数	昭和62年 従業者数	昭和63年 事業所数	昭和63年 従業者数
木工柄類	38	136	36	124	33	104	30	103	28	107	27	99	28	109
鉋台	23	63	24	61	20	56	19	48	17	43	17	43	16	32
その他木製品	6	23	7	27	8	22	7	36	5	31	5	29	5	30
鉋	22	64	22	52	19	51	18	43	16	36	17	40	15	37
鑿	60	198	58	186	54	169	54	170	48	150	49	148	46	148
ギムネ・錐	10	291	12	295	10	266	8	286	8	255	6	247	6	251
金槌・ハンマー	10	125	10	133	11	175	9	156	8	141	9	139	7	103
鏝	75	329	73	329	70	336	70	316	71	294	67	294	64	297
包丁	5	29	4	20	4	24	5	20	4	18	4	21	4	23
ナイフ・小刀	15	36	15	36	13	33	11	30	10	26	10	24	10	24
鋏	8	46	8	52	7	58	7	63	8	64	8	74	9	80
手鉤	6	27	5	25	5	24	5	22	5	20	5	20	5	21
利器工匠具・手道具 水研・研磨加工	42	79	40	71	39	70	40	64	37	57	36	54	35	57
利器工匠具・手道具 溶接加工	6	24	4	6	5	9	4	5	4	7	4	7	3	5
その他利器工匠具・手道具	12	135	12	98	17	80	17	98	17	102	18	104	18	116
作業工具	27	270	26	298	24	291	20	250	16	217	21	225	22	204
鋸	127	851	124	856	113	842	106	826	99	786	88	740	82	759
鋸目立	95	188	94	187	85	178	83	187	80	182	76	180	71	177
その他鋸加工	33	116	34	112	29	99	24	56	23	52	25	61	23	55
鎌	24	61	23	63	22	58	20	56	20	55	21	55	19	54
その他園芸用具・農機具	12	139	11	145	12	141	10	139	9	115	7	108	7	106
その他の金属製品	70	541	75	569	75	550	72	562	75	600	74	594	73	596
農業用機械	12	158	10	150	13	167	13	204	14	208	12	149	13	163
機械工具	7	371	8	308	8	232	6	208	9	211	9	241	8	251
その他一般機械器具	33	197	32	196	25	239	36	330	36	327	38	360	38	390
鉄鋼業	9	57	7	46	5	42	5	51	5	62	4	59	4	65
非鉄金属・電気機械器具・輸送用機械器具・精密機械器具	22	129	16	65	16	119	8	37	5	33	6	37	5	46
合計	809	4,683	790	4,510	742	4,435	707	4,366	677	4,199	663	4,152	636	4,199

出典:『三木市統計書』による。

表17 昭和50年から56年までの三木金物の生産額

品種別区分	昭和50年 実数(万円)	前年度対比(%)	金物全体に対する業種別割合(%)	昭和51年 実数(万円)	前年度対比(%)	金物全体に対する業種別割合(%)	昭和52年 実数(万円)	前年度対比(%)	金物全体に対する業種別割合(%)
鋸	524,075	94	18.96	666,431	127	21.42	752,106	113	22.24
鉋	62,668	78	2.27	70,828	113	2.28	60,950	86	1.80
鏝	131,173	90	4.75	147,256	112	4.73	169,600	115	5.01
鎌	22,261	118	0.30	22,936	103	0.74	21,481	94	0.63
ギムネ	144,804	137	5.24	176,258	122	5.67	192,099	109	5.68
鑿	73,749	115	2.67	70,893	96	2.28	81,916	116	2.42
包丁	8,628	113	0.30	10,275	119	0.33	—	—	—
はさみ	21,475	136	0.78	22,403	104	0.72	37,029	165	1.09
ナイフ・小刀	13,491	60	0.49	25,608	190	0.82	27,747	108	0.82
やすり	488	42	0.02	416	85	0.01	—	—	—
水平器	19,340	142	0.70	24,601	127	0.79	—	—	—
手目鉤	22,632	137	0.82	12,582	56	0.40	14,375	114	0.42
鋸研・研磨	33,346	96	1.21	37,492	112	1.21	44,859	120	1.33
水工溶接	13,566	94	0.49	20,607	152	0.66	23,589	114	0.70
木柄類	8,585	25	0.31	14,074	164	0.45	14,776	105	0.44
鉋台類	77,145	96	2.79	74,293	96	2.39	76,422	103	2.26
工具類	37,803	101	1.37	41,560	110	1.34	39,138	94	1.16
機械部品	667,487	84	24.15	767,351	115	24.66	951,022	124	28.12
取付具	328,735	122	11.90	394,520	120	12.68	451,050	114	13.34
その他の金属製品	552,175	75	19.98	510,842	93	16.42	385,647	75	11.40
金物関係合計	2,763,626	91	100.00	3,111,226	113	100.00	3,382,323	109	100.00

出典:「三木市統計書」による。

	昭和53年			昭和54年			昭和55年			昭和56年		
	実数（万円）	前年度対比（％）	金物全体に対する業種別割合（％）	実数（万円）	前年度対比（％）	金物全体に対する業種別割合（％）	実数（万円）	前年度対比（％）	金物全体に対する業種別割合（％）	実数（万円）	前年度対比（％）	金物全体に対する業種別割合（％）
	795,711	106	23.47	878,214	110	22.41	949,477	108.1	21.66	925,689	97.5	22.39
	49,529	81	1.46	52,258	106	1.34	45,692	87.4	1.04	32,088	70.2	0.78
	182,305	107	5.38	195,192	107	4.98	202,883	103.9	4.63	197,751	97.5	4.78
	21,607	101	0.64	22,260	103	0.57	24,919	111.9	0.57	23,642	94.9	0.57
	217,314	113	6.41	228,597	105	5.83	236,326	103.4	5.39	204,884	86.7	4.96
	81,406	99	2.40	85,105	105	2.17	89,493	105.2	2.04	84,715	94.7	2.05
	—	—	—	—	—	—	—	—	—	—	—	—
	24,067	87	0.71	31,418	131	0.80	19,353	61.6	0.44	43,326	223.9	1.05
	25,656	69	0.76	25,959	101	0.66	63,265	243.9	1.44	40,536	64.1	0.98
	—	—	—	—	—	—	—	—	—	—	—	—
	13,210	92	0.39	13,996	106	0.36	13,625	97.3	0.31	9,963	73.1	0.24
	47,407	106	1.40	51,364	108	1.31	42,876	83.5	0.98	34,652	80.8	0.84
	22,087	94	0.65	17,609	80	0.45	24,131	137.0	0.55	25,320	104.9	0.61
	15,272	103	0.45	21,138	138	0.54	18,685	88.4	0.43	19,582	104.8	0.47
	75,821	99	2.24	74,874	99	1.91	109,924	146.8	2.51	84,420	76.8	2.04
	37,408	96	1.10	44,335	119	1.13	42,224	95.2	0.96	39,946	94.6	0.97
	908,446	96	26.80	971,433	107	24.79	1,247,430	128.4	28.46	1,217,339	97.6	29.44
	522,239	116	15.40	651,088	125	16.61	648,947	111.8	14.80	555,994	85.7	13.45
	317,380	82	9.36	522,692	165	13.34	570,283	144.1	13.01	565,846	99.2	13.69
	3,390,041	100	100.00	3,919,065	116	100.00	4,383,850	118.8	100.00	4,134,328	94.3	100.00

次に三木金物の事業所・従業者数を見ると、表15・16のようになる。事業所数は、ほぼ八〇〇社台であったのが次第に減少し、昭和五九年以後急減し、昭和六三年に六三六社と昭和五〇年の七〇・九％に減少している。従業者数も五〇〇〇人弱であったのが、八四・八％の四一九九人に減少している。

また、三木金物の生産額を示すのが、表17と表18（折込）のようになる。製品別では、鋸・工具類が各々約二〇～三〇％を占め、新旧の三木金物の生産が重要な部分を占めている。また、機械・取付具部品が三木金物の重要な製品となっていることが知られる。次に、表18（昭和五七年～六三年）を見ると、生産額の総計はほぼ横ばい状態となっている。鋸の全生産額に占める割合は二〇％前後あり、伝統的な製品として堅調さを示している。工具類については、より細かく製品の分類が行なわれたため目立たなくなっているが、各種の工具類を合計すると昭和六三年では約二二％となり、相変わらず三木金物の主力製品であることがわかる。また、新しい項目として立てられたもののうち、農業用機械（四・八五％）とそのほか園芸用具・農機具（二・〇四％）が注目される。

おわりに

戦後日本経済は、驚異的な復興をなしとげ、世界の経済大国に成長している。これは、新しい技術や産業の開発に負うところが多いが、従来からの産業の成長も無視できないであろう。そして、地場産業を支えている中小企業の役割も決して小さくないであろう。本章では、兵庫県に数多くある伝統産業の一つ、三木金物をとりあげ、その発展過程を三木金物の流通を担った金物問屋の協同組合の変遷とあわせて考察した。

戦後の三木金物の発展は、国内市場だけでなく、海外市場の開拓を積極的に行なったことによるところが大き

第六章　第二次世界大戦後における伝統産業の発展と同業組合

かった。日本の貿易がアメリカ・欧州などとの貿易が中心であったように、三木金物の輸出の大半はこれらの地域によって占められていた。このように輸出を拡大するためには、輸出のできる商品の開発が必要であり、三木金物といっても伝統的な鋸などの大工道具だけでなく、輸出用に開発された手工具などの新しい製品の生産も行なわれていたことが知られるのである。このように伝統産業として存続していくためには、受け継がれてきた技術を基礎として新しい技術・製品の開発が必要であり、その努力によって伝統産業「三木金物」が支えられていたのであった。

（1）第五章の付記1および本書巻末の成稿一覧を参照。
（2）「総会に関する綴」（全三木金物卸商協同組合文書）による。以下特に注記しないかぎり、同組合文書による。
（3）上柳克郎「協同組合法」（『法律学全集』五四、有斐閣、昭和三五年）一頁。
（4）規約については、拙著『三木金物問屋史』（三木商工会議所・全三木金物卸商協同組合、昭和五九年）二三七頁を参照されたい。
（5）昭和二三年一二月三日に「兵庫県機械金属工業試験場」、同二五年四月一二日に「中央工業試験所機械金属試験場」、同二九年一一月一日に「兵庫県三木機械金属工業試験場」、同三二年一月一日に「兵庫県機械金属工業指導所」と改称された（『工業試験場研究機関五十年史』兵庫県、昭和四三年、八七頁）。平成一四年から、三木市平田に兵庫県工業技術センター、機械金属工業技術センターとなる。
（6）同右。
（7）小西勝次郎『三木金物誌』（同刊行会、昭和二八年）一七四～一七八頁。
（8）昭和二五年にパキスタンの独立三周年記念の国際産業博覧会、二六年のアメリカロサンゼルスの視察やアルゼンチン・インドネシアでの日本商品見本市への出品などが行なわれていた（『同右書』）。
（9）三木金物卸商業協同組合・協同組合三商会・兵庫県金物協同組合・協同組合三木金物旭会・三木親和金物協同組合・三木金興協同組合・協同組合三木金物伸盛会の七組合であった。

(10)「三木金物卸商業協同組合」の組合員数は一一三社、「三木金物協同組合」の組合員数は約六〇社であったので、約二〇社の金物問屋が新規に組合に加入したことになる。

〔付記〕 本稿作成にあたり、全三木金物卸商協同組合の方々にお世話になった。記して謝意を表する。

第二部 地場産業勃興と社会文化の発達

第一章　上州館林藩越智松平氏と飛び地領支配
　　──播磨国美嚢郡領の事例──

はじめに

　江戸時代における播磨国の領有情況は、元和三年（一六一七）の姫路藩主池田光政の因幡国鳥取への転封によって、池田一族による播磨一国支配体制がくずれ、中小諸藩九藩（うち、譜代藩が四藩）によって分轄支配されることになった。

　正保三年（一六四六）九月の「播磨国知行高辻郷帳」によれば、東播七郡（美嚢・明石・加古・印南・加東・加西・多可）には、譜代大名の大久保加賀守忠職（明石）・松平下総守忠広（姫路）の二家と、外様大名の浅野内匠頭長直（赤穂）・一柳宇右衛門直次（小野）・松平相模守光仲（因州鳥取）の三家の合計五家が配されていた。これら五家の東播七郡における知行高は、それぞれ七万石、六万七〇〇〇石弱、一万七〇〇〇石余、一万石、五〇〇石余の合計一六万四〇〇〇石余で、七郡の石高の六一・一％になる。そして、元和期には私領ばかりであったのが、この時期になると全体の三八・七％を占める一〇万四〇〇〇石余の幕府直轄領があり、小野長左衛門貞政など八人の代官によって支配されていた。

　この幕府直轄領は、明治二年（一八六九）の『旧高旧領取調帳』によれば、全体の一八・九％（御三卿領も含む）に減少している。これに対し、播磨国以外に本拠を置く大名六家の飛び地領が、一四・九％を占めるようになっ

159

第二部　地場産業勃興と社会文化の発達

ている。つまり、幕府直轄領の減少分の大半が、播磨国以外に本拠を置く大名の飛び地領となっている。これらの大名のうち、尼崎藩の桜井氏を除き、他の五家はすべて関東に本拠を置く譜代大名である。これらの諸大名が播磨国に所領を有する契機となったのは、幕府の重職に就任し、役料として加増されたためである。その初例として知られているのは、正徳二年（一七一二）に大坂城代に就任した内藤紀伊守弐信が、加東・加西郡などに飛び地領を与えられたことである。明治二年の『旧高旧領取調帳』によれば、このような飛び地領は、七郡のうちでは加東郡で二万四〇〇〇石余（郡全体の四九・八％）、美嚢郡で一万余（同二三・六％）、多可郡で六〇〇〇石余（同一九・五％）あり、加古・印南両郡においては皆無である。

本章では、このような関東に本拠を置く大名の一家であった越智松平氏（上州館林藩）をとりあげ、飛び地領支配の一端を明らかにしたい。

一　越智松平氏の創出と変遷

（1）歴代藩主

越智松平氏の藩祖清武は、六代将軍家宣の実弟である。父は三代将軍家光の第四子の甲府藩主徳川綱重、母は側室のお保良の方（長昌院）で、この間に誕生した第一子が家宣、第二子が清武である。清武は寛文三年（一六六三）一〇月二〇日に生まれた。当時、綱重と関白藤原光平の女との婚儀が調っていたため、家宣は家老新見備中守に預けられ、新見左近と名乗った。また、お保良の方は清武を懐妊したまま、綱重の書院番を務めていた越智与右衛門喜清に預けられたという。このため、誕生した清武は越智熊之助と称した。延宝八年（一六八〇）五月二八日に越智氏三〇〇石の家督を継ぎ、兄家宣に仕え、二〇〇〇石の知行を与えられた。宝永元年（一七〇四）

160

第一章　上州館林藩越智松平氏と飛び地領支配

に家宣が五代将軍綱吉の養子となり、江戸城西丸に入ったとき清武も供奉した。そして、翌二年正月に二〇〇石を加増され、寄合に列した。同三年に一万石を、翌年さらに一万石を加増され、上野国館林に城地を賜り、合計二万四〇〇〇石を領有する家門格の大名として創出された。このときに松平姓に復し、越智松平氏と称せられるようになった。その後、宝永七年に一万石、正徳二年（一七一二）に二万石加増され、合計五万四〇〇〇石を領有するようになる。享保九年（一七二四）正月に嫡子清方の死に遭い、三月に松平摂津守義行の次子武雅を養子とした。同年九月一六日に卒した。

つづいて、越智松平氏の歴代藩主についてみてみよう。

二世武雅は、尾張の始祖大納言徳川義直の孫、松平摂津守義行の次子で、元禄一六年（一七〇三）八月一四日に生まれた。享保九年に襲封し、同一三年七月二八日に卒した。

三世武元は水戸の始祖中納言徳川頼房の曾孫松平播磨守頼明の第三子で、享保元年（一七一六）一二月二八日に生まれ、同一三年九月二三日に武雅の遺封を継いだ。領知を陸奥国棚倉（福島県東白川郡）に移されたが、のち延享三年（一七四六）九月二五日に館林に戻された。武元は、元文四年九月に奏者番、延享元年五月一五日に寺社奉行（同三年五月一五日まで）、家治・吉宗・家重の三代将軍に仕え、幕府の重職を歴任した。その間、明和六年（一七六九）一二月二五日まで）を兼ね、同三年五月一五日に西丸老中、翌四年九月三日に老中に列し（安永八年七月二五日まで）、家治・吉宗・家重の三代将軍に仕え、幕府の重職を歴任した。安永八年七月二五日に卒した。

四世武寛は、武元の第四子として宝暦四年（一七五四）一〇月七日に生まれた。安永八年九月に襲封、天明四年（一七八四）三月一九日に卒した。

五世武厚（後に斉厚(なりあつ)）は武寛の嫡子として天明三年（一七八三）九月二六日に生まれた。翌四年に襲封し、享和

二年（一八〇二）一二月四日に奏者番、文化一〇年（一八一三）一二月朔日に寺社奉行を兼ね（文政五年六月二八日まで）、幕府の重職に任じた。一方、武厚は将軍家斉に接近し、文政五年（一八二二）六月二八日に家斉の第一九男の斉良を養子とし、天保六年（一八三五）一二月五日には家斉の諱の一家をもらい、斉厚と改名した。また、同七年三月一二日に願い出て、同じ石高でも海産物や鉱産物などがあり、実質的には裕福であった石見国浜田（島根県浜田市）への移封が許可された。しかし、同一〇年六月二四日に養子斉良の死に遭い、その悲嘆のためか、五か月後の一一月二五日に卒した。

六世武揚は、水戸藩主徳川治紀（七代目・武公）の第二子高松松平頼恕の第三子として文政一〇年（一八二七）六月一四日に生まれた。天保一〇年一一月五日に斉厚の娘と婚約し、養子となる。同年一二月二七日に襲封、同一三年七月二八日に卒した。

七世武成は、尾張の支封高須義建の第三子として、文政八年（一八二五）七月三日に生まれた。天保一三年七月二八日に武揚の養子となり、襲封、弘化四年（一八四七）九月二〇日に卒した。

八世武総は、水戸藩主徳川斉昭（九代目・烈公）の第一〇子として天保一三年（一八四二）正月二六日に生まれた。弘化四年九月二〇日に武総を末期養子とした。翌二九日に襲封した。安政四年二月晦日に奏者番となった。慶応二年（一八六六）七月一八日に毛利軍の浜田城攻略にさいし、秘して、一一月二八日に武総が急死したが、同三年三月に城地を美作国鶴田（岡山県津山市）に移され、家臣も周辺の村々に移住した。明治二年（一八六九）六月二四日に藩籍奉還を行ない、鶴田藩知事になる（七月一五日に解任）。明治六年三月二三日に隠居し、長子武修（後に子爵）に家督を譲った。明治一五年二月七日に卒した。

以上、越智松平氏八代の事蹟を略述した。このように越智松平氏は、六代将軍の弟清武が藩祖となり、家門・

第一章　上州館林藩越智松平氏と飛び地領支配

表1　越智松平氏の領知の変遷

	藩主名	城　地	加増高（石）	知行高（石）
宝永4・1・11	清武（1）	上野国館林	10,000	24,000
7・1・11	〃	〃	10,000	34,000
正徳2・12・12	〃	〃	20,000	54,000
享保13・9・22	武元（3）	陸奥国棚倉	―	54,000
延享3・9・25	〃	上野国館林	―	54,000
明和6・12・1	〃	〃	7,000	61,000
天保6・7	武厚（5）	石見国浜田	―	61,000
慶応3・3	武聡（8）	美作国鶴田	―	61,000

出典：「松平家系譜略」（『浜田会誌』第1号）、「越智松平略記」（蓬左文庫）などによる。
注：（　）内の数字は、藩主の代数を示す。

城持の大名として創出された。以後七回の相続のうち実子相続は三代武元から五代武厚までの二回のみで、実に五回の相続が養子であった。そのためか、八代のうち武元・武厚の二人が幕府の重職に任じたのみであった。その養子縁組は、御三家ないしはその庶流という徳川氏家門格の大名との間に結ばれている。

(2) 領知の変遷

　宝永四年（一七〇七）に越智松平氏の祖、清武は、二万四〇〇〇石の家門格の大名として創出され、城地を上野国館林（群馬県館林市）に賜った。館林の地は、北関東の要地であり、五代将軍綱吉がいったん将軍家から大名になり、将軍家に戻ったときの居城であった。綱吉時代の館林城は天和三年（一六八三）に破却されていたため、清武は宝永五年九月に幕府の許可を得、築城に着手した⑫（完成したのは、三代武元の延享三年）。以後の越智松平氏の領知の変遷を示したのが、表1である⑬。

　まず城地の変遷についてみてみよう。前述したように、宝永四年に北関東の要地館林に清武が城地を賜った。その後、享保一三年（一七二八）に三代武元が襲封したとき、幼少であったため陸奥国棚倉に移封されたが、延享三年に館林に戻された。そして約九〇年間定着していたが、天保六年（一八三五）五代武厚の時、同じ石高でも山海の名産に恵まれて

163

第二部　地場産業勃興と社会文化の発達

いた石見国浜田に、願い出て移封された。幕末の政情不安の中で、慶応三年（一八六七）八代武聡の時、長州の勢力により浜田が占拠され、美作国鶴田に移封され、廃藩にいたった。

次に知行高についてみてみよう。正徳二年（一七一二）に六代将軍家宣の遺命により二万石を加増され、五万四〇〇〇石を領有することになった。その後、三代武元の明和六年（一七六九）一二月に七〇〇〇石の加増を受け、六万一〇〇〇石を領有することになった。以後知行高は廃藩まで同じであった。

二　「甲府支族松平家記録」とその飛び地領支配

(1)　「甲府支族松平家記録」について

越智松平氏の創出過程を知る絶好の史料として、「甲府支族松平家記録」が残されている。これは、藩士の石井蠹が寛政一二年（一八〇〇）に編集したもので、「甲州支族松平家記録」一〇冊と「甲州支族松平家記録二扁」一〇冊の合計二〇冊からなっている。内容は、宝永三年（一七〇六）に松平清武が大名になった時から、享保一三年（一七二八）までの藩政の記録である。藩として機能が確立する期間の重要な記録であり、藩士の異動をはじめ、藩政に関することが編年体で編集されている。その編集の基礎となった史料は、左記の記録類である。

御判物・御朱印写　　御年譜　　御系譜　　太祖君文集　　築城記　　御条目留　　御法式附録　　制札留

郷村帳　　万留帳宝永六年ヨリ　　公儀被仰出留正徳元年ヨリ　　御家中被仰出留享保五年ヨリ　　明細分限帳

御家中政済録享保五年ヨリ　　町在政済録正徳元年ヨリ　　請願窺届留享保十一年ヨリ　　寺社・町在一件享保十一年ヨリ

鉄炮改帳　　諸一件帳　　老臣日記館林享保六年ヨリ　　用人日記館林享保六年ヨリ・江戸元文二年ヨリ

寺社取次書附日記　　目付日記館林享保六年ヨリ　　町奉行日記　　町奉行江戸連状

第一章　上州館林藩越智松平氏と飛び地領支配

| 郡奉行状留 | 正徳三年七月ヨリ十二月迄 | 郡方ノ記 | 館林播州宝永四年ヨリ | 政府自筆状 | 宗廟墓誌銘写 |

家臣墓碣銘　　古分限帳写　　両社修造之記　　政戌餘談　　寿章草　　御遺物留香取家所持

御道具帳・御腰物改帳香取家所持　　武器帳尾関家所持　　巡検使通行ノ記検断覚書　　諸家新類書・由緒書

私記類　　検断由緒書

惜しいことに、これらの原史料の所在は不明である。

次に、この記録によって宝永七年から天保七年まで越智松平氏が支配した美嚢郡の二〇か村について、その初期飛び地支配の情況について述べよう。

(2)　**美嚢郡の村々の支配**

宝永七年（一七一〇）正月一一日、越智松平氏の祖、清武は一万石の加増を受け、三万四〇〇〇石となった。加増の内訳は、次のとおりである。

　五〇〇〇石　　播磨国美嚢郡のうち　　二〇か村
　五〇〇〇石　　下野国安蘇郡のうち　　三か村
　　　同　　　　国都賀郡のうち　　　　一か村
　　　　　　　　上野国邑楽郡のうち　　一か村
　　　　　　　　武蔵国埼玉郡のうち　　二か村

この加増のうち、城地から最も遠隔地にある美嚢郡二〇か村をとりあげ、その村々に対する支配について述べよう(15)。

第二部　地場産業勃興と社会文化の発達

このときの領知目録は不明だが、同一所領に対する正徳二年（一七一二）四月一一日の領知目録写によって、村名を知ることができる。すなわち、同古屋沖右衛門・同新田の村々、翌一六日に京都町奉行中根中村・上村・大谷山村・与呂木村の内・正法寺村・西村・佐野村・保木村・志殿村・中島村・善祥寺村・長谷村の内、の二〇か村であった。幕命のあった後、館林藩では宝永七年二月に領知の受取りのため、郡奉行岸源兵衛・代官中川儀左衛門・同古屋沖右衛門の三人を播磨へ派遣することに決定した。四月一五日に京都において代官古川武兵衛氏成から、金谷村・行力村・桃坂村・西中村・東中村・同新田の村々、翌一六日に京都町奉行中根摂津守正包から、久次村・和田村・大村・池野村の村々の引渡しを受けた。ついで大坂において二一日に上方代官久下作左衛門重秀から、上村・大谷山村・与呂木村・正法寺村・西村・保木村・志殿村・中島皮多村・善祥寺村・長谷村・佐野村の村々の引渡しを受けた。この二〇か村の内、天領が一六か村、私領が四か村であった。

引渡しを受けた郡奉行岸源兵衛らは、四月二七日から五月三日までそれら二〇か村の村々を廻郷した。終って、支配に関する最初の仕事として、隣接の村々の領主、一柳主税直長（旗本）・松平左兵衛督直常（明石藩）・黒田豊前守直邦（福岡藩・三木町などを飛び地支配）などへ、新たに館林藩が知行する旨を伝えた。そして、郡奉行の岸源兵衛から家老小沢文左衛門忠居・平井刑部重隆へ報告のうえ、代官一人、手代二人を古屋沖右衛門が代官に任ぜられた（五月四日）。古屋は、金谷村の庄屋源太夫宅を区切り陣屋とし、執務にあたることになった。五月一一日に岸源兵衛は、二〇か村の庄屋を集め、一七か条からなる仕法書を読み聞かせ、違反せぬ旨の印形をとった。

帰府した郡奉行岸源兵衛は、藩主清武に拝謁し、報告を行なうとともに次の二点を古屋に連絡した。

①大坂蔵元掛屋を海部屋市左衛門、播州高砂蔵元を米屋又七に決定したこと。

第一章　上州館林藩越智松平氏と飛び地領支配

②大庄屋を池野村九郎右衛門とし、給米として年七石与えること。

また宝永七年四月一八日に幕府の鉄炮奉行仙石丹波守久尚・島田十兵衛政辰から新領地内の鉄炮について問合せがあった。それに対し、八月二七日に館林藩から次のように返答書を提出している。

高壱万石　宝永七寅年正月御加増被下置候内

高五千石　播磨国美嚢郡之内　弐拾ケ村

　　　　　下野国安蘇郡之内　三ケ村

　　　　　同　国都賀郡之内　壱ケ村

高五千石　上野国邑楽郡之内　壱ケ村

　　　　　武蔵国埼玉郡之内　弐ケ村

右、請取候、村方鉄炮之儀相改申候、

一用心鉄炮並寄鉄炮

一商売鉄炮並質物鉄炮

一浪人取上鉄炮並浪人稽古鉄炮

右、六品之鉄炮無御座候、向後領分之内、右之鉄炮於所持仕者、其節御断申達、可任御指図候、御届如斯候、以上、

宝永七庚寅年八月廿七日

　　　　　　　　　松平出羽守

嶋田十兵衛殿

仙石丹波守殿

七月二一日に藩命を受けた田中与右衛門・中川儀左衛門の二人が、大検見のため江戸を発ち、播磨の領知に向かった(九月二九日に帰府)。一〇月には古屋沖右衛門は、年貢徴収を済ませ、払米のため大坂に滞在した。翌八年五月に代官の古屋沖右衛門が宗門帳を提出した。それによれば、領内の人口は表2のようになる。

次に初期の代官の在勤を調べてみよう。

宝永七年五月四日　　古屋沖右衛門　（翌七月二四日まで）

同　八年七月二五日　中川儀左衛門　（正徳六年六月まで）

同　　　右　　　　　佐藤　十助　（翌二月二九日まで）

正徳二年五月　　　　萩原　伝蔵

同　六年六月　　　　竹内三左衛門

最初の一年のみ一人で在勤し、二年目は、七月から一二月までの年貢徴収期間だけ一人増員した。そして三年目(正徳二年)からは、二人が常時在勤するようになった。

また年貢の収納について注目されるのは、四分銀納をやめ、米納としたことである。正徳二年四月に百姓のたびたびの願い出によって変更した。百姓は、「御料になる前、私領のときは、すべて米納であった。御料になって、十分一大豆・三分一銀納になり、そのまま、越智松平藩領になってもつづけられたが、郷村には、米を買う者がおらず、百姓の負担が大きいので、米納にしてほしい」と、前年から訴え、やっと許されたのである。

民政については、同年、西村・佐野村・金谷村・西中村・東中村・志殿村・長谷村で洪水の被害があったため、七月に賑救のため二〇〇両が貸与された。翌年三月には貸与した金は支給し、さらに被害をうけた六二軒に

第一章　上州館林藩越智松平氏と飛び地領支配

米一俵ずつ、長谷村・佐野村の庄屋に各一俵ずつ与えた。
以上、約三年間の飛び地支配について述べてきた。飛び地支配は、藩主―家老―郡奉行―代官―大庄屋―庄屋―百姓という機構が整備され、周辺の領主への挨拶、幕府への鉄炮改の提出、領地内の宗門帳の作成などが行なわれた。また、独立の陣屋を構えず、庄屋の屋敷の一部を区切り役宅としていた。年貢米は、加古川の舟運により、一旦高砂へ下し、それから大坂へ廻米し、売却したのである。

なお、これらの村々の支配は、天保一三年（一八四二）まで続いた。

表2　美嚢郡20か村の人口

人口合計	3,227人
うち、水呑	138人
男	1,697人
うち、下男	114人
女	1,530人
うち、下女	67人
外	76人
男	39人
女	37人

三　三木町の支配

三代藩主武元のとき延享三年（一七四六）九月二五日に奥州棚倉から上州館林に移封を命ぜられ、翌四年二月二三日に館林城に入った。この時の領知を示すと、表3のようになる。つまり越智松平氏の領知の三五・七％が播磨国に与えられた飛び地領であった。この飛び地領のうちには、前述した美嚢郡二〇か村が含まれていた。そして今回の移封にともなう領知の変更により、美嚢郡内で最も重要な町であった三木町をはじめその周辺の村々が、越智松平氏の領地となったのである。以下、この三木町の支配の情況についてみよう。

三木町は、東播を支配していた戦国大名別所氏の城下町として発達し、加古川の支流美嚢川（三木川）沿岸の水陸交通の要地に位置している。慶長五年（一六〇〇）に姫路藩の池田輝政の家老伊木豊後守が、城代として三木城に入った。その後元和三年（一六一七）に明石藩の小笠原忠政（のち忠真）の領有するところとなり、三木城

169

表3　延享4年の領知目録

		村数	石　高（石）
城附	上野国邑楽郡	40	
	〃　新田郡	1	
	〃　山田郡	2	
	〃　勢多郡	6	
	下野国都賀郡	4	
	〃　安蘇郡	1	
	武蔵国埼玉郡	4	
	小　計	58	39,180.43851
飛び地	播磨国美嚢郡	36	10,500余
	〃　加東郡	37	11,300内
	小　計	73	21,800
合　計		131	60,980余

出典：『浜田会誌』第6号（明治27年）による。

は廃棄され、再び三木町に城が築かれることはなかった。これ以後三木町は、幕府直轄領・私領と変遷した。私領となった場合は、天保一三年（一八四二）に再び明石藩領となったとき以外、すべて幕閣の大名の飛び地領となった。その中でも最も長期間の領主であったのが、延享三年から天保一三年までの約一〇〇年間支配した越智松平氏であった。

前述のように、越智松平氏は延享三年に三木町はじめ美嚢・加東両郡内に二万石余の飛び地領を支配することになった。この播州飛び地領の支配の拠点となったのが、三木町であった。この地子免許の特権は、木下（豊臣）秀吉が別所氏を攻略し、三木町を毛利攻略の拠点としようとして、天正八年（一五八〇）正月に地子免許の高札を立て、戦難を避けるため町外に出ていた町人に還住を促したことによる。前述の代々の領主からも地子免許の特典が与えられていた。越智松平氏からも、延享五年に地子免許状が三木町に出されている。

また同時に越智松平氏は、延享五年に三木町に陣屋を普請した。その普請のために、領内から人足役を徴しこれに対し越智町人は、同年六月に「代々の領主が陣屋を普請した時も、三木町家には地子諸役が免許されているので、このたびも三木町以外の御領分の村々に命ぜられたい」と願い出ている。延享五年に越智松平氏の三木陣屋が設置されたことが知られる。

この三木陣屋には、どのような役人が詰めていたのであろうか。年代が不明であるが、次のような文書が

あった。三木町は、地子免許の特権を保持していた町であった。

第一章　上州館林藩越智松平氏と飛び地領支配

ある(23)。

播州三木郡三木町
松平右近将監陣屋

吉川縫蔵　都築十平　有元理助　都築新九郎　平賀与市　落合岸右衛門　大塚関右衛門

外二

下目附弐人　小役人壱人　足軽拾壱人

また、天保七年（一八三〇）には、(24)

奉行　都築十平　早川逸造　都築潤左衛門

代官　早川勇次　奥村新吾　岡章平

の六人が、三木陣屋詰の役人として知られる。この二つの史料から、越智松平氏の三木陣屋には、奉行・代官が六～七人、そのほかに下目付・小役人・足軽が十数人の合計二十数名の人々が詰めていたことがわかる。また前述したように、宝永七年に美嚢郡領支配のために金谷村に役宅が設置されていたが、この金谷役所は陣屋設置以後も存続し、地方に関する業務を行なっていたと思われるが、金谷役所の機能については現在のところ不明である(25)。

以上のように、越智松平氏は、播州飛び地領を支配するために三木町に陣屋を設置し、金谷村にも美嚢郡内の村々の支配のために役宅を設けていたことが知られる。

171

第二部　地場産業勃興と社会文化の発達

おわりに

　江戸時代の初期の池田氏による播磨一国支配の体制が崩れた後、播磨地域は幕府直轄領・譜代大名領・外様大名領などに細分化された。特に播磨の東部地域、すなわち加古川流域の地域の領有情況は複雑になっている。この地域の幕府直轄領が幕府重職に任ぜられた大名の役料として支給されたことにある。そのような大名の一つとして本章では、越智松平氏領をとりあげてみた。
　越智松平氏は、六代将軍家宣の実弟清武が宝永三年（一七〇六）に一万四〇〇〇石、同四年に上州館林に城地を与えられ、一万石を加増され、二万四〇〇〇石を領有する家門格の大名として創出されたことに始まる。知行高は、宝永七年に三万四〇〇〇石、正徳二年に五万四〇〇〇石、明和六年に六万一〇〇〇石に加増され、明治維新の廃藩にいたっている。また居城は、上州館林→常陸棚倉→館林→石州浜田と変遷した。その間、領知は城付だけでなく、飛び地領も含まれていた。その飛び地領の中でも、播磨国に与えられた飛び地領は、宝永七年に五〇〇〇石、延享四年に二万二〇〇〇石弱と増加し、全領知の三五・七％を占めるようになった。これにともなって飛び地領の支配も、庄屋宅の間借りをし、代官と手代三名を配置していただけであったのが、三木町に陣屋を設置して、奉行・代官など二十数名の役人が配置されるようになっている。これらの飛び地領役人によって、実際にどのような施策が播州飛び地領で実施されたのかについては、本章では述べる余裕がなかったので、後稿を期したいと思う。

（1）拙稿「江戸時代における加古川流域の領有情況」（『八代学院大学経済経営論集』創刊号、昭和五六年）。播磨国の領

172

第一章　上州館林藩越智松平氏と飛び地領支配

有情況については、特に注記しないかぎり本章はこれによる。

(2) 脇坂家文書（龍野市立図書館所蔵）による。

(3) 木村礎校訂（近藤出版社、昭和五〇年）による。

(4) 井上河内守（上総国鶴舞）・鳥井丹波守（下野国壬生）・土井大炊頭（下総国古河）・松平下総守（武蔵国忍）・阿倍美作守（陸奥国棚倉）・桜井遠江守（摂津国尼崎）の六藩である。

(5) 『兵庫県史』第四巻（兵庫県、昭和五四年）二三〇頁による。

(6) 「松平家系譜略」（『浜田会誌』第一号、明治二五年）八～一四頁による。

(7) 家宣は寛文一一年に綱重の世継として復姓し、延宝六年に襲封して甲府藩主となる。宝永元年に綱吉の養子となり、同六年に六代将軍に就任した。

(8) 徳川美術館蓬左文庫所蔵の「越智松平略記」によれば、越智喜清ではなく清重とあり、また清武については「実ハ家宣公ト異父御同母也、内実ハ甲府綱重卿御落胤」とあり、越智清重の子として育てられていたことがわかる。以下、本節ではこの史料を中心として、前述の『浜田会誌』によって越智松平家の歴代について述べる。

(9) 斉良は、家斉の第一九男として文政二年（一八一九）一〇月二四日に生まれた。同五年武厚の養子となったが襲封することなく、天保一〇年六月二三日に卒した。

(10) 嘉永元年の領知目録によれば、三一六九石余の新田高があった。

(11) 『浜田町史』（石見史談会、昭和一〇年）には、その時の家臣の分宿の情況を示す史料があり、それによって知ることができる。

(12) 『館林市史　歴史編』（館林市、昭和四四年）一四四頁。この間、三代武元は享保一三年に陸奥国棚倉に転封となり、築城は一旦中止されたが、延享三年棚倉から館林に転封され、築城工事は完了した。

(13) 前掲「松平家系譜略」および「越智松平略記」などによる。以下本節はこれらの史料による。

(14) 「甲府支族松平家記録」第一・二編（浜田市立図書館所蔵）。この「越智松平家」の史料については、〔谷口昭「家中の成立──甲府支族越智松平家の場合──」（笠谷和比古『公家と武家』II、思文閣出版、平成一一年）〕。これらの史料は大正年間に越智松平家の記録をはじめ、系図・藩士の記録など大半の史料が納められている図書館にこの記録をはじめ、系図・藩士の記録など大半の史料が納められている。京都大学法学部

173

第二部　地場産業勃興と社会文化の発達

(15) 平家の断絶にともない、売却されたものと思われる。
(16) 本節は特に注記しないかぎり前掲「甲府支族松平家記録」による。
(17) 「館林城地目録」『浜田会誌』第四号（明治二六年）一一頁、第六号（同二七年）四〜六頁）による。
(18) この間の三木町の情況については、拙稿「近世後期における在郷町の変貌──播磨国美嚢郡三木町の場合──」（『関西学院史学』第一七号、昭和五一年）を参照されたい（本書第一部第一章）。
(19) 永島福太郎編『三木町有古文書』（青甲社、昭和二七年）一頁（のち、三木郷土史の会『三木市有宝蔵文書』第一巻（三木市、平成六年）三頁）。
(20) 『同右書』一〜一〇頁（のち、『三木市有宝蔵文書』第一巻、三〜一三頁）。
(21) 『同右書』九頁（のち、『三木市有宝蔵文書』第一巻、一二・一三頁）。
(22) 宝永四年（一七〇七）に三木町の領主になった常陸下館の黒田豊前守直邦の時に建設されている（『同右書』のち、『三木市有宝蔵文書』第一巻、三六頁）。
(23) 『同右書』一九・二〇頁。
(24) 「三木陣屋諸役人歴名」（三木市有古文書三〇六番）（のち、『三木市有宝蔵文書』第二巻（平成七年）二七〇頁）。
(25) 「前挽一許録」（永島福太郎編『三木金物問屋史料』思文閣出版、昭和五三年）五八二〜五九九頁。
　文政一〇年の「願書写帳」（三木市の黒田清右衛門家文書、記録六七番）には、三木役所と金谷役所との両方に同じ内容の届が出されている。この史料により、三木陣屋とともに金谷村の役宅も存続していたことが知られる。

【付記】　本稿の作成にあたり、史料の利用の便宜をはかっていただいた浜田市立図書館・徳川美術館に記して謝意を表する。

第二章　播州三木町の切手会所
――館林藩越智松平氏の藩政改革の一端――

はじめに

　化政・天保期における諸藩の藩政改革は、年貢収入だけに依存せず、農民的商品生産の成果を積極的に吸収し、それによって藩財政の窮乏を救済しようとしている。その一つの方策として、藩による領内特産品の領外移出の独占、すなわち専売制が実施されている。たとえば、播州姫路藩では、家老河合隼之助（寸翁）が、文政四年（一八二一）に国産会所を設立し、領内の木綿を江戸市場で直接販売することに成功している。またこの国産会所の設立とともに、前年八月から発行されていた銀札に代わって木綿切手を発行するようになっている。これらの収益によって、巨額の負債を償還し、藩政改革の実をあげたことが知られる。(1)

　本章では、姫路藩領と隣接していた上州館林藩越智松平氏の飛び地領をとりあげてみる。(2) この飛び地領の支配の中心地は播州三木町であり、陣屋が設置されていた。越智松平氏が三木町などの播州飛び地領を支配することになったのは延享三年（一七四六）で、それから約一〇〇年間、天保一三年（一八四二）まで存続した（表1～3）。この間、三木町では大工道具などの鍛冶業、つまり特産品としての三木金物が成立し、周辺の社会経済の

中心地として繁栄してくる。越智松平氏は、この三木町の繁栄に着目し、その収益を吸収しようとし、二つの施策を行なっている。それは三木金物の専売制と、三木町切手会所の設立である。特に三木町切手会所の設立を中心として、それらの施策の実施情況を跡づけ、問題点を調べてみよう。

一　三木金物の専売制

上州館林の越智松平氏が領有していた播州飛び地領の中心地である三木町周辺においては、宝暦〜天明期に前挽鋸鍛冶職人・鋸鍛冶職人などの大工道具を製作する鍛冶業が勃興し、文化初年に三木町金物仲買問屋と江戸市場との直接取引が成立し、三木金物と呼称されるほどに隆盛を迎えた。この鍛冶業の生産・流通の両面の発達は、三木町周辺の経済活動を刺激し、活発化させた。この社会経済の発達に注目し、越智松平氏はその利益を少しでも吸収しようとしている。その一つの方策が、三木金物の専売制である。当初越智松平氏は、播州飛び地領の産物である木綿・鉄類・縞類を専売制にしようとしたが、木綿・縞類についてはその詳細が不明であるので、鉄類（三木金物）についてのみ述べる。

まず、天保元年（一八三〇）九月に家老宮川東馬安承の命を受け、江戸伊勢町の伊勢屋清助が、専売制実施準備のため三木町に来た。そして、三木町陣屋の御産物掛り奉行都筑要人の立会のもと、伊勢屋と江戸積金物仲買問屋の作屋清右衛門と道具屋善七が協議した。このとき、作屋らは諸方の得意先から前金・敷金を預かっていること、地域によって商品が違うので江戸だけでは売捌くことができないこと、職方が多人数でその上他領にも多くいるので、地域によって職方が了承するか否かわからないことを述べている。この協議ののちも、江戸から掛りの役人が三木町に来て、同様の折衝を行ない、領内の生産高を調査したという。

176

第二章　播州三木町の切手会所

表1　越智松平氏の領知変遷

年　月　日	藩主名	城地	知行高	領知の内容	備考
宝永3・1・9	清武①		万石 1.4	常陸国真壁郡、下総国相馬郡・豊田郡、武蔵国埼玉郡、相模国鎌倉郡・高座郡・愛甲郡	創出 （宝永3・2・5）
〃4・1・11	〃	上野国館林	2.4	同上、上野国邑楽郡	加増 （宝永4・6・15）
〃7・1・11	〃	〃	3.4	同上、下野国安蘇郡・都賀郡、播磨国美嚢郡	（正徳2・4・11）
正徳2・4・11	〃	〃	5.4	上野国邑楽郡、下野国安蘇郡・都賀郡、武蔵国埼玉郡、播磨国美嚢郡、越後国岩船郡・蒲原郡	（享保2・8・11）
享保9・10・29	武雅②	〃	〃	〃	襲封
〃13・9・22	武元③	陸奥国棚倉	〃	陸奥国白川郡・菊多郡・磐前郡・磐城郡、常陸国多賀郡、伊豆国君沢郡・田方郡、播磨国美嚢郡・加東郡	襲封
延享3・9・25	〃	上野国館林	〃	上野国邑楽郡、武蔵国埼玉郡、下野国都賀郡・安蘇郡、播磨国美嚢郡・加東郡	移封
明和6・12・1	〃	〃	6.1	同上、伊豆国君沢郡・田方郡	加増
安永8・9・11	武寛④	〃	〃	〃	襲封
天明4・5・19	武厚⑤	〃	〃	〃	襲封
〃5・8・29	〃	〃	〃	上野国邑楽郡・勢多郡・山田郡・新田郡、武蔵国埼玉郡、下野国都賀郡・安蘇郡、播磨国美嚢郡・加東郡	天保6・12・5 斉厚と改名
天保7・3・12	〃	石見国浜田	〃	石見国那賀郡・邑智郡・美濃郡、播磨国美嚢郡、美作国久米郡・北条郡	移封
〃10・12・27	武揚⑥	〃	〃	〃	襲封
〃13・7・28	武成⑦	〃	〃	石見国那賀郡・邑智郡・美濃郡、美作国久米郡・北条郡	襲封
弘化4・11・29	武聰⑧	〃	〃	〃	襲封
慶応3・3	〃	美作国鶴田			移封
明治2・6・24	〃			鶴田藩知事	同年7月15日解任

注1：『寛政重修諸家譜』『浜田会誌』『新修島根県史』「甲州支族松平家記録」などによる。
　2：藩主欄の丸付数字は藩主の代数を、備考欄の（　）内は領知目録の年月日を示す。

第二部　地場産業勃興と社会文化の発達

表3　播磨国の飛び地領

	総領知高 (石)	播磨国飛び地高 (石)	村数	比率 (％)
宝永7年	34,000	5,000	20	14.7
正徳2年	54,000	5,000	20	9.3
延享3年	61,000	21,819余	73	35.8
		内、美嚢郡 10,500余	36	17.2
		加東郡 11,300内	37	18.5
天保13年	61,000	0	0	0

出典：表1と同じ。

表2　享保2年の領知目録
（単位：石）

上野国	3,1460.733
下野国	2,246.673
武蔵国	304.525
播磨国	5,000
越後国	20,000

出典：「甲州支族松平家記録」
　　　（浜田市立図書館所蔵）による。

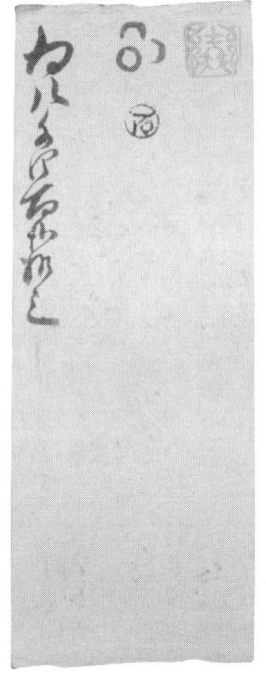

図1　明石藩の藩札（著者蔵）　　縦19.5×横7.0cm　　　　　縦15.8×横4.3cm

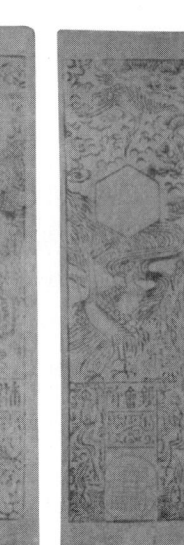

178

第二章　播州三木町の切手会所

その後、御産物掛り奉行都筑要人によって見本品の買上げが行なわれている。その内容は、作屋清右衛門と道具屋善七が山鋸・手曲り鋸・大工鋸・曲尺・口鉄・鑿・鉋・鋏・剃刀を二人等分で七〇三匁分ずつ納入し、極月節季に代金を受取ることになり、この他に三木町前挽鋸鍛冶仲間三軒が前挽鋸を二枚ずつ納入している。

これらの見本品は、伊勢屋の行なう入札によって、江戸打物問屋仲間に売却された。天保二年三月に江戸打物問屋仲間は北町奉行所に召出され、見本品を入札で仕入れることを承認させられている。

このように越智松平氏の実施しようとした三木金物の専売制の方法は、三木町の江戸積金物仲買問屋作屋清右衛門と道具屋善七が集荷し、江戸の伊勢屋に送り、それを江戸打物問屋仲間に入札で売却するというものであった。つまり、越智松平氏は三木金物の江戸市場への販売権を独占しようと意図していた。

ここで注目されるのは、三木金物の入札を行なった場所が、北町奉行所であったことである。町奉行が十組問屋を支配していたといっても、藩の政策に利用されたのはなぜであろうか。これが越智松平氏の専売制の一つの性格を物語っているのかもしれない。このときの北町奉行は、榊原主計頭忠之であった。越智松平氏の当主武厚は、文化一〇年（一八一三）一二月一日から文政五年（一八二二）六月二八日まで寺社奉行の職に就いていた。榊原の就任が文政二年四月一日だったので、約三年間評定所の構成員として関係があったことがわかる。さらに越智松平氏は家門格の大名であり、これらの理由によって、北町奉行所が使用されたと考えられる（前章第一節参照）。つまり越智松平氏の専売制は、幕府重職を経験した家門格の大名であるという権威に裏づけされたものとしてみることができるようである。

見本品の買上げ・売却を済ませた越智松平氏は、天保三年に本格的に専売制を実施しようとした。三月に再び

第二部　地場産業勃興と社会文化の発達

伊勢屋が三木町を訪れ、前回と同様の協議ののち、下地敷金として道具屋善七へ三〇〇両、作屋清右衛門へ二〇〇両、前挽屋五郎右衛門へ三〇〇両、道具屋善七と作屋清右衛門へ別途に五〇〇両が割当てられた。そのため、作屋と道具屋は次のような請書を提出した。(8)

　　　乍恐御請書之事
一此度当所鍛冶職之者打立候鉄物之内、御産物ニ可被為遊ニ付、私共江戸積買入積方被為畏候、然者是迄之江戸表問屋共江之取引者相止、御産物之品随分入念相改、不正之儀無之様大切ニ取斗仕、少も無間違積廻可申候、依之乍恐御請書奉差上候、以上、

天保三壬辰三月二十八日

　　　　　　　　　　上町作屋
　　　　　　　　　　　清右衛門印
　　　　　　　　　　中町道具屋
　　　　　　　　　　　善七印
　　　　　　　　　　上町年寄
　　　　　　　　　　　弥三兵衛印
　　　　　　　　　　中町年寄
　　　　　　　　　　　治郎左衛門印
　三木御役所

このように、三木金物の専売制の準備は万端整い、いつでも実施できる状況であった。このとき、作屋清右衛門と道具屋善七は、江戸・京・大坂の炭屋に次のように連絡している。「炭屋とは格別の間柄なので、もし専売(9)制が実施されると、三木から江戸へ出荷できなくなる。だから、三木から大坂店へ出荷するので、大坂店で絵符をつけかえて江戸店へ送って欲しい」と、表面的には領主側の政策に協力しながら、今までの商取引を重視した行動をとっていることが注目される。

ところが、一〇月に御産物掛り奉行都筑要人から、金物の専売制が延引された旨が、作屋清右衛門と道具屋善七に伝えられた。(10)彼らはその旨を炭屋と江戸打物問屋仲間に通知した。

以上のように、越智松平氏による三木金物の専売制は、天保元年に見本品の買上げ、売却が行なわれ、同三年に本格的に実施しようとしたのだが、何らかの理由で中止された。その理由としては、製品が多種多様であることと、三木から江戸への出荷を止めても、大坂経由で江戸へ搬入される可能性があることなどが考えられるが、何よりも藩当局にこの方策を積極的に推進させようとする姿勢がなかったように思われる。

二 三木町切手会所の設立と運営

越智松平氏が播州飛び地領に実施した政策の第二は、三木町切手会所の設立である。まず三木町切手会所の設立と運営の概略をみてみよう。前述の三木金物の専売制より以前、文政六年（一八二三）に三木町切手会所が、中町角屋伊兵衛の借宅に設置された。(11)当初、それは越智松平氏の三木陣屋詰の役人によって運営された。つまり、領主直営の切手会所が設置されたのだが、その運営の詳細はわからない。しかし、後述するように、切手会所の運営は、のちに町人請負によって行なわれるようになるので、運営の道筋をつけるため、とりあえず領主直営として設立されたのであろう。一方、八月二四日に切手札見覚えのため領内に軒別一匁三分ずつ配られ、切手札の通用は九月七日からであること、切手札を使用するようにとの触書が出された。このようにして、越智松平氏の播州飛び地領に通用する切手札の流通が、三木町内に切手会所を設立して始められた（この期間を第一期とする）。

その後、この領主直営として始められた三木町切手会所の運営は、三木町の有力商人に委ねられることに

181

第二部　地場産業勃興と社会文化の発達

なる。翌七年二月に作屋清右衛門・福田屋八郎兵衛・山田屋弥兵衛の三人が切手会所に呼び出され、切手方を引き請けるように依頼された。そこで作屋ら三人が相談し、承諾する条件として次のような切手会所の仕法書を提出し、その運営方針の承認を受けている。

　　　　御切手会所仕法口上控

一御切手会所之御金蔵御用金銀之義、当御陣(陣)屋者勿論、江戸・御在所ニ不限、何程之御無拠御入用之筋出来仕候共、聊外御用ニハ一切御遣り被下間敷候、

一御江戸表並ニ御在所臨時金銀御入用筋出来候共、出銀之義ハ一切御断申上候、世間之見聞人気ニ相構、御切手会所差支ニも相成義与難斗候ニ付、出銀之義ハ勿論他借証文印形等ニ至迄御断申上候、

一御家老様より右之趣御墨附御下ケ之事、

一御奉行様よりも右同断御墨附御下ケ之事、

一御会所御掛リ御役人、御壱人御日勤事、但し腰弁当、

一朝五ツ時晩七ツ時町方より壱人宛参り日勤、御日勤御代官立合之上日々勘定可致候事、

一御切手御摺出し之義ハ御陣屋ニ而、但し番附・三ツ印者御会所ニ而御立合之上御入可申候、右三ツ印ハ町方へ預り置可申候、

一会所支配人両人、こし弁当、小遣い、下男一人、

一御留り番壱人宛、

と同時に、惣勘定を行なった。その結果、三四五貫三八三匁九分一厘が不足していることがわかった。この不足銀は領主側の資金として流用されていたので、領主側が補充する旨の証文を切手方の町人が受取っている。そし

第二章　播州三木町の切手会所

て、切手方を引受けた町人たちは、次のような準備を行ない、五月二二日からその運営を始めた。

（一）各自が切手会所の運営資金として二〇貫目ずつ出銀した。
（二）加東郡市場村の近藤亀蔵に、切手会所の運営資金が不足したときには出銀して欲しいと依頼し、了承された。
（三）大坂の両替商鴻池重太郎に一〇貫目に限り過振りを了承してもらい、のちには鴻池伊助にも取引を依頼している。
（四）切手札と正金銀との交換歩合を変更した。

こうして三木町の有力商人による切手会所の運営が行なわれていたのであるが、文政一〇年一〇月に三木陣屋詰の役人から作屋ら三人の切手方に対して、越智松平氏の他借証文金二〇〇〇両の返済のために新切手札を発行するようにと要請があった。しかし、作屋ら三人は、切手札の信用が落ち、通用に差支えるとして拒否した。そのため作屋ら三人は切手方を免ぜられ、有力商人による三年余りの切手会所の運営に終止符が打たれた（この期間を第二期とする）。

作屋ら三人に代わって、越智松平氏の播州飛び地領内の大庄屋・惣年寄たちが切手方に就任した。そして、前述の二〇〇〇両を調達するために印附切手が領分内に割当てられ、切手会所の仕法も一部分改正された。この大庄屋・惣年寄たちによる切手会所の運営は、約二年後の文政一二年五月に切手札を正金銀と交換することができなくなり破綻した（この期間を第三期とする）。その責任を負って大庄屋・惣年寄たちは、切手方はもちろんのこと、さらに大庄屋役・惣年寄役をも召し上げられ、押込を命ぜられ、各々の仮役が任命された。

切手会所の運営は、再び作屋・福田屋・山田屋の三人と新たに加えられた木梨村の大熊市右衛門により、再開

第二部　地場産業勃興と社会文化の発達

されることとなった(この期間を第四期とする)。さっそく四人の切手方が切手会所存続の方法を協議し、旧札を回収し、新札を発行することになった。旧札の回収資金を領内から調達したが、二四五貫目余しか集めることができなかった。そのため市場村の近藤亀蔵から八〇貫目余を切手方の四人と仮役の四人の計八人の連印で借用し、さらに切手方の四人が二〇貫目ずつ出銀し、旧札の回収資金とした。これらの借銀は、新札の発行利益によって返済することになっていたが、その詳細は不明である。

こうして、七月二日から仮役の四人によって旧札の回収が行なわれた。その方法は、七歩の交換、つまり一〇匁の切手札を七匁とし、歩引(交換手数料)したうえで正銀と交換した。そして一二月一日から新切手札を通用させることとし、その見覚えのため領村七二か村一〇か町一村に六匁五分ずつ配布された。と同時に、次のような触書が出されている。

　　　覚

此度切手会所引請之儀、井上八郎兵衛・山田屋弥兵衛・黒田清右衛門・大熊市右衛門江申付候ニ付、以来厳重ニ取斗可致候、依之右切手引請中四人之者ハ、江戸表並ニ御在所大坂より臨時金銀御入用之筋申来候共、御領分同様出銀之儀申付候而者、世間之見聞人気ニ相構候間、切手会所差支ニも可相成儀難斗候ニ付、四人之者共へ臨時御入用出銀之儀者勿論、他借証文印形等ニ至迄為致申間敷候、後々年ニ至り時之支配方より右様之儀申付候共、此書付ヲ以返答ニ相及可申候、猶此趣江戸表御用所江相達置候者也、

文政十二年
　　己丑八月

　　　　　大嶋助市

第二章　播州三木町の切手会所

切手方の四人に御用金の賦課を免除することになっている。言いかえれば、切手会所の運営のためにこの四人が多額の資金を提供し、この資力によって切手会所の運営が行なわれていたことを示している。つまり、第一期（文政六年八月〜）――三木町切手会所の運営は、切手方の変遷によって四時期に分けることができる。つまり、第一期（文政六年八月〜）――三木陣屋詰の役人、第二期（文政七年五月〜）――作屋清右衛門・福田屋八郎兵衛・山田屋弥兵衛、節三期（文政一〇年〜）――飛び地領内の大庄屋・惣年寄たち、第四期（文政一二年一二月〜）――第二期の三人と木梨村大熊市右衛門となる。このように三木町切手会所の運営は、必ずしも順調に進められたものではなかった。三木町内で比較的資力のあった町人たちによって支えられていたのである。次に切手札の通

　　　池野組村々庄屋共

　　　吉井組村々庄屋共

　　　森組村々庄屋共

　　　三木組村々庄屋共

　　　三木町々年寄共

都筑　十平

早川　逸蔵

都筑　要人

富田　甚右衛門

朝倉　庄蔵

早川　勇次

第二部　地場産業勃興と社会文化の発達

用情況をみてみよう。

三　切手札の通用情況

三木町切手会所の運営は、前述のように四時期に分けることができる。ここでは、その時々にどのような種類の切手札が発行されていたのか調べてみよう。第一期と第二期には、二五匁札・五匁札・一匁札・三分札・二分札の五種類、第三期には新たに一〇匁札が発行され六種類となっている。第四期には、二五匁札・一匁札・一〇匁札が廃止され、五匁札・一匁札・三分札・二分札の四種類が発行されている。それらの切手札の発行額の詳細は不明であるが、現在明らかなものは第一期と第三期の終りの総発行額だけである。すなわち、第一期には八七四貫四六〇匁四分、第三期には一五八二貫三三匁九分の切手札が発行されている。

次に切手札と正金銀との交換歩合についてみてみると、次のようになる。

第一期（文政六年八月〜）

　九〇日後に二歩の利息をつけて正銀で返却

第二期（文政七年五月〜）

　現銀取引　　一匁五分入

　四〇日拝借　一貫一〇匁渡　正銀納

　六〇日拝借　一貫四匁渡　　正銀納

第三期（文政一〇年一〇月〜）

　二歩入りで切手札渡。戻り切手札はその他に一貫目につき銀二匁の手数料

第二章　播州三木町の切手会所

第四期（文政一二年一二月〜）(22)

　　切手札一貫目二三匁を受取り、正銀一貫目渡

　　正金の渡し方は大坂相場より一分増

　　正金銀拝借、一貫目につき二匁五分の手数料

　　四〇日拝借は月六朱引

　　それ以上の拝借は月一歩の利息

各時期によって多少の相違点があるが、特に注目されるのは、切手会所が領民に対する貸付機関としての性格を有していたことである。たとえば、「融通銀期日延引願書写」(23)には、「拝借期間が六〇日では、町内の節季が七月と一二月の二度で平日には正金銀が流通していないので返済しにくい。だから一八〇日に延期して欲しい」とあり、この史料からも切手会所が貸付機関の性格を有していたことが知られる。

　では実際にどの程度の切手札が通用していたのであろうか。三木町の二大江戸積金物仲買問屋の一軒であり、切手方にも就任していた作屋清右衛門家には、創業以来の棚卸帳が残されている。この史料から棚卸のときの現銀の内訳を示したのが表4である。この表から幕府の正貨である正銀高と銀札高を比べてみると、文政八年には正銀と銀札はほぼ同額であったのが、そ

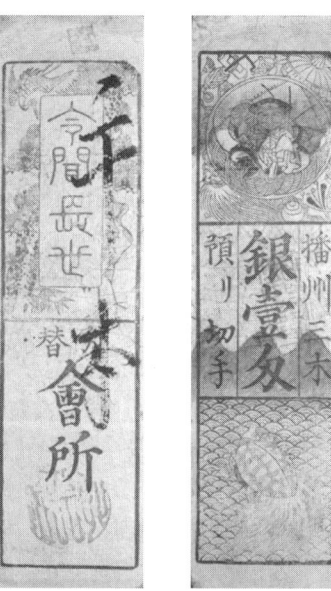

図2　三木町の切手札（著者蔵）
（縦16.0×横4.3cm）

第二部　地場産業勃興と社会文化の発達

表4　黒田家の現銀高内訳

年　月	正　金　高		正銀高	正銭高	札　高		現銀高計
	金　高	銀換算高			銀札	銭札	
	両　分　朱	貫匁分	貫匁分	貫匁	貫匁分	貫文	貫匁分
文政元・12	235・2	14・837・5	2・917	2・515	1・137		21・405
2・12		15・867	3・477	210	1・251		20・805
3・12		19・174	2・227	1・160	2・439		25
5・12		45・990	730	2・500	3・720	37	53・310
6・12		35・561・5	480	2・540	3・450	16	42・696・5
8・5		39・535	2・700	3・570	2・500	12・5	58・430
9・5		22	214	3・370	18・280	57	44・800
13・6	730		800	1・950	4		53・835
天保3・12	48・1・1		181・8	85	1・812・7		5・170・5
8・2	290		170	100	2・900		20・860

出典：「代々棚卸帳」（作屋清右衛門家文書1196〜1203番『黒田（作屋）清右衛門家文化財報告書』三木市教育委員会、平成8年）による。

の後は銀札高が多くなっている。また文政九年には現銀高のうち四割を銀札が占めている。この銀札がすべて三木町切手会所のものとは限らないが、この時期は切手会所の第二期にあたることを考えれば、作屋ら町人による切手会所の運営が順調に行なわれていたこと、銀札の通用が広く普及していたことを示しているのであろう。また、この表から三木町切手会所の設立前から作屋において相当量の銀礼が使用されていたことがわかる。これは三木町内にも切手札が通用する素地が形成されていたことを示しているのだろう。このため越智松平氏も播州飛び地領において、切手札を発行・通用させようとしたと考えられよう。

次に三木町内以外の地域の通用情況をみてみよう。第四期にあたる文政一三年七月に、切手方の四人は加東郡市場村の三之助に、次のような申し入れを行なっている。

覚

一当所御切手札之儀、我等四人引請支配仕罷在候処、其御地近辺弘リ兼、其許江引替被成遣候様、段々御頼申候ニ附、御承知被下忝奉存候、然ル上者御引替被成候切手札相溜リ申候節者、何時ニ而も正銀ニ引替相渡可申候、若後々年ニ至万一不通

第二章　播州三木町の切手会所

用ニ相成候共、当所之御会所ニ不構、其許ニ溜リ有之候切手札者、我等四人より正銀ニ引替相渡し可申候、

（後略）

切手方の四人は、自分たちが保障するので切手札の引替を行なってくれるように依頼している。この市場村は加古川筋の重要な船着場のひとつであり、西日本でも有数の豪農といわれていた近藤家の所在地でもあった。この交換所の設置によって、加東郡内における切手札の通用を増大させようとしていたことがうかがえる。

このように、切手方は越智松平氏の飛び地領内での切手札の通用に努力していたが、さらに領外での通用にも意を尽している。すなわち前節において述べたように、第二期のときに、大坂の両替商鴻池重太郎や鴻池伊助との取引が成立している。これは三木町が大坂経済圏に属しており、同地との交流が盛んであったため、大坂においても三木町の切手札が通用するようにととった処置である。この結果どの程度の三木町の切手札が大坂で通用したのかは不明であるが、ある程度は通用していたと考えられる。

次に近接している他領における情況をみてみよう。文政八年八月には「吉川・有馬辺、当処切手悪節申立、追々引替ニ参り申候、併し格別之事なく相納申候」とあり、また同年一〇月にも「明石表より俄評判悪しく申越し、追々引替ニ参り申候、翌日者弐見辺・高砂辺より参り申候、乍併し是も格別之事無御座候而相納り申候」とある。この記事に見られるように、姫路の京口—志方—三木—有馬—生瀬—小浜—池田（姫路街道・湯山街道など）と続く西国街道の裏街道筋の吉川・有馬や、瀬戸内海に面した港町の高砂・二見、城下町明石など、飛び地領周辺の交通・商品流通の要所に、三木町の切手札が通用していたことがわかる。

以上のように、三木町の切手札は、越智松平氏の播州飛び地領を中心として、その周辺の交通・商品流通の要所にも通用し、さらに全国経済の中心地大坂においても通用していたと考えられる。

四　上州館林藩の財政窮乏と生田万

化政・天保期における上州館林藩越智松平氏の播州飛び地領の支配の情況について、金物の専売制と三木町切手会所の運営を通してみてきた。たまたま、この時期に藩士の生田万が藩政改革の意見書を提出している。生田万はのちに天保八年（一八三七）六月の柏崎騒動（生田万の乱）の首謀者として知られている人物である。生田万は、享和元年（一八〇一）に館林藩士生田信勝の長子として生まれた。八、九歳ごろから藩学に入り、次第に頭角を表わし、藩学の教えにあきたらなくなり、文政七年（一八二四）に平田篤胤の気吹舎に入り、古道学を学んだ。翌八年四月に出府し、篤胤に面会している。このときすでに、平田門下の中でも重要な地位を占めるほどになっていたといわれている。本居宣長の『玉くしげ』を精読・研究し、同一一年四月九日に館林藩の藩政改革の意見書を藩の用人那波乗功に提出している。これが「岩にむす苔」である。

その内容については、すでに諸先学によって詳述されているので、ここでは概略を示すだけにとどめておく。生田万が提案したのは、大多数の藩士を土着させ、それによって藩財政の再建をはかり、藩士たちの窮状をも救うというものであった。藩士の土着を実施するための方策や、それの実施による利益を詳細に述べている。この意見書は、生田万の学問・思想を示しているとともに、いかにこの当時の藩財政が危機に瀕していたかを示している。以下「岩にむす苔」によって、その情況をみてみよう。

近年追々、莫大の御物入有之、御借財も相嵩み候由にて、竊に風聞にて承り候へば、御借財凡弐拾五万両ほど御坐候とか、云々、（中略）もし万々一、此上大造なる御国役にても仰蒙らせられ候歟、または、江戸三屋敷の内、御類焼等の儀も御坐候はゞ、何を以て御用途を賄ひ、何を以て御家中を御撫育遊さるべきや、其

第二章　播州三木町の切手会所

上是迄御用を相つとめ候金主共も、様々難渋を申出、中には御用筋の儀、堅く御断を申上候も御坐候由、不正確な数字ではあるが、藩の借財が二五万両余もあること、御用商人たちもたびたびの御用金の賦課に難色を示しているので、もし国役金・江戸屋敷の復興費など臨時の出費が必要になった場合には、その手当もできかねることを述べている。また、

まづ町在の者共も、追々御用金御借入等仰付られ候へば、此上幾度仰付られ候とも、もはや大金は出来仕まじく候。また御家中の面々も、年来上米をも仰付られ、其上申年の大火に、類焼仕候面々は、殊に難渋至極に御坐候へば、云々、

とあり、藩士に対しても上米（四割の上米）が実施されており、申年（文政七年一月二日）に館林で大火があり、藩士の中にはその火災によって被害を受けた者も少なからずおり、より一層藩士の経済生活を圧迫していることを述べている。

そして、具体例として生田家の家計を示している。それによると、生田家の禄高は一三〇石であるが、四割の上米を命ぜられているので、七八石となる。実際に受取るのは、二七石三斗で、家族七人の食い扶持（一か月に一石五升）として一年で二〇石六斗）を差引くと、一四石七斗しか残らず、これを一石＝一両として換算すると、一四両二分余の収入にしかならない。それでも万が四人扶持の給与を受けているので、何とか生活が成り立っているが、筆墨・紙代にも事欠く情況であると訴えている。

以上のように「岩にむす苔」には、藩財政の窮状、藩士の生活の困窮が詳述されている。これらの情況は、生田万がこれを藩当局に提出した文政一一年ごろのことと考えてもよいだろう。このような藩財政の窮乏の中で、

191

館林藩がどのような藩政改革を行なったのか、具体的には知ることはできない。ただ、万が「岩にむす苔」を藩当局に提出したのは、越智松平氏が藩財政の再建のために、藩士にその改革の意見を徴した故であった。すなわち、この時期を越智松平氏の藩政改革期とみることができるだろう。したがって、前述の三木金物の専売制と三木町切手会所の設立は、藩政改革の一環として実施されたと考えることができるだろう。つまり、三木町を中心とした播州飛び地領における社会経済の発達の成果を吸収しようとしたのだろう。

　　おわりに

　諸藩で藩政改革が行なわれた化政・天保期に、越智松平氏では領知の三割を占めていた播州飛び地領において、三木金物の専売制と三木町切手会所の設立という二つの方策が実施されている。前者は結局、見本品の買上げ・売却を行なっただけで本格的には実施されなかった。しかし後者は、運営主体である切手方に変遷はあったが、文政六年の切手会所の設立から領地替のあった天保一三年まで存続していた。これによって、三木町の有力商人、飛び地領内の豪農の資金が藩当局に吸収された。特に全国でも有数の豪農であった市場村の近藤家の資金を調達することができた。近藤家の史料によれば、文政年間に越智松平氏の館入り、すなわち資金調達をするようになったとあり、これは三木町切手会所の設立を契機としたものであったと考えられる。そして天保一三年の領地替のとき、近藤家は越智松平氏に対して六〇〇〇余両の資金を貸付けていた。そのため翌年それらの貸金を帳消しにして、二〇〇石の禄米を得るようになったという。

　このように、三木金物の専売制は失敗したが、三木町切手会所の設立は一応の成果を得たのである。これらの飛び地領における方策は、越智松平氏が三木町を中心とした社会経済の発達の成果を吸収しようとして実施され

第二章　播州三木町の切手会所

たものであり、化政・天保期における藩政改革の一端としてみることができるであろう。文政五年に将軍家斉の第一九男徳之助（のち斉良と改名）を五代藩主武厚の養子とし、また天保六年に武厚は家斉の諱の一字をもらい、斉厚と改名している。この故か、天保七年に同じ石高でも内実はより豊かであるといわれていた石見国浜田への転封を願い出て許されている。

こうした施策を行なう一方、越智松平氏は将軍家への接近策をとっている。

以上、化政・天保期における越智松平氏の藩政改革の一端を、播州飛び地領に行なった施策を中心にみてきたが、越智松平氏の藩政改革の姿勢は、与えられた領知の中で改革を積極的に推進していくというよりは、将軍家に接し、領地替を願い出るという消極的なものであったと考えられよう。この転封によって、皮肉にも越智松平氏は慶応二年の第二次長州征伐のときに、長州藩軍に蹂躙されるのである。

（1）穂積勝次郎『姫路藩綿業経済史の研究』（自家版、昭和四五年）による。

（2）第二部第二章第一節を参照。

（3）拙稿「近世後期における在郷町の変貌——播磨国美嚢郡三木町の場合——」（『関西学院史学』第一七号、昭和五一年）。本書第一部第一章参照。

（4）「同右論文」による。

（5）小西勝次郎『播州特産金物発達史』（工業界社、昭和三年）・『三木市史』（三木市、昭和四五年）などに既述されているが、若干問題点が残されていると思われるのでここでとりあげてみた。

（6）黒田家文書「打物仲間控」以下本節は特に注記しないかぎりこの史料によった（のち、永島福太郎編『三木金物問屋史料』思文閣出版、昭和五五年（以下『金物史料』と略称）一〇〇～一三〇頁）。

（7）前挽屋五郎右衛門・山田屋伊右衛門・大坂屋権右衛門の三軒である。

第二部　地場産業勃興と社会文化の発達

(8) 黒田家文書（のち、『金物史料』一〇頁）。

(9) 文化初年に三木と江戸市場との直接取引の端緒となった家で、その後の取引においても、作屋・道具屋と密接な関係を有していた。

(10) 「打物仲間扣」（黒田家文書。のち、前掲『金物史料』一一九〜一二〇頁）には、「天保三年にも実施されたのち、三木金物の専売制が中止された」と記されているが、ここで述べたように天保三年には準備されたが、専売制は実施されていない。

(11) その後切手会所は、文政九年八月に紅粉屋惣五郎の屋敷を買取り移転している。また越智松平氏は石見国浜田へ転封後、天保七年に一五か年間の許可を得て、浜田領内に通用する藩札を発行していたことが知られる（荒木豊三郎『増訂日本古紙幣類鑑』思文閣出版、昭和四七年）。なお、本章の第二・三節は特に注記しないかぎり「切手会所控」（黒田家文書。のち、『金物史料』一九六〜二〇五頁）によった。

(12) このことに直接関係があるのか不明であるが、文政六年一〇月に家老宮川東馬安承は、播州飛び地領の巡見のために三木町を訪れている（『三木町免許大意録』黒田家文書。のち、前掲『金物史料』一九七頁）によると、この役は、長持を陣屋で保管することになり廃止された。

(13) 「切手会所控」（黒田家文書。のち、前掲『金物史料』一九七頁）によると、この役は、長持を陣屋で保管することになり廃止された。

(14) この不足銀の主な内訳は、会所入用・紙代などの費用として二五貫八五〇匁、江戸表流用分として三一四貫一五〇目であった（『同右書』一九九頁）。

(15) 御国御用人四人の裏印のある三木陣屋詰の掛り役人四人の証文一通と、掛り役人四人の別紙証文一通とが、文政七年八月に下附され、福田屋が預かり、同一〇年に切手方を一時辞したときに返納したという（『同右書』四四五・四四六頁）。

(16) この近藤家については、小西勝次郎『土のかをり』（土のかをり社、昭和二六年）、作道洋太郎『豪農の大名貸と企業家活動』（『近世封建社会の貨幣構造』塙書房、昭和四六年）などに詳しい。

(17) この鴻池伊助については、中部よし子『近世都市社会経済史研究』（晃洋書房、昭和四九年）の第八章に詳述されている。

(18) 次のように各々の仮役が任命された。
　池野組大庄屋仮役――西中村木梨孫兵衛、三木組大庄屋仮役――上町作屋清右衛

第二章　播州三木町の切手会所

門、下惣年寄役仮役―下町井筒屋喜右衛門、上惣年寄役仮役―平山町福田屋八郎兵衛である。この他の吉井組大庄屋岸本八郎左衛門と森組大庄屋後見天神町中野孫兵衛の二人は帰役した。

（19）注（18）の池野組・吉井組・森組・三木組の大庄屋、あるいは仮役の四人のことである。

（20）切手方の四人は、領内から旧札の回収資金を調達したときにも二〇貫目ずつ出銀しているので、各々四〇貫ずつ出銀したことになる。

（21）黒田家文書「三木役所衆触書写」（のち、『金物史料』四〇頁）。

（22）この時期の交換歩合は不明であるが、注（24）の史料に記されていたものを掲げた。

（23）永島福太郎編『三木町有古文書』（同刊行委員会、昭和二七年）史料一一二三番。のち、三木郷土史の会『三木市有宝蔵文書』第六巻（三木市、平成一二年）四一〇頁。

（24）黒田家文書「切手方差入証文扣」（のち『金物史料』四二頁）。

（25）姫路藩では、天保八年から大坂の国産会所で、木綿切手と正金銀との引替を行なっている（前掲『姫路藩綿業経済史の研究』）。

（26）『同右書』一九九頁。

（27）『同右書』一九九頁。

（28）伊東多三郎「生田萬と其藩政改革意見」（『社会経済史学』第四巻第四号、昭和八年）、渡辺刀水「生田萬と平田篤胤との交渉」（『伝記』第三巻第六号、昭和一一年）の両論文に、生田万の学問研究の過程・著作などについて詳述されている。本節はこれらによるところが大である。

（29）この間の事情については「岩にむす苔」の後記に記されている。

（30）「国学運動の思想」（『日本思想大系』第五一巻、岩波書店、昭和四六年）所収による。

（31）『同右書』一〇頁。

（32）『同右書』一一頁。

（33）『同右書』一一頁。

（34）『同右書』一五頁。

(35) この意見書の提出によって、生田万は館林藩から追放された。
(36) 前掲「国学運動の思想」の一〇頁には「御益筋の儀心付候はゞ、たとひ瑣細の事たりとも取調べ申上べく旨、度々仰出されも有之」とあり、藩当局が家臣に対して藩政改革の意見を広く求めていたこと、このような情況の中で、生田万が藩政改革の意見書を提出したことがわかる。
(37) 注(16)参照。

第三章 近世における加古川の舟運

はじめに

 近世社会における物資の輸送は、車の利用がほとんど行なわれていなかったため、多量の物資の輸送は舟運に依存している。そのため、沿岸航路が整備され、たとえば、大坂—江戸間では菱垣廻船・樽廻船が就航している。

 また、幕府は、寛文一一年（一六七一）に河村瑞賢に東北地方の幕府直轄領の年貢米の江戸への廻米を命じ、東北地方から太平洋沿岸沿いに江戸へいたる東廻り航路を開発させている。さらに、同一二年に幕府は、同様に、瑞賢に日本海から瀬戸内海に入る航路、すなわち、西廻り航路を開発させている。瑞賢は、酒田近くの袖浦（山形県）—佐渡の小木（新潟県）—但馬の柴山（兵庫県）—長門の下関（山口県）—摂津の大坂（大阪府）—志摩の畔乗（三重県）—伊豆の下田（静岡県）などの一〇か所に立務場を設け、御城米船に保護を受けさせるとともに、沿岸の他の諸港に対しても御城米船の入港税を免除するように通達し、御城米船の難船の防止に努めている。

 この瑞賢の事業により、幕府だけでなく諸藩の年貢米の流通や、さらに商品経済の発達により、民間の物資の流通も盛んになってくる。そして、この沿岸航路に位置する大河川の河口港は、内陸部の輸送のために開発され

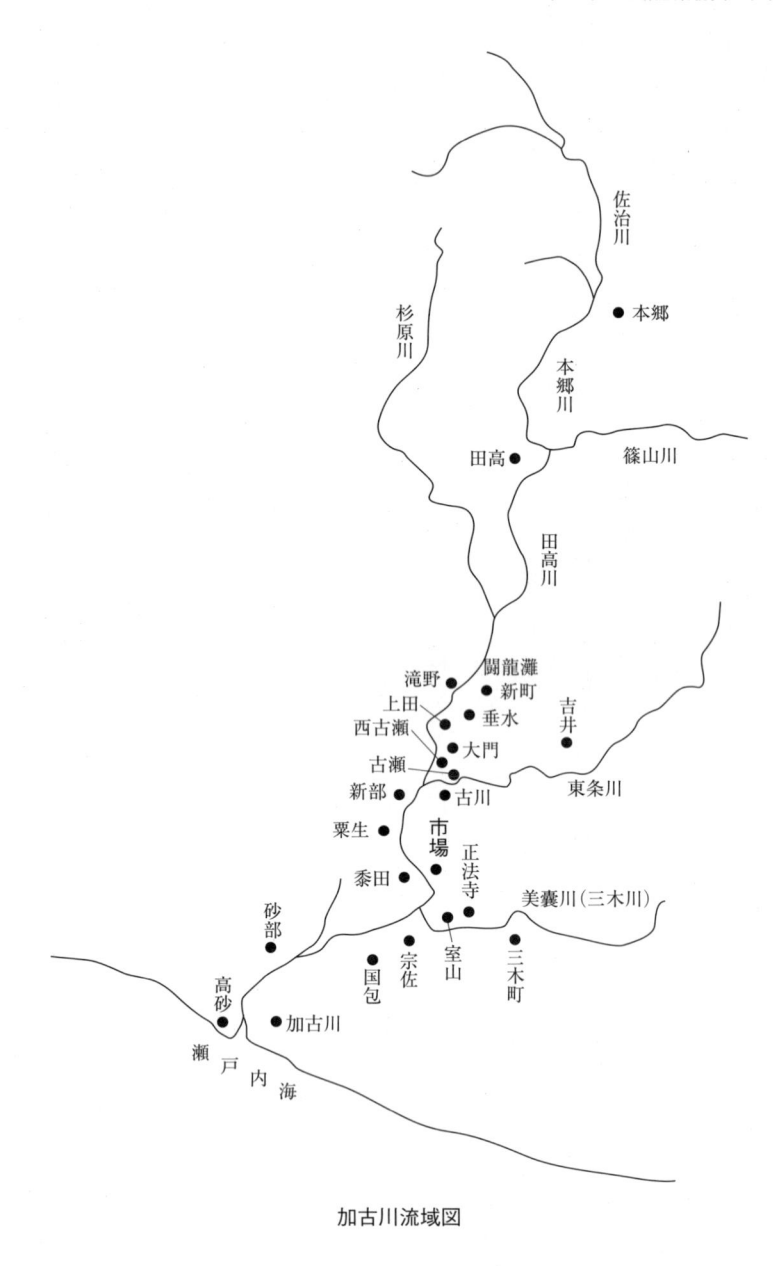

第二部　地場産業勃興と社会文化の発達

た川船による輸送の結節点となり、近世社会における大量輸送を担うことになる。本章では、東播地域を貫通している加古川をとりあげ、加古川舟運の開発、発展の情況などについてみてみよう。(2)

加古川流域図

第三章　近世における加古川の舟運

一　加古川舟運のはじまり

加古川の舟運のはじまりについては、滝野船座を支配していた加東郡上滝野村の阿江家の正保三年（一六四六）八月二六日付の文書によると、

一　太閤様御代ニ印南郡磯部村彦兵衛・加東郡垂井村三郎右衛門と申者、高砂より加東郡大門村迄川を切明、舟を入申候御事
一　大門村より滝野村迄ハ、御地頭　生駒玄番頭様為御意、私祖父与助と申者ニ被　仰付川を切明（後略）

とある。この文書には年代が記載されていないが、同家の「由緒書」によると、文禄三年（一五九四）のことであると記されている。すなわち、豊臣政権期に印南郡砂部村の彦兵衛と加東郡垂水村の三郎右衛門が高砂から大門村までの、そして姫路城主木下家定の郡代生駒玄蕃頭親正の命により、阿江与助が大門村から滝野村までの開削を行ない、河口の高砂から滝野村までの舟運が開かれ、御褒美として船座の開設が認められている。

また、慶長五年（一六〇〇）に池田三左衛門輝政が播磨一国五二万石を与えられて姫路城に入っている。輝政は、東播地域の年貢米の輸送のため、加古川舟運の開発を行なっている。阿江家の「由緒書」によれば、慶長九年に姫路藩主池田三左衛門輝政の命により、阿江与助と多可郡田高村西村伝入斎が滝野の上流田高川の開削を行ない、丹波国氷上郡本郷から河口の高砂までの約四八キロメートルに、高瀬船と筏の通行が可能になっている。

しかし、滝野村の闘龍灘は、船も筏も通行できなかったので、その上流と下流で荷物を積み替え、筏を組みかえる必要があった。これにより、闘龍灘の下流は阿江与助が滝野船座を、上流は西村伝入斎が田高川船座を支配することになっていた。これより前、池田輝政は、慶長六年（一六〇一）に加古川の下流を付けかえ、高砂港の整

第二部　地場産業勃興と社会文化の発達

備を行なっている。

二　舟役米と運上銀

　加古川舟運の発達にともない、高瀬船にも恒常的に課役が課されるようになる。慶安四年の「慶安正徳年中加古川筋高瀬舟一件」によると、本多忠政の時代に〔元和七年（一六二一）と推定されている〕舟役として、一艘につき年間六回分が課せられるようになっている。その実数は、御定運賃が一艘につき四斗で、「ろう米」（粮）（飯米）として一斗五升が支払われるので、差額の二斗五升が舟役として負担していることになる。また定例以外で藩が船を利用する場合は、規定の半額の一斗二升五合を舟役として負担することになっている。

　寛延二年（一七四九）の「滝野村舟座運上銀由来覚」には、「一御運上銀之外、高瀬船壱艘ニ付、船役米壱石三斗五升宛上納仕候、尤毎年船数増減御座候、凡弐拾弐艘計ニ御座候、右之外拾弐艘者座附船ニ而御役米無御座候」とあり、舟役米は一石三斗五升となっており、時期によって相違があったことが知られる。なお、滝野船座のうち一二艘分が無役になっているのは、前述の「由緒書」に、慶長一九年の大坂冬の陣に姫路城主池田武蔵守利隆が出陣した時に、阿江九郎兵衛に神崎川に舟橋を架けるように命じ、九郎兵衛が持ち船一二艘で船橋を架けた功績により、以後一二艘分が諸役免許となったと記されている。ただ、寛永二年（一六二五）の「滝野村川舟役につき差上一札」には、本多美濃守忠政が姫路藩主だった元和七年に運上銀の上納がはじまった時に一〇艘分、そして寛永一一年に二艘分が追加され、一二艘分の諸役免許の特権を有していたことが知られる。

　加古川舟運開発の功績により、一二艘分の諸役免許の特権を有していたことが知られる。いずれにしても阿江家は

第三章　近世における加古川の舟運

次に、船座運上銀についてみてみよう。前述の「由緒書」には、

　　　両船座御運上銀之事
一姫路御城主従　本多美濃守様、元和六庚申年両船座江御運上被為　仰付候、
　　定
一銀壱貫目　　瀧野川船座
一同壱貫目　　田高川船座
一同壱貫目　　川並五歩一銀
　　　　　　　諸筏五歩一銀
　合銀三貫目
　　但元和六申年より五分一銀
於瀧野舟座、両座立会相改、御定法を以役銀取立置、御定之割符を以配分仕候、

とあり、姫路藩主本多美濃守忠政の時、元和六年から〔前述の注（7）の史料では元和七年〕運上銀を合計三貫目上納するようになっている。つまり年貢米の輸送に関わる運上銀として瀧野・田高の両船座から銀一貫目ずつ、また年貢米以外の諸商品や筏の通行には、代価の五分の一を徴収し、銀一貫目を上納していたことが知られる。また前述の享和三年（一八〇三）の「滝野村舟座運上銀由来覚」によると、滝野船座の運上銀は、松平下総守忠明〔寛永一六（一六三九）年入部〕の時、銀六〇枚（銀一枚＝四三匁）、松平式部太輔〔榊原忠次、慶安二年（一六四九）入部〕の時に六五枚、榊原式部太輔政邦〔宝永元年（一七〇四）入部〕の時に七五枚に増額されたが、享保四年（一七一九）に七〇枚に減額され、そのまま幕末まで固定されていたようである。

201

第二部　地場産業勃興と社会文化の発達

表2　高瀬舟の分布状況

地　域	船数	備　考
米田組	7艘	丸役
西条組	4	丸役
都染組	6	丸役
〃	1	半役
滝野組	10	丸役
〃	12	無役
粟生組	5	丸役
〃	5	無役
計	50	

出典:「滝野村より高砂まで川筋高瀬舟勘定目録」（前掲『兵庫県史』史料編近世四、365頁）。

表1　諸荷物・筏、五分一銀高

商　品　名	五分一銀高(匁)	田高船座(匁)	滝野船座(匁)
薪	3分	7厘5毛	2分2厘5毛
おこし炭	3分5厘	1分	2分5厘
山・藪よりの産物	4分5厘	1分5厘	3分
竹木筏材木	1艘に付、4匁	2分	2分
陸持運行荷物	1ヶ月分、6分	3分	3分

出典:「滝野川田高川両舟座の五分一銀仕法書」（『兵庫県史』史料編近世四、平成7年、382・383頁）。

次に、加古川にどの程度高瀬船が就航していたのかをみてみると、万治二年（一六五九）の「滝野村より高砂まで川筋高瀬舟勘定目録」には、表2に示したように滝野組の二二艘を最高に、粟生組一〇艘、米田組七艘など合計五〇艘の高瀬船が就航していたことがわかる。またこのうちには都染組の一艘のように半年間しか営業しなかった船もあり、その場合は役負担も半額になっていたことが知られる。前述の「慶安正徳年中加古川筋高瀬舟一件」の正徳五年七月の口上書によれば、舟持惣代が船頭村（米田組）・宗佐村（西条組）・国包村（都染組）・西条村（西条組）・芝村（都染組）・上滝野村（滝野組）に、同年一二月の口上書によれば室山村・古川村・河高村・上田村・新町村・宗佐村・国包村・船頭村・粟生村・滝野村にいたことがわかる。

　三　三木川通船

　前述のように、加古川の河口高砂から上流の氷上郡本郷までには多くの河岸が成立し、高瀬船が盛んに就航していたことが知られる。そして、支流の美嚢川（三木川）にも通船が始められるようになっている。この美嚢川の中流には、東播の交通の要所の三木町が

第三章　近世における加古川の舟運

あり、宝暦～天明期に前挽鋸・鋸などの大工道具の生産を中心とする鍛冶業が勃興し、特産品三木金物として成立する。このため、三木町から高砂までの通船が整備された。まず本流の加古川の舟運の成立に刺激されて、元和四年（一六一八）に加佐村理右衛門と高木村孫兵衛の二人が、「三木川船朱印状写」を得たことが知られるが、実情はわからない。しかし、一八世紀後半からの情況は、安永二年（一七七三）の「石谷備後守様御裁許大坂代官様江差上候請書」により知ることができる。それによると、明和七年（一七七〇）一二月に芝町の貝屋清七が勘定奉行所に箱訴を行ない、勘定奉行小野日向守（左太夫一吉）の吟味を受け、三木町から高砂までの区間で三〇艘の通船の許可を幕府から得ている。これにより三木町から高砂まで直接舟運が行なわれるようになった。しかし実際に運行していたのは二艘だけであり、三〇艘すべてを運行させる程に三木町における商品経済が発達していなかったと考えられる。この舟運の不振のために貝屋清七は運上米を上納できなくなっている。

その翌明和八年八月には惣年寄与七郎・親与次太夫と下五か町年寄たちが、下五か町内に船を着けたいと箱訴している。そのため、安永二年九月二四日付で勘定奉行石谷備後守清明から、上五か町惣年寄代蔵・下五か町惣年寄与七郎親与次太夫・上五か町年寄惣代滑原町治六郎・平山町与市郎・下五か町年寄惣代新町弥右衛門（代人藤悴忠兵衛）・上町源兵衛・下町善蔵・明石町九郎右衛門（代人善兵衛）・下五か町人惣代明石町市左衛門（代人藤七・中町忠七・三木芝町清七悴与三右衛門の一一人が召し召され、一〇月一三日に江戸に着いている。そして、勘定所で種々吟味が行なわれ、一一月八日に次のように申し渡されている。

①三木川（ここでは、史料により美嚢川でなく三木川を使用する）通船の請負人については、請負人清七が死に、息子の与三右衛門が跡を継ぎたい旨を申し上げたが、三木一〇か町の人々が反対であり、滞納している運上米の納入も不可能であるとして、不許可になっている。

②安永二年八月に下五か町に船を着けたいと箱訴した惣年寄与七郎の親与次太夫などについては、上五か町に相談もなく願い出たことを咎められ、特に与次太夫は自分の発案であるのに、町人共の願いのように申し立てたとして、「急度御叱」の、与七郎と下五か町年寄共は「御叱」の処分を受けている。

③下五か町町人、上五か町惣年寄代蔵、清七悴与三右衛門については、事情を知らなかったとして「御構いなし」、つまり処分は受けなかった。

そして、三木川通船の請負人として、上五か町惣年寄代蔵（福田屋）と下五か町惣年寄与七郎（銭屋）の二人に三艘の通船が認められている。二人はその旨を一二月に代官稲垣藤左衛門に届け出ている。

このように、明和七年にはじまった三木川通船は、安永二年に三木町の上五か町と下五か町の惣年寄役を務めていた福田屋と銭屋による共同運営で三艘を運行させることになっている。そして、①三木町から高砂までの運賃は年貢米一石につき一升七合、その他の荷物はそれに準ずる運賃とする。②毎年一二月初旬までに一艘につき一石五斗ずつ運上米を納入する（ただし二か年目から）。③船数が増加した場合は、一艘につき五斗の運上米を納入する。④船着の場所については船持の自由にすることなどが決められている。

その後、寛政六年（一七九四）には船数が六艘に増加し、船も大型化し、二〇石積となっている。そのために同年二月に美嚢川と加古川の合流点にある国包村の伊左衛門・太兵衛・九兵衛と宗佐村の源右衛門の四人の高瀬船持が、大坂町奉行所に三木川通船の差止めを求めている。⑰国包村の高瀬船持の主張は、①三木川通船は元のように四～五石積の小舟だけにし、二〇石積の高瀬船はやめること。②三木谷川尻大川境で、私どもの高瀬船に積み替えること、すなわち三木町から直接高砂へ運行することをやめることを願い出ている。この訴訟は、大坂西町奉行の吟味役安藤条之助により審議され、三月二二日に結審し、国包村の高瀬船持の主張が否定され、従来通

第三章　近世における加古川の舟運

り三木町から高砂まで六艘の三木川通船の運行が認められている。すなわち安永二年に再度認可された時には三艘であったのが、六艘に増加しており、美嚢川と加古川との合流点にある国包村や宗佐村の高瀬船持がこの三木川通船の盛業を黙視できなかったことを示していよう。また、この訴訟に関連した史料によると、福田屋代蔵と銭屋与七郎は、船蔵を安永二年から天明六年（一七八六）まで宗佐村に置き、その後正法寺村に移し、荷物請払いを行なった。銭屋船はしばらく正法寺村の船蔵を利用したが、文化七年（一八一〇）秋から宗佐村に移している。福田屋船は天明七年から国包村に移している。その理由は、福田屋船の船頭は国包・宗佐村から、銭屋船は正法寺村・黍田村・室山村から乗っていたからという。

文化六年二月に三木町と宗佐村・国包村・室山村の船持中が住吉講を結成し、荷物の取扱いや船頭に関する規則を定め、以後一年に二度参会している。しかし、文化九年秋に国包村・宗佐村の荷物とまぎらわしいので、銭屋の船蔵を元の正法寺村に戻すことと、住吉講を休止することを、国包村・宗佐村から福田屋と銭屋に伝えてている。銭屋の船蔵については、前述したように銭屋船が文化七年秋に船蔵を宗佐村に移したことが契機となっているので、種々交渉の結果、文化一一年一二月に和解が成立し、銭屋が「荷物請払料」として毎年銀二〇匁ずつ支払うことで決着している。

文政末年になると、三木川通船も八艘に増加し、三木町の繁栄の情況をうかがうことができる。しかし、文政一一年（一八二八）一二月一二日に銭屋（十河）与一左衛門が死亡し、惣年寄役が岡村氏の兼帯、上町年寄役は渡辺氏の兼帯となり、与一左衛門の息子茂作は無役となり、役掛りの諸書類を両人に引き渡している。このとき茂作が町役人でなくなったことから、通船をめぐる新たな紛争が起きている。翌一二年二月二八日に一〇か町の役

第二部　地場産業勃興と社会文化の発達

人が本要寺に集まり、その代表として新町年寄平兵衛と東條町年寄与左衛門の二人が銭屋茂作宅に来て、三木川通船の権利は惣年寄の役料として預けていたものであるから返却するようにと申し出たのである。そのため、茂作は越智松平氏の三木陣屋の奉行都筑十平に相談したところ、三木川通船の請負は江戸表で許可を得たことであるので、当役所でなく大坂御支配か江戸表でないと裁許できないということであった。そのため加古川寺家町の瓦彦惟氏に依頼し、大坂の代官辻六郎左衛門の手代山田演平に内々に相談したところ、町方役付ということは決してないということである。結局この争論の結末は不明であるが、十河茂作と福田屋金兵衛（代蔵）の二人が三木川通船の請負を続けたようである。

このように、明和七年一二月に貝屋清七が二艘で始めた三木川通船（三木町—高砂間）は、安永二年に福田屋代蔵と銭屋与七郎の二人が請負人となり、三艘で運行することになっている。寛政六年には高瀬船数が六艘となり、文政末年ごろには八艘となり、三木町における大工道具を中心とした金物業の盛業とともに、商工業活動が活発になり、三木川通船も増加していった情況が知られる。

四　年貢米の輸送——越智松平氏播磨飛び地領を中心として——

越智松平氏は、六代将軍家宣の弟、清武が宝永三年（一七〇六）に一万石、同四年に一万石をそれぞれ加増され、上野国館林で二万四〇〇〇石を領する家門格の大名として創出されている。清武は、宝永七年（一七一〇）正月一一日に一万石の加増を受けたが、そのうち五〇〇〇石は美嚢郡内の二〇か村である。また延享四年（一七四七）二月に再び館林城に移封された時、播磨国美嚢郡三六か村一万五〇〇石余、加東郡三七か村一万二一〇石内の飛び地領が与えられている。この飛び地領は領知全体の三五・七％にあたり、越智松平氏にとってこの播

第三章　近世における加古川の舟運

表3　越智松平氏と高砂蔵元

	年貢米（石）	高砂蔵元
吉井組	3,131.600	柴屋七太夫
三木組	240.500	柴屋七太夫
池野組	3,721.786	米屋又右衛門
森　組	3,580.726	柴屋善太夫＊
計	10,674.612	

出典：宮本又郎「近世後期の加古川水運と貢租米輸送」（『大阪大学経済学』第23巻第2・3号、昭和48年）による。
注：＊は、どちらの組か不明。

表4　高砂における越智松平氏領年貢米の処分

大坂届米	10,313.000石	96.6%
運送米	211.417	2.0%
御家中払米	150.195	1.4%
合計	10,674.612	100.0%

出典：表3に同じ。

磨国の飛び地領支配がいかに重要であったかがわかる。越智松平氏の飛び地領支配のためにに三木町に陣屋を置き、奉行・代官が六～七人、下目付・小役人、足軽など十数人が詰めている。この飛び地領は天保七年（一八三六）までの約一〇〇年余り続いているので、分析の対象として最も適切であると思われる。

この越智松平氏の年貢米の輸送については、宮本又郎の研究がある。本節ではその成果によりながら文政一三年（一八三〇）の情況について述べる。高砂の蔵元の柴屋七太夫・米屋又右衛門・柴屋善太夫の三人が、越智松平氏領の吉井組・森組（加東郡）、三木組・池野組（美嚢郡）の年貢米を取扱っていたが、必ずしも組と蔵元は固定されていなかったようである。前述のように越智松平氏の播磨飛び地領は全知行高の三五・七％、二万一五〇〇石余で、文政一三年の年貢高は一万六七四石余で、知行高の約五〇％に当たっている。この年貢米は、表4のように処分されている。ほとんどが大坂届米であり、中央市場である大坂に送られ、換金されていたことがわかる。

さらに、吉井組一九か村（うち、上田村は新検と古検が別に記載されている）の貢米の輸送についてさらに詳しく知ることができる（表5参照）。越智松平氏領の各村は、上乗り一名を付け、高砂の蔵元まで運び、検査を受け皆済することになっていた。納入時期は九月七日から一一月一七日までに（初納：九月七日～一〇月一二日、後納：一

207

第二部　地場産業勃興と社会文化の発達

表5　吉井組の年貢米廻送状況

村名	廻送回数	廻送米高(石)
吉　井　村	21	322
新　定　村	20	315.5
蔵　谷　村	5	53
土　沢　村	13	191.5
買　野　村	8	104
豊　地　村	7	55
池　田　村	10	130
曾　根　村	15	234
室　山　村	11	59
黍　田　村	7	114
下　番　村	15	235.5
上田村新検	15	259.5
上田村古検	12	190.5
出　水　村	18	276
東　実　村	10	122
松　沢　村	19	222.5
厚　利　村	14	232
国　依　村	8	73.5
西小沢村	8	98
東小沢村	7	58.5
小　　計	243	3,346

出典：表3に同じ。

表6　吉井組の年貢米廻送船状況

河岸名	回数		廻送米高	
	実数	割合(%)	実数(石)	割合(%)
大　門　船	113	46.5	1,589	47.5
上　田　船	42	17.3	659.5	19.7
古　川　船	47	19.3	681.5	20.4
古瀬・西古瀬船	7	2.9	88.5	2.6
市　場　船	4	1.6	47	1.4
黍　田　船	7	2.9	114	3.4
室　山　船	9	3.7	53	1.6
所有不明の船	14	5.8	113.5	3.4

出典：表3に同じ。

〇月一八日〜一一月一七日）となっている。宮本の分析によると、吉井組全体でのべ二四三艘で、二村の年貢米を混載していた船が一五艘あるので、実際の使用船数は二二八艘以下ということになり、一艘あたりの積載量は約一四・七石となる。滝野川の高瀬船が六〇〜七〇石積であったということなので、一艘あたりの積載量は比較的少ないと思われる。しかし前節で触れたように寛政六年当時の三木川通船は二〇石船であったので、同地では二〇石船程度の高瀬船が多かったのかもしれない。

第三章　近世における加古川の舟運

表7　高砂に廻送された領主米と蔵元（元治元年）

大名・旗本	石　高	蔵　　元	備　　考
羽田十左衛門	3,200	魚　屋　紀　蔵	代官
	2,800	米　屋又右衛門	
	600	大門屋源　二	
田　安	4,000	魚　屋　紀　蔵	御三卿
一　橋	4,000	魚　屋　紀　蔵	同上
	4,000	米　屋又右衛門	
松平兵部太輔	5,200	米　屋又右衛門	播磨明石
	1,800		
鳥居丹波守	3,400	柴　屋三郎右衛門	下野壬生
			隔年・網屋利助
井上河内守	3,400	枝川屋助二郎	遠州浜松
阿部播磨守	3,300	枝川屋助二郎	陸奥白河
一柳土佐守	4,700	柴　屋七太夫	播磨小野
土井大炊頭	3,500	塩　屋甚兵衛	下野古河
丹羽長門守	3,750	塩　屋甚兵衛	播磨三草
九鬼長門守	500	塩　屋甚兵衛	摂津三田
織田出雲守	1,500	塩　屋甚兵衛	丹波柏原
松平遠江守	900	網　屋　利　助	摂津尼崎
松平下総守	1,200	魚　屋　紀　蔵	武蔵忍
水野周防守	200	塩　屋次右衛門	丹波和田
八木多三郎	1,300	枝川屋助二郎	旗本穂積
一柳播磨守	2,600	炭　屋　六　蔵	〃　高木
浅野中務太輔	1,700	炭　屋　六　蔵	〃　家原
安藤内蔵助	500	網　屋　利　助	〃　丹波新町
鈴木三之助	600	― ―	〃　宿村
久留金之助	400	― ―	〃　畑村
佐野亀五郎	200	― ―	〃　丹波佐野
合　計	65,050		

出典：三谷恒守補撰『高砂雑誌』（高砂市、個人蔵）。

また、吉井組の年貢米廻送にあたった船を示すと、大門・上田・古川・古瀬・西古瀬・市場・黍田・室山などの河岸の船が利用されている（図1・表6参照）。そのうち最も多いのは大門で、全体の約半数が大門から高砂に輸送されていたことがわかる。大門が東条川と加古川の合流点にあり、吉井組の東条川沿いの村々の年貢米がこのルートで運送されることが多かったことを示している。吉井組の年貢米輸送ルートは、この各村↓東条川経由

↓大門・古川・古瀬・西古瀬↓高砂というルートを中心として、各村↓上田↓高砂、各村の自前船↓高砂というルートも利用されている。

このように美嚢郡・加東郡内で二万石余の飛び地領を有していた越智松平氏は、年貢米を加古川の舟運を利し高砂まで運び、高砂から大坂に運送し、売却している。高砂にはこの越智松平氏をはじめ、加古川流域に所領を持つ諸藩の年貢米が、この加古川舟運を利用して廻送されている。この表には、姫路藩領だけでなく、周辺の諸大名や旗本などの年貢米六万五〇五〇石が運送されていることがわかる。この他に姫路藩領の約一〇万石があり、加古川の河口港高砂の繁栄ぶりを知ることができよう。幕末の元治元年(一八六四)の情況を示すと、表7のようになる。(24)

五　諸物資の輸送と塩座の変遷

次に、年貢米のほかにどのような物資が運送されていたのかをみてみよう。安永二年(一七七三)の「滝野村舟座取扱い荷物書上」(25)には、表8に示したように、滝野船座が直接取扱う商品としては、栗・柿・柏・くるみ・木ノ実などの産物や、ごま・菜種・綿実などの手工業原料、銅・鉄の鉱産物、真綿・紙・かごなどの手工業製品などがある。また、滝野船座へ五分の一銀を納めている商品として、竹・木・炭・薪などの林産品、戸・障子・指物・長持・たんすなどの木工品などが記載されている。このように商品経済の発達とともに年貢米以外にも多種多様な商品が加古川舟運によって運送されている。

この史料には記載されていないが、加古川の下流から上流に向けて多量に運送された商品としては、干鰯や塩がある。ここでは塩の流通について、享保一五年(一七三〇)四月の「加古川船塩運上につき聞合書」、および同
ほしか

210

第三章　近世における加古川の舟運

表8　滝野船座取扱い荷物

船座取扱い荷物	栗・柿・柏・こんにゃく玉・くるミ・木ノ実
	ごま・菜種・ゑご・綿実・荒芋・にごき
	真綿・紙・かご・銅・鉄・いも
	松茸・しやま・たばこ・茶
五分一銀取立荷物	竹・木・炭・薪・抹香・杉・檜木ノ皮類
	柴・戸・瀬氏（障子）・指物・松はい・花はい・油臼
	長持・たんす・箕・いかき（ざる）・切竹木之類

出典：「滝野船座取扱い荷物書上」（前掲『兵庫県史』史料編近世四、378頁）。

一六年五月の「陸塩商人より船塩運上銀につき言上」の二つの史料を中心にみてみよう。当時、加古川船運の高瀬船は一六〇艘余に増加している（姫路藩領以外の船数は不明）。船塩（高瀬船で運送される塩）は毎年一〇万石あり、この他に高砂の塩問屋一三軒、荒井村の塩問屋一一軒、今市村の塩問屋一軒が自分で積み登らせる塩を持ち、また他領から買出しにくる商人も三六人いた。姫路領内には陸塩商人（歩行荷塩商人）が五〇〇人余、塩馬（馬持塩商人）が五〇〇疋おり、丹波・丹後・但馬・摂津・東播の国々に販売していたが（約三六万石）、船塩が増加したために彼らの生活が困窮するようになっている。そのため陸塩商人たちは、船塩を停止させるか、船塩に運上銀を賦課するようにして欲しいと、西阿弥陀村庄屋太郎兵衛・東阿弥陀村庄屋三郎左衛門・福居村大庄屋治兵衛の三人を代表として姫路藩に願い出ている。その言上書には、松平式部太輔（榊原忠次、慶安二年入部）の時に船塩を停止し、陸塩商人・馬持塩商人に「塩売札」を下付されたこと、また松平大和守直矩の時には、船塩を停止し、陸塩に五匁、塩馬に一〇匁の運上銀が賦課され、塩荷札を下付され、米田村大庄屋役に任命されたこと（延宝六年九月に設置されたが、三年目に廃止されたという）など、船塩に対する対応の経緯を述べている。

この願いの結果、願い人の三人を塩座元改役に任命し、享保一六年正月二八日から塩一石につき銀三分三厘、陸塩売札一枚につき銀二匁ずつ徴収することになった。のち、元文三年（一七三八）以後は高砂に移り、加茂屋七左衛門・原喜曽右衛門・梶原長左衛門らが運営に当たっている。後述のように、願い人

211

第二部　地場産業勃興と社会文化の発達

表9　高砂塩座勘定書

年　代	塩　高（石）	運上銀（匁）
天保元年	95,260.562	30,483.38
天保2年	91,896.325	29,406.82
天保3年	122,959.945	32,947.18
天保4年	97,943.7725	31,342
天保5年	101,216.025	33,029.13
天保6年	93,642.64	29,965.64
天保7年	81,503.2525	26,081.04
天保8年	98,777.7075	31,608.89
天保9年	103,981.635	33,274.12
天保10年	89,846.1675	28,750.77
天保11年	91,428.215	29,257.03
天保12年	86,417.585	27,653.63
天保13年	71,738.07	22,956.18
天保14年	51,866.65	16,598.28
弘化元年	77,460.28	24,787.29
弘化2年	85,892.01	27,485.44
弘化3年	81,780.31	26,169.70
弘化4年	85,461.865	27,347.80
嘉永元年	36,377.60	11,757.23
平均	86,602.664	27,415.87

出典：拙編『播州高砂岸本家の研究』（ジュンク堂書店、平成元年）364～375頁。

の三人にはその後も配当銀が毎年支払われている。

この塩座の設置に対し、さっそく享保一六年五月に他領の加東郡一一か村の船持ちたちが大坂町奉行所に塩座の開設を不当であると訴えている。吟味は大坂西町奉行松平日向守勘敬により行なわれている。この訴願の塩座元改役の三人の弁明書が前述の「陸塩商人より船塩運上銀につき言上」である。一方、塩座開設に関わった姫路藩の山方役人の榎本弾四郎は、三人の弁明に付け加えて運上銀で川普請もできること、運上は塩商人に賦課するものであり、船持ちの迷惑にならないなどと弁明している。八月に三名の塩座元改役・原告の一一か村の船持ちたちが呼び出され、奉行の松平勘敬から、領主が徴収する運上銀に関しては、大坂町奉行所の管轄外であるとした上で、川普請の費用にも使用されるのであれば塩運上の徴収は妥当である、と訴えを棄却している。

また、前述の三木川通船の請負人福田屋代蔵・銭屋与七郎からも塩運上を賦課しないように求める請願が、安永三年（一七七四）と同六年の二回行なわれている。一度目は安永三年七月に大坂住代官稲垣藤左衛門に対し、三木川通船は幕府によって認可されたものであるので、姫路藩主が定めた塩運上を負担する必要がないこと、そ

第三章　近世における加古川の舟運

して無運上にしていただいた節には通船運上米を一艘につき五斗から八斗に増して支払うというものであった。

しかし、この訴願は認められなかった。

二度目の安永六年五月に彼らは、塩運上について今度は姫路奉行所に対し訴願を行なっている。塩運上を免除された場合には姫路藩領で生産される塩を買入れること、他船と区別するための印を付けることを願い出ている。この結果は不明であるが、請負人たちの訴えは認められなかったと思われる。

高砂に移った塩座は、その後幕末まで存続している。文政一三年（一八三〇）から嘉永元年（一八四八）までの一九年間の勘定書が残されている(31)（表9参照）。塩高の最高は天保三年（一八三二）の一二万二〇〇〇石余、最低は嘉永元年で、三万六三七七石余、年平均は八万六六〇二石余であるが、天保一四年と嘉永元年を除くと、塩座設立の時にあげられている一〇万石とほぼ同じであった。一九年間の収支は切手で三貫八拾七匁九分八厘となっている。また、支出では塩座の開設願人や、高砂塩座の引請人に毎年一定の銀子が支払われているし、川方諸入用や石垣の修繕費、土砂取除人足賃などが支出されており、設立時の趣旨にあったように川普請に運上銀の一部が使用されていることが知られる(32)。

おわりに

加古川は、東播磨を貫流し、美嚢川（三木川）・杉原川の多くの支流をもつ大河川で、近世においては高瀬船が運行しており、当該地域の物資輸送に大きな役割を果たしている。河口の高砂は、瀬戸内海東部にあり、内陸部の加古川舟運と沿岸航路を結ぶ重要な港になっている(33)。近世はじめの豊臣政権の時期から舟運の開発が始められ、慶長五年（一六〇〇）に播磨一国で五二万石を与えられ、姫路藩主となった池田輝政は、翌六年に加古川の

213

第二部　地場産業勃興と社会文化の発達

河口を高砂に付けかえ、同九年に滝野村の阿江与助と田高村の西村伝入斎に命じ、加古川の上流田高川の開削を命じ、東播地域の年貢米の輸送の便をはかっている。この功績により、阿江与助は滝野船座を、西村伝入斎は田高船座の支配を命じられている。

その後、池田氏の転封にともなって、元和三年（一六一七）に本多忠政が桑名から一五万石で入り、播磨国は譜代の大名と外様の小大名に分轄され、一七世紀後半には幕府直轄領が成立し、正徳二年（一七一二）に大坂城代内藤弌信が加東・加西郡に飛び地領を与えられて以後、幕府の要職にある大名の飛び地がこの地域にも増加してくる。

これらの諸大名は年貢米を加古川舟運で高砂に運送し、大坂へ廻送していた。そのため本章でとりあげたように、支流の美嚢川にも一八世紀後半から通船が成立し、年貢米の輸送が活発に行なわれたのである（表9参照）。本章では宮本又郎氏の研究により、上州館林藩の越智松平氏の年貢米廻送の紹介をした。

また、年貢米の輸送だけでなく、一般の商品もこの加古川の舟運を利用して運送されている。下流から上流へは、肥料の干鰯をはじめ、沿岸で生産された塩が大量に運ばれ、塩については従来の陸塩商人や馬持塩商人が大きく影響を受けるようになり、そのため塩座が享保一六年（一七三一）に加古川に設置され、のち元文三年（一七三八）に高砂に移されている。

このように、加古川を利用した物資の輸送は、前述の滝野船座・田高船座だけでなく、流域に大門・国包・宗佐など多くの河岸を成立させ、万治二年（一六五九）には五〇艘であった高瀬船が享保一五年（一七三〇）では一六〇艘と増加していることがわかる。

本章では、田高川以北の舟運の状況や、筏と用水との争いなどに触れることができなかったが、後稿を期した。

第三章　近世における加古川の舟運

いと思う。また多くの先学の研究を参照させていただき、その都度注記したが、遺漏があるかと思うので、先学諸氏のご寛恕を乞う次第である。

（1）古田良一『河村瑞賢』（吉川弘文館、昭和六三年）三〇～三八頁。

（2）加古川舟運については、『兵庫県史』第四巻（兵庫県、昭和五五年）、『加古川市史』史料編近世四（兵庫県、平成七年）、『加古川市史』第二巻（加古川市、平成六年）などに詳述されている。

（3）前掲『兵庫県史』史料編近世四、三六〇・三六一頁（写真番号三三番）。なお、本節は前掲『加古川市史』第二巻、三三二四～三三三四頁を参照した。

（4）前掲『兵庫県史』史料編近世四、三五七～三五九頁。このほかに阿江家に関する同様の「由緒書」が数種類残されている（写真番号三二四番ほか）。

（5）拙稿「江戸時代における加古川流域の領有情況」（『八代学院大学経済経営論集』創刊号、昭和五六年）一〇七～一〇八頁。

（6）注（4）に同じ。

（7）前掲『兵庫県史』史料編近世四、三六一～三六四頁。

（8）『同右書』三七七・三七八頁（写真番号一〇八番）。

（9）『同右書』三五九・三六〇頁（写真番号三〇番）。

（10）『同右書』三八二・三八三頁（写真番号一四六番）。

（11）『同右書』三七七頁（写真番号一〇八番）。

（12）前掲「滝野村より高砂まで川筋高瀬舟勘定目録」『同右書』三六五頁）。

（13）「滝野村舟座取扱い荷物書上」（『同右書』三七八頁）。拙稿「三木の金物」（『兵庫県の歴史』第一九号、昭和五八年）と、同「近世後期における在郷町の変貌——播磨国美嚢郡三木町の場合——」（『関西学院史学』第一七号、昭和五一

第二部　地場産業勃興と社会文化の発達

年）。本書第一部第一章参照。
(14) 永島福太郎編『三木町有古文書』（同刊行会、昭和二七年）一四三頁。のち、三木郷土史の会『三木市有宝蔵文書』第五巻（三木市、平成一一年）三七八頁参照。
(15) 前掲『三木市有宝蔵文書』第五巻、三七八～三八三頁。なお三木川通船については、『三木市史』（三木市、昭和四五年）一六一～一七三頁でも詳述されている。
(16) 前掲『三木市有宝蔵文書』第五巻、三九八頁。
(17) 『同右書』三九一～四〇三頁。
(18) 『同右書』四〇三～四〇五頁。
(19) 「十河茂作三木通船株願書写」ほか（『同右書』四〇五～四一六頁）による。
(20) 本要寺境内に元禄七年（一六九四）に「宝蔵」が建設され、太閤制札をはじめ三木町の重要文書が保管され、現在まで続いている。その文書を翻刻したのが前掲『三木市有宝蔵文書』全八巻（平成六年～平成一四年）である。
(21) 拙稿「上州館林藩松平氏と飛び地領支配──播磨国美嚢郡領の事例──」（『今井林太郎先生喜寿記念国史学論集』同刊行会、昭和六三年）二九二～三〇一頁。本書第二部第一章参照。
(22) 宮本又郎「近世後期の加古川水運と貢租米輸送」（『大阪大学経済学』第二三巻第二・三号、昭和四八年）。
(23) 「同右論文」二二四頁。
(24) この表は山本哲也『近世の高砂』（高砂市教育委員会、昭和四五年）で公にされ、以後諸書に紹介された。しかし基本の史料に瑕疵があり、今後は本書の使用を望む。
(25) 前掲『兵庫県史』史料編近世四、三七八頁。
(26) 前掲『加古川市史』第五巻、六一二～六一六頁および前掲『加古川市史』第二巻、五〇七～五〇九頁。
(27) 『姫路市史』第三巻（姫路市、平成三年）四一六～四一九頁。
(28) 前掲『加古川市史』第二巻、五〇九頁。
(29) 前掲『姫路市史』第三巻、四一七～四一九頁。
(30) 前掲『三木市史』一六四～一六八頁、『三木市有宝蔵文書』第五巻、三八三～三八九頁。

第三章　近世における加古川の舟運

(31) 拙編『播州高砂岸本家の研究』(ジュンク堂書店、平成元年)三六四～三七五頁。
(32) 『同右書』三六四～三七五頁。
(33) 「運賃蔵鋪覚」(前掲『近世の高砂』一〇六～一二三頁)には、大坂への穀物・銭・銀・干鰯・藍玉など多くの商品の運賃と蔵敷料(保管料)が記されている。と同時に、丸亀・西ノ宮・兵庫・御影・明石行についても運賃と船頭の取分が記されている。

〔付記〕　史料閲覧の便宜をはかっていただいた兵庫県公館歴史資料係伏谷聡様はじめ、史料所蔵者の阿江九郎氏に記して謝意を表する。

第四章 三木町金物仲買問屋の経営
―― 作屋清右衞門家（黒田家）の事例 ――

はじめに

播磨国美嚢郡三木町においては、近世後期に特産物として金物業（大工道具などの打刃物類の製作）が勃興し、現在も全国有数の生産地帯として存続している。この三木金物の発達には、流通部門を担った三木町金物問屋の活躍を見逃すことはできない。本章では、その三木町金物仲買問屋のうち、三木金物の勃興期から現在まで営業を続けている唯一の金物問屋である作屋清右衞門家（現在の黒田清右衞門商店、以下本章では作清家と略称する）をとりあげ、近世におけるその経営の発達について述べる。

なお、筆者はすでに畠山秀樹氏（現、追手門大学経済学部教授）との共同研究「金物仲買問屋の経営と帳合法――作屋清右衞門家（黒田家）の事例――」を発表している。その研究では、畠山氏が帳合法について、筆者が経営について分担したが、共同研究であるためいろいろと制約があった。そこで、本章で作清家の経営について再論したいと思う。

一　作清家の成立と歴代当主

作清家は、明和二年（一七六五）に分家し、創業している。この数年前に作清家と同様に江戸積金物仲買問屋となった道具屋善七家（以下、本章では道善家と略称する）も創業しており、この時期に、三木金物の発達に重要な役割を果たした金物仲買問屋が職方仲間とともに相次いで創業していることが知られる。この形——流通と販売が分離された形——が全国でも異質な形態として知られる。

作清家の成立について述べよう。まず本家についてみてみると、領主と同名であることをはばかって、桝屋市左衛門・作屋仁左衛門・松屋太兵衛と屋号を変更したという。この三人を、作清家の「過去帳前書」では「元祖三兄弟」と記しており、それ以前のことは明らかでない。

この「元祖三兄弟」のうちの作屋仁左衛門家から分家したのが、作清家である。

作清家の略系図を示すと、図1のようになる。初代作屋清右衛門は、享保二〇年（一七三五）に三代目桝屋市左衛門政信の四男として生まれ、のち、三代目作屋清兵衛の養子となり、商売元手銀として銀一貫目を譲与された。明和元年（一七六四）に妻の実家、つまり三代目作屋清兵衛の家屋敷も譲与され、分家した。すなわち、この明和二年に金物仲買問屋業を営む作屋清右衛門家が創業していることがわかる。また、同年三月付の「作屋清兵衛譲状」によると、今後七～八年の間に本家が仏檀一式を購入して譲与すること、一〇〇目、二〇〇目の入用を無利息で貸すので、七・一二月の節季に返済することなどとあり、分家した作清家の安定を本家が願っていたことがわかる。

図1　作屋清右衛門家略系図

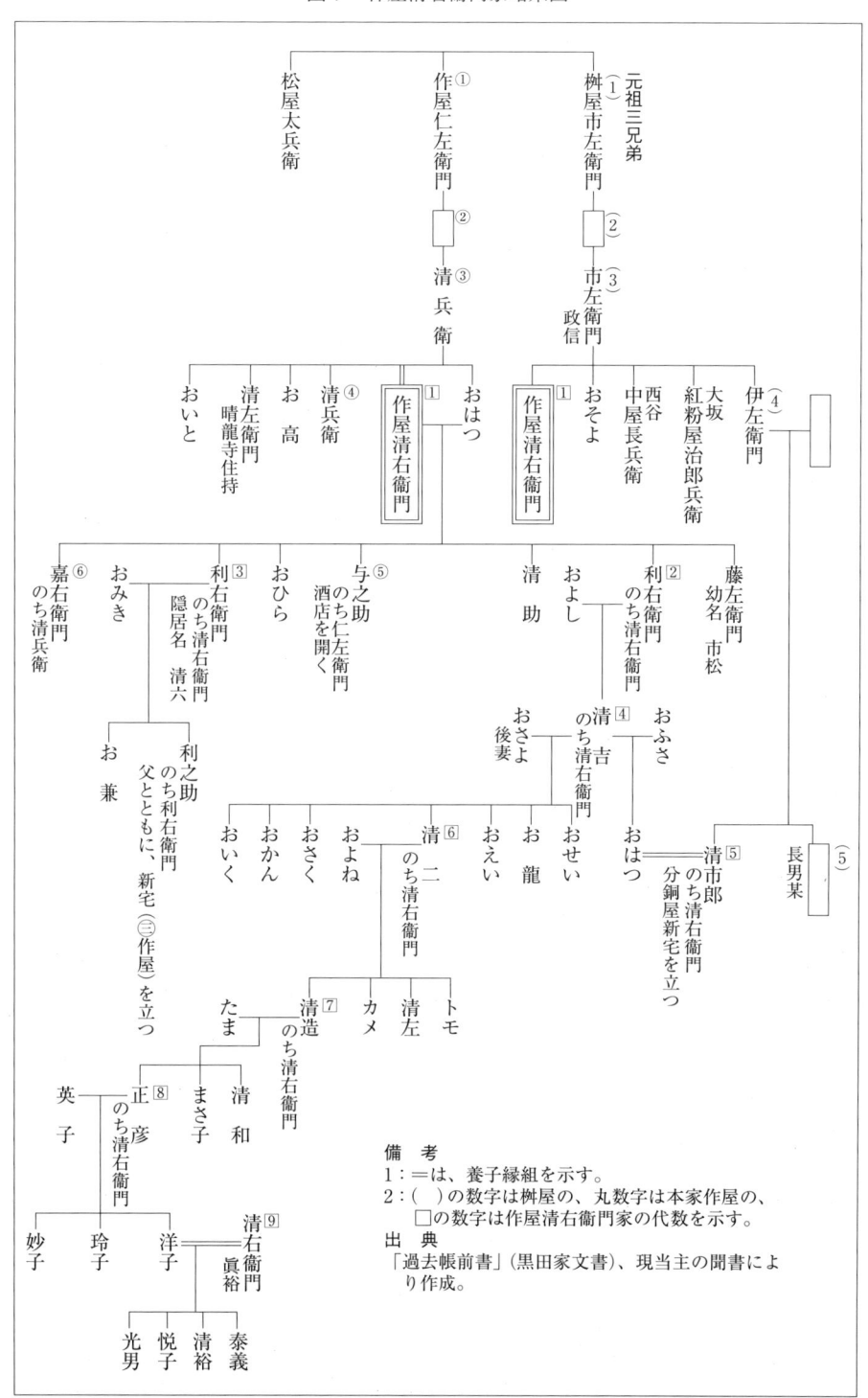

備考
1：＝は、養子縁組を示す。
2：（ ）の数字は桝屋の、丸数字は本家作屋の、□の数字は作屋清右衛門家の代数を示す。

出典
「過去帳前書」（黒田家文書）、現当主の聞書により作成。

第二部　地場産業勃興と社会文化の発達

ついで、作清家の歴代当主についてみてみる。初代清右衛門は、寛政五年（一七九三）二月二八日に死亡し、次男の利右衛門が相続した。長男市松は、すでに同三年一〇月一二日に死亡していたためであった。一方、二代目清右衛門の弟たちが、本家を相続していることが知られる。すなわち、四男与之助（相続後は、仁左衛門）が五代目となり、酒店を開業したと伝えており、その跡を六男嘉右衛門（幼名音吉、相続後は清右衛門）が相続した。これは、文化一一年（一八一四）一〇月九日に二代目清右衛門が死亡したときに、その長男清吉（寛政一〇年三月二日生）が一七歳と若かったためであろう。つまり、清吉の成長を待つための相続であった。隠居した三代目は、後妻と息子利之助（のち、利右衛門）を伴って新宅をたてた。これを作屋利右衛門家、㊂作屋と言い、作清家をヤマサン㊂作屋と呼んでいる。

三代目は、初代清右衛門の五男、つまり二代目の弟利右衛門（幼名音吉、相続後は清右衛門）が相続した。

四代目は、前述のように、天保八年正月に二代目の長男清吉（相続後は、清右衛門）が相続した。四代目は嘉永元年（一八四八）五月一三日に死亡し、跡を養子の清市郎（相続後は清右衛門）が継いだ。

五代目の清市郎は、四代目桝屋市左衛門の二男で、天保七年四月二一日に作清家の養子となり（当時の当主は三代目）、同一三年四月一日に四代目の長女おはつと結婚した。そして四代目の死後、作清家の五代目となった。

この五代目の相続も、前述の三代目と四代目と同様に、直系の男子が幼少であったため、その成長を待つための相続であった。ちなみに、四代目の長男清二は天保八年生まれだったので、当時一二歳であった。

六代目は、四代目の長男清二（相続後は清右衛門）が、文久二年（一八六二）四月一〇日に姉婿の五代目から相続した。五代目は、三代目と同様に、隠居後に分銅屋新宅をたてたという。

222

第四章　三木金物仲買問屋の経営

二　作清家の金物仲買問屋業における発達

表1　作清家歴代当主の経営時期

代	経営時期
1	明和2年(1765)　　〜寛政5年(1793)2月28日
2	寛政5年2月28日〜文化11年(1814)10月9日
3	文化11年10月9日〜天保8年(1837)正月
4	天保8年正月　　　〜嘉永元年(1848)5月13日
5	嘉永元年5月13日〜文久2年(1862)4月10日
6	文久2年4月10日〜明治21年(1888)10月25日
7	明治21年10月25日〜昭和39年(1964)9月15日
8	昭和39年9月15日〜平成9年(1997)5月8日
9	平成9年5月8日〜現在に至る

出典：「過去帳前書」(黒田家文書) により作成。

次に、作清家の経営の多角化について述べよう。便宜上、金物仲買問屋業、田畑地・家屋敷地などの土地集積、金融活動の三つに分け、作清家の経営の多角化の情況を述べる。まず、本業の金物仲買問屋としての作清家の発達をみてみよう。

前述のように、宝暦末年から明和初年にかけて、近世三木町の金物仲買問屋の創業が知られる。そして、寛政四年(一七九二)に三木町金物仲買問屋仲間が、道善家の二軒の金物仲買問屋で指導的役割を果たした作清家・

明治維新を経て、明治二一年(一八八八)一〇月二五日に六代目の次男清造(相続後は清右衛門、各種の役職につき、三木町長も務めている)が、また、昭和三九年(一九六四)九月一五日に七代目の二男正彦(先代、相続後は清右衛門)が相続している。これは、いずれも長男が早世したためであった。

以上のように、近世における作清家の家督相続は、ほとんど長男によって受け継がれているが、三代目と五代目のように、直系の男子がまだ幼少で家業を経営することが困難な場合にかぎっては傍系が継ぎ、直系の男子が成人したときにその家督を譲り、隠居していたことがわかる。そして、隠居後は、各々作屋利右衛門家・分銅屋新宅という分家をたてていた。

最後に、各々の当主の経営時期を示すと、表1のようになる。

第二部　地場産業勃興と社会文化の発達

作清・道善など五軒で結成された。これにより、三木金物の流通部門が確立され、その発達の基礎ができた。その後、文化元年（一八〇四）に江戸の打物問屋炭屋七左衛門との直接取引が開始され、それを契機として、三木町から江戸へ出荷する金物仲買問屋は作清と道善の二軒に定められ、また、炭屋以外の江戸打物問屋との直接取引も行なわれるようになった。この江戸打物問屋仲間との直接取引の成立によって、三木金物は特産物としての地位を確立し、作清家・道善家の盛業もみられた。

作清家には、創業以来幕末にいたるまで「年々棚卸控」「棚卸帳」と名づけられた棚卸関係の帳簿が残されている。この棚卸関係の帳簿から金物仲買問屋業に関係すると思われる五項目（有銀高・代呂物有高・卸売高・小売高・鍛冶貸付高）を抜き出したのが、表2である。これらの数字は棚卸を行なったときの実数であり、当該年度全体の取引を示す数字ではないし、史料によっては必ずしも項目が一致していないが、この史料によって金物仲買問屋業における作清家の経営実績をある程度把握できるであろう。

この表の合計欄をみると、文政年間には伸びがとまっているものの、ほぼ全期間にわたって、順調に合計銀高は増加している。次に個別の項目についてみると、卸売高は寛政五年（一七九三）には小売高の三六・九％しかなかったのが、八年後の享和元年（一八〇一）になると小売高と鍛冶貸付高との合計銀高の三・三八倍になっており、販売部門において卸売が主体となり、文字通り金物仲買問屋の姿を示すようになっている。その後、卸売高は、享和二年から同四年（文化元年）にかけて一・三八倍、同四年から文化二年（一八〇五）にかけて一・八〇倍と激増している。これは前述したように、江戸打物問屋との直接取引が成立したことによると考えられる。

また、同時期に鍛冶貸付高も激増している。これは先の江戸市場との直接取引の成立によって、流通部門を握った金物仲買問屋との直接取引の成立は五貫一四八匁八分となっている。

第四章　三木金物仲買問屋の経営

表2　金物仲買業における作清家の取引高　　　（単位：匁）

当主代数	年　月　日	有 銀 高	代呂物有高	卸 売 高	小 売 高	鍛冶貸付高	合　計
1	明和2	1,000	—	—	—	—	1,000
2	寛政5・3・10	2,090	18,337.73	1,662.39	4,500.04	973.3	27,563.46
	寛政12・4・30	4,159	37,594	—	3,635	—	45,388
	享和元・3・7	3,350	43,356.40	17,800	5,267.50	←	69,773.90
	享和2・5・21	8,582.80	44,793.23	15,292	4,570.30	—	73,238.33
	享和4・2・11	4,666	58,972.97	21,053	5,050	425	90,166.97
	文化2・4・21	8,673.15	45,471.50	37,860	5,424.50	—	97,429.15
	文化4・5・24	22,024.38	67,230.60	32,286	—	—	121,540.98
	文化5・4・13	22,464.64	67,102.19	42,000	7,624	5,148.80	141,339.63
	文化7・2	32,194	82,784.83	46,409.19	5,167.80	5,613.44	172,169.26
3	文化12・12	29,163.45	—	40,000	5,550	3,820	78,535.45
	文化13・12	15,000	112,306.20	55,300	4,800	2,800	190,206.20
	文政元・4	23,550	144,200	54,040	6,500	—	179,654
	文政元・12	21,405	157,510	55,200	6,200	6,580	246,895
	文政2・12	20,805	150,660	64,300	5,770	7,250	248,785
	文政3・12	25,000	115,000	82,100	5,600	16,200	243,900
	文政5・12	53,300	80,000	70,600	10,000	12,700	226,600
	文政6・12	42,696.50	78,204	78,600	13,000	18,700	231,200.50
4	文政8・5・26	58,430	63,175	89,200	13,800	19,200	243,805
	文政9・5・11	44,800	63,950	94,000	26,500	20,500	249,750
	文政13・6・13	53,835	86,540	90,700	34,700	9,300	275,075
	天保3・12	5,170.50	161,020	77,000	25,800	12,700	281,690.50
	天保8・2・1	20,860	209,922	78,721	15,150	2,865	327,518
5	嘉永7・7・12	16,811.90	222,877.22	215,822.42	—	13,959.73	469,473.27

出典：永島福太郎編『三木金物問屋史料』（思文閣出版、昭和53年）244〜413頁により作成。
注1：月の□は閏月。
　2：表中の「—」は、記載なし。また「←」は左の欄に含めている。

225

第二部　地場産業勃興と社会文化の発達

買問屋の勢力が鍛冶職人の力を抑え、前渡金（鍛冶貸付金）という形で鍛冶職人を系列化していったためと推測される。たとえば、作清家には、寛政一三年正月に鋸鍛冶の井筒屋伊右衛門と花屋安兵衛が、文化三年五月に鋸鍛冶の桝屋伝兵衛が、自分たちの製品をすべて作清家に買い取ってもらい、その代わり他の金物仲買問屋とは一切取引をしない旨を約束している。

庖丁鍛冶職人については、寛政四年八月の金物仲買問屋仲間の取替証文に、他の金物仲買問屋と取引のある庖丁鍛冶職人と取引を始めるときには、先に取引をしている金物仲買問屋の了承を得なければならないと規定されており、比較的早い時期から系列化が行なわれていたと思われる。もちろん、庖丁鍛冶職人は必ずしも一軒の金物仲買問屋に縛られてはいなかったようである。しかし、文化一二年改の「諸鍛冶方連名」によれば、二〇軒の庖丁鍛冶職人が記載されている。そのうち、営業しているのは一四軒で、作清家と道善家に納入している者が七軒、作清家と嶋屋吉右衛門家に納入している者が三軒、作清家だけが三軒、嶋吉家だけが一軒となっている。この史料から、作清家は大半の庖丁鍛冶職人と取引があり、作清家にしか納入していない庖丁鍛冶職人も三軒あり、他の金物仲買問屋に比べ、職人の系列化の傾向が強かったように思われる。

このように、作清家において文化初年に鍛冶貸付高が激増していることは、江戸打物問屋との直接取引の成立によって金物仲買問屋としての資金力が強くなり、鍛冶職人をその系列下に組み込んでいったことをうかがわせる。と同時に、金物仲買問屋業における経営基盤も確立したと考えられよう。

三　作清家における土地集積の情況

次に、作清家における田畑地・家屋敷地などの土地集積の情況についてみよう。文化二年改の「田地名集

226

第四章　三木金物仲買問屋の経営

表3　作清家における土地購入高　（単位：匁）

年　月	譲り主	田畑地	家屋敷地	不　明	年度別計
文政3・10	吉田喜	2,200			2,200
文政9・7	きし伊	300			300
文政12・正	紅　甚		900		
文政12・2	林田や		2,340		
文政12・9	古　泉		3,570		
文政12・10	竹　や		1,800		8,610
天保元・正	石　作	140			
天保元・10	嶋　や	13,700			
天保元・11	万　清			9,000	22,840
天保2・正	山　弥	2,000			
天保2・2	紅　平	2,600			
天保2・2	善福寺				
天保2・3	与兵衛	300		420	5,320
天保3・4	井　り	280			
天保3・4	今　勘		2,840		
天保3・4	いた佐		4,600		
天保3・4	石たうや		4,300		
天保3・7	かぢ平		4,000		
天保3・7	中　藤	180			
天保3・12	飴　太		5,750		
天保3・12	大　利		12,000		33,950
天保4・6	山　治	500			
天保4・7	綿　長		3,770		
天保4・8	山弥一	750			
天保4・11	与兵衛		300		
天保4・12	泉　為		2,570		
天保4・12	小　忠		3,650		
天保4・12	井　五			2,000	13,540
天保5・正	今　善	3,300			
天保5・正	和　善	15,000			
天保5・3	万　弥		35,000		53,300
天保6・正	三ツ庄		2,220		
天保6・2	いせ善		5,150		
天保6・2	加古佐	1,200			
天保6・12	なめらや		2,000		
天保6・12	たる宗			380	10,950
天保7・正	ふく忠		3,000		
天保7・3	油　吉		1,700		
天保7・3	油　吉	5,000			
天保7・3	京　喜		4,880		
天保7・9	小松や		100		
天保7・11	加毛三		900		15,580
天保8・2	新　十	730			730
計		29,880	90,640	46,800	167,320

出典：前掲『三木金物問屋史料』261〜289頁により作成。

棚卸関係史料には、文政三年（一八二〇）から天保八年（一八三七）まで、表3のように購入していることが記帳」には、明和二年（一七六五）に分家したときに譲与された田畑地・家屋敷地のほかに、天明五年（一七八五）から文化八年（一八一一）までに田畑地を三回（六筆、計一反五畝七歩、購入銀高三貫五五〇匁）、家屋敷地を一回（購入銀高一貫四〇〇匁）購入していたことが知られる。これは、積極的に土地集積をはかっていたと考えられる数字ではない。

されている。この表から、文政一二年以降盛んに土地集積が行なわれていることがわかる。文政一二年から天保七年まで、天保二年を除いて、毎年一〇貫目以上の購入銀高がみられ、特に天保三・五年の両年には各々三三貫九五〇匁・五三貫三〇〇匁と多額の購入銀高がみられる。また、購入した土地の種類をみると、田畑地の購入が一六回で二九貫八八〇匁、家敷地の購入が二三回で九〇貫六四〇匁となっており、回数・購入銀高ともに家屋敷地の購入の方が多かったことがわかる。しかし、この史料には、購入銀高しか記載されていないので、実際の土地の情況もわからないし、天保八年以後の情況も不明である。

ここで、作清家と同様に江戸積金物仲買問屋であった道善家（井上家）についてもみてみよう。同家の史料は大半が散逸し、わずかに証文類が残存しているだけである。その証文類の中から田畑地や家屋敷地の譲渡証文を抜き出したのが、表4である。この表は、史料の性格上道善家における土地集積の全体を示すものではないが、ある程度その情況を推測できるだろう。

この表の内容をみると、道善家では、作清家よりも早く寛政年間から積極的な土地の購入が始まっているようである。その内容をみると、家屋敷地の購入が一一回（購入銀高一五貫九七〇匁と銭一八七貫文）、田畑地の購入が一九回（購入銀高一六貫五匁）となり、田畑地の購入回数が多く、購入銀高はほぼ同額である。作清家と比較すると、道善家においては田畑地の購入の割合が高いように思われる。これは、両者の出自の相違によるのかもしれない。作清家は、前述のように三木町内の町家の分家であり、道善家は三木町の北西の大村の農家の分家であった。このように、道善家と作清家は、土地の種類・購入の時期などに相違点がみられるが、ともに金物仲買問屋業を基盤として土地の集積を行なっていたことが知られる。

嘉永七年（安政元年・一八五四）の「棚卸帳」によると、このような土地集積によって、作清家では田畑地の石

第四章　三木金物仲買問屋の経営

表4　道善家に残る土地譲渡証文

年月日	譲り主	地目	面積	譲渡額(匁)	備考
安永5・11	銭　屋　藤九郎	家屋敷地	9.06×8.42×11.55	2,350	495頁
寛政元・9	舛　屋　孫次郎	下　　畑	2畝21歩	490	
寛政2・2	大豆屋　松右衛門	下　　畑	4畝		
		下　　畑	2畝24歩	730	
寛政2・2	大豆屋　松右衛門	中　　畑	5畝21歩	600	
寛政4・7	米田屋　伊右衛門	上　　田	4畝24歩	550	
寛政6・10	酒　屋　源兵衛	上　　田	6畝7歩		
		上　　畑	2反1畝13歩	6,200	7筆分
寛政7・3	和　住　寿　仁	畑	4畝8歩	70	
寛政8・4	升　屋　伝兵衛	家屋敷地	4.18×3.48×8.55	440	496頁
寛政11・3	角　屋　新　蔵	中　　畑	23歩	120	
寛政11・7	大　村　喜之助	中　　田	5畝20.5歩	270	
寛政12・2	明石町　与三兵衛	畑	3畝	430	
享和3・3	布　屋　佐　助	家屋敷地	2.25×21	187,000	銭(文)、499頁
文化2・2	野田屋　八郎右衛門	下　　畑	3畝4歩	200	
文化4・8	万　屋　弥兵衛	家屋敷地	4.18×4×10.26	2,500	499頁
文化6・6	今津屋　与兵衛	下　　田	3畝2.5歩		
		下　　田	1反1畝1.5歩	1,850	
文化8・正	今津屋　重右衛門	下　　田	1畝16歩余		
		下　　田	5畝15歩余	900	
文化9・11	野田屋　弥五郎	上　　田	4畝21歩		
		上　　畑	5畝15歩	2,000	
文化12・8	井筒屋　伝兵衛	家屋敷地	3.5×3.15×7.09	450	
文化13・6	大　村　五兵衛	中　　田	7畝4歩		
		上　　田	2畝21歩		
		中　　田	1反28歩	115	
文化14・正	舛　屋　市兵衛	家屋敷地	3.3×3×9.45	1,050	
文化14・3	舛　屋　伝兵衛	家屋敷地	4.4×4.02×17.03	5,260	
文化14・6	舛　屋　伝兵衛	納　　家	2×2	250	501頁
文政5・12	大　村　安兵衛	下々畑	1畝19歩	150	
文政6・正	井筒屋　伝兵衛	家屋敷地	3.5×3.15×7.09	600	
文政7・12	大　村　新左衛門	中　　田	1反2畝16歩	380	
文政9・4	舛　屋　伝兵衛	家屋敷地	5.25×3.25×10.57　6.15	1,070	
文政10・12	今津屋　重右衛門	上　　畑	5畝3歩	500	
天保2・正	樽　屋　忠左衛門	下　　畑	3畝22歩	300	
天保2・3	今津屋　勘兵衛	上　　畑	1畝5歩	150	銀札
安政3・7	一文字屋庄左衛門	家屋敷地	3.36×3.48×23	2,000	

出典：道具屋善七家文書（神戸市須磨区）による。
注1：家屋敷地の面積欄の数字は、表口×裏口×奥行の長さで、単位は間である。
　2：備考欄の頁数は、前掲『三木金物問屋史料』の数字である。

高が九九石三升三合二勺（購入銀高一一六貫六〇〇目）、家屋敷地が竈数（世帯数）八一軒（購入銀高二二五〇貫目）を所有するようになった。これらの物件からの収益として、田畑地については四六石一升四合四勺の小作料が、家屋敷地については八貫三六五匁の貸家料が記載されている。また、各々の未回収高は五石五斗五升・四貫八九匁とあり、小作料の一二・〇六％が、貸家料の四八・八八％が未回収となっている。この「棚卸帳」では一石を銀六〇匁として換算しているので、その割合で小作料を換算すると二貫七六〇匁八分六厘四毛となる。利益率は、田畑地が二・三七％、家屋敷地が一・六四％となり、田畑地の方が利益率も回収率も高かったことがわかる。

このように、作清家では、文政末年から田畑地・家屋敷地などの土地集積が盛んになったことがわかる。その内訳は、家屋敷地の購入の方が多かったのだが、嘉永七年の「棚卸帳」によれば利益率は田畑地の方が高く、回収率も貸家料より小作料の方が高かったことが知られる。

四　作清家における利貸経営の進展

次に、作清家における金融活動について述べるが、便宜上庶民金融と領主金融に分けて述べる。庶民金融は、町人や農民に対する金融で、領主金融とは藩財政の窮乏による財政の補給である。まず庶民金融についてみてみよう。棚卸関係の帳簿から関係項目を抜き出したのが、表5である。この表の質物高と取替銀高（証文による貸付）についてみると、享和二年（一八〇二）までは質物高と取替銀高は区別されていなかった。しかし、享和四年（文化元・一八〇四）には質物高と取替銀高との二項目に区分され、その銀高は後者の方が多くなっている。これは、二つの項目に区分されるまでは質物を預かって貸付ける方法が主体であり、区分されてからは金融の主体は取替銀に移ったことを示すと推測される。この推測を裏づけるかのように、文化二年から同四年にかけて質

第四章　三木金物仲買問屋の経営

表5　作清家における利貸経営（庶民金融）

年　月　日	質物高	取替銀高	小計（A）	合計（B）	A/B
	（匁）	（匁）	（匁）	（匁）	
寛政5・3・10	4,727.2	—	4,727.2	27,563.46	0.17
寛政12・④・30	11,159	—	11,159	45,388	0.25
享和元・3・7	6,330	—	6,330	69,773.90	0.09
享和2・5・21	6,690	—	6,690	73,238.33	0.09
享和4・2・11	4,720	6,396	11,116	90,166.97	0.12
文化2・4・21	2,150	5,800	7,950	97,429.15	0.08
文化4・5・24	1,014.20	10,720	11,734.20	121,540.98	0.10
文化5・4・13	1,700	13,720	15,420	141,339.63	0.11
文化7・2	1,450	15,200	16,650	172,169.26	0.10
文化12・12	1,800	101,800	103,600	78,533.45	1.32
文化13・12	1,500	119,000	120,500	190,206.20	0.63
文政元・4	—	153,700	153,700	179,654	0.86
文政元・12	400	151,800	152,200	246,895	0.62
文政2・12	900	177,000	177,900	248,785	0.72
文政3・12	1,120	191,000	192,120	243,900	0.79
文政5・12	350	250,000	250,350	226,600	1.10
文政6・12	450	290,000	290,450	231,200.50	1.26
文政8・5・26	860	336,000	336,860	243,805	1.38
文政9・5・11	870	349,000	349,870	249,750	1.40
文政13・6・13	—	428,850	428,850	275,075	1.56
天保3・12	100	510,800	510,900	281,690.50	1.81
天保8・2・1	60	453,440	463,500	327,518	1.42
嘉永7・⑦・12	—	555,031.08	555,031.08	469,473.27	1.18

出典：前掲『三木金物問屋史料』244〜413頁より作成。
注1：合計（B）は、表2の合計欄で同家の金物仲買問屋業での収入。
　2：享和2年までは、質物高と取替銀高の区別がない。
　3：月の□は閏月。

物高は半減し、逆に取替銀高は倍増している。これ以後も取替銀高は増加し、特に文化七年から同一二年にかけては六・七倍と激増している。そして、嘉永七年（安政元・一八五四）からは質物高という項目には記載されず、取替銀高だけとなっている。

次に、（A）小計欄と（B）合計欄を比較してみよう。（A）欄は質物高と取替銀高の合計で、（B）欄は表2の合計欄であり、作清家の金物仲買問屋業関係銀高である。表5による と、文政五年（一八二二）に貸付銀高（A欄）が、本業の金物仲買問屋業関係銀高（B欄）を越えている。ちなみに、文化一二年（一八一五）も（A）欄の方が多いが、これは（B）欄に代呂物有高が加えられていないためで

第二部　地場産業勃興と社会文化の発達

表6　嘉永7年の取替銀高の内訳

仮番	帳簿名	取替銀高 (匁)	比率 (%)
1	文政5午年取替帳	282.11	0.05
2	文政10亥年帳面	776.70	0.14
3	天保2卯年帳面	11,252.70	2.03
4	天保8酉年帳面	8,689.53	1.57
5	天保13寅年帳面	90,146	16.24
6	弘化4未年帳面	281,863.38	50.78
7	嘉永6丑年取替帳	94,069.37	16.95
8	壱番本帳	67,951.37	12.24
	計	555,031.08	100.00

出典：前掲『三木金物問屋史料』399・400頁により作成。
注：仮番は、便宜上筆者が加えたものである。

（表2参照）、実際は金物仲買問屋業関係銀高（B欄）の方が多かったと思われる。だから、貸付銀高が金物仲買問屋業関係銀高を越えたのは文政五年であり、同一三年には一・五六倍となり、天保三年（一八三二）には最高の一・八一倍となっている。このように、銀高の上では文政末年から本業の金物仲買問屋業を上まわる利貸経営が行なわれていた。写真のように、江戸打物問屋仲間の炭屋七左衛門から、前渡金が渡されている。

この利貸経営の実態を嘉永七年を例にとってより詳細にみてみよう。同年の取替銀高は五五貫三一匁八厘であり、その内訳は表6のようになる。この表から、四～七年ごとに取替帳は更新されていたことがわかる。また、取替銀の貸付は、約二〇年以上の仮番1～4までの取替帳の分は全銀高の三・七九％、およそ一〇年前の仮番1～5までの取替帳の分は二〇・〇三％となり、全銀高の約八〇％は最近一〇年間の取替銀であったこと

写真　作屋清右衛門預り金証文反故（「作屋清右衛門家文書」692番）

第四章　三木金物仲買問屋の経営

がわかる。

また、この嘉永七年末までの利銀高は二二四貫五〇〇目余とあり、同年末から翌年二月までに一一貫二六〇匁の利銀が回収されている。回収率は約四四・七三％となっている。その未回収の分がどのように処理されたのかは不明である。

このように、作清家における庶民金融は、文化初年に質物による貸付から取替銀という証文による貸付に転換している。この時期は、前述のように、作清家における金物仲買問屋業経営の基盤が確立した時期と一致している。つまり、文化初年に金物仲買問屋としての経営基盤を確立した作清家では、その収益の一部を取替銀という形で運用していったのである。そして、文政末年から天保年間にかけては銀高の上では本業の金物仲買問屋業を大幅に上まわる利貸経営が行なわれていた。この時期は、前述の土地集積を積極的に推進していたときと合致していることがわかる。

次に、領主金融について述べよう。近世後期における三木町の領主は、延享三年（一七四六）から天保一三年（一八四二）までの松平右近将監家（初めは上州館林、天保六年に石州浜田に転封）と、同年から廃藩置県までの松平兵部太輔家（播州明石）の二家であった。

まず、前者との関係についてみてみよう。作清家が松平右近将監（越智松平）家に貸付を行なっていたことが知られるのは、文政三年一二月の「棚卸控」の貸付銀高という項目の中に、「御役所上納分二二貫五〇〇目」とあるのが最初である。この後、文政六年に松平右近将監家では、三木町を中心とした播州飛び地領において切手札を発行することとなり、三木町切手会所を開設した。翌年この会所の運営は、作屋清右衛門・福田屋八郎兵衛・山田屋弥兵衛の三人を切手方とし、その資金によって行なわれるようになった。その後一時期、作清らが切

233

手方を罷免された時期もあったが、天保一三年の領地替まで切手方として三木町切手会所の運営に参画していた。逆にいえば、作清ら町人の資金がなければこの会所運営も行なうことができなかった。たとえば、作清家の文政九年の「棚卸控」には会所へ四九貫四〇〇匁、同一三年には三〇貫九六〇匁というように、運営資金を貸し付けていた。その功績によって、文政一〇年に作屋清右衞門ら切手方の町人は、松平右近将監家から一代限りの苗字帯刀を許された。

このように、松平右近将監家では、三木町切手会所の設立によって飛び地領である三木町の富裕商人の資金を吸収し、藩財政の一助としていたのであり、さらに三木町の商人を通じて隣接の加東郡市場村の富豪近藤家に接近し、その資金の融通も受けていることが知られている。また、作清家では、この三木町切手会所の切手方に在任していた時期に、前述のように、土地集積・庶民金融の盛業が見られる。だから、作清家は、この切手方就任によって、三木町における有力な富裕商人としての地位を確立したのかもしれない。

このように、作清家は、松平右近将監家の播州飛び地領の有力な富裕商人として利用されていた。そのため、天保一三年の領地替のときに作清家は、三木町切手会所の運営資金として金七三〇両（銀高にして五〇貫目余）を貸付けていた。また、天保一四年五月付の松平右近将監家の家来奥村平三郎の書状によると、作清家の松平右近将監家への貸付高は銀五〇貫六七二匁三分九厘、金五八二両二分と、本家分の金一五〇両の三口分で、合計銀高は九七貫五五〇匁となっていたことがわかる。この貸付銀がどのように処理されたのか、確実なことは不明である。しかし、同年一二月に松平右近将監家は、作清家に三人扶持の半季分として二石六斗五升五合（一七七日分、一人一日につき五合）の扶持米を支払うことを通知し、翌年正月に代銀一五九匁三分を支払った。さらに、弘化二年（一八四五）からは五人扶持が与えられるようになっている。これらの額は、貸付銀の返済銀としては余りに

第四章　三木金物仲買問屋の経営

表7　作清家における松平兵部大輔家への出銀情況

年　月	金　額	名　目	備　考
天保14・正・16	金　　30両	御海道筋用	天保15・4・23　内16両受取
天保15・3・8	札銀　6貫目	御用金上納	
天保15・4	正銀　6貫目	証文銀	利息　年8朱
天保15・7	札銀　1貫800匁	若殿様御祝金	
天保15・7・2	札銀　400匁	証文銀	
天保15・12	札銀　30貫	郡代所上納	
弘化3・3	札銀　3貫500匁	御殿様御入部	
嘉永2・7	札銀　1貫200匁	浅草御大方入用	
嘉永2・12	札銀　378匁	知恩講銀	
嘉永3・9	札銀　3貫700匁	御類焼上納金	
嘉永5・6	札銀　670匁	御類焼上納金	
嘉永7・2	札銀　3貫目	異国船御手当御冥加金	安政2年まで、5回分
嘉永7・12・10	札銀　2貫300匁	異国船に付御物入御加勢献納金	
嘉永2	札銀　1貫28匁5分4厘	高掛り、万々	安政元年まで分
合　　計	67貫737匁9分3厘		

出典：「永代帳」（黒田家文書）による。
注：合計欄も、史料の数字である。

表8　作清家の加入銀一覧

年　月	借入高	金　　　主	連印者	年賦高	借入期間
	匁		人	匁	年
嘉永4・11	10,000	加東郡天神町　　市右衛門	11	333.33	30
嘉永5・8	10,000	加東郡垂水村　　常　　八	12	417.67	24
嘉永5・10	58,288	美嚢郡梶原村　　源三　郎	17	1,942.93	30
嘉永5・10	2,500	加東郡吉井村　　三左衛門	7	83.33	30
嘉永5・11	20,400	加西郡牛居村　　兵右衛門	12	—	1
嘉永5・11	18,000	加西郡牛居村　　兵右衛門	12	700	30
嘉永5・12	13,400	加西郡西笠原村　す　　て	12	446.66	30
嘉永6・3	7,776	加東郡上小田村　源　　七	8	259.2	30
安政元・11	10,000	印南郡曾根村　　政　　次	11	—	1
安政元・11	33,680	印南郡曾根村　　政　　次	11	1,122.67	30
万延元・4	10,000	加東郡天神町　　信　　吉	16	—	15

出典：「永代帳」（黒田家文書）による。

第二部　地場産業勃興と社会文化の発達

も少額であるので、元銀を据置いて利銀の返済分として扶持米が支給されていたと考えられよう。また、領主に対する金融だけでなく、三木町陣屋詰の諸役人に対する貸付も行なっていた。さらに、陣屋詰の役人を請人として、隣藩の家臣への貸付が行なわれていたことが知られる。

このように、作清家は、領主金融の一環として三木町切手会所の運営に参画することによって家臣に対する貸付も行なうようになり、と同時に、土地集積、庶民に対する金融も盛んになっている。

次に、天保一三年以後の領主である松平兵部太輔家との関係について述べる。天保一四年以後安政初年まで作清家は、表7のように出銀していたことが知られる。すなわち、表8に示したように、領主が臨時の出費を必要とする場合に、作清家は上納金・献金などの名目によって領主に出銀している。また、表8に示したように、領主の借入金を作屋清右衞門らの領民が連印して、周辺の金主から融資を受けていたことが知られる。このため、当時の五代目作屋清衞門は、松平兵部太輔家にとっても領内の有力な富裕商人であった。

六月八日に明石会所に召し出され、明石細工町の中屋宗兵衞ら七人とともに松平兵部太輔家の御用達に任命された。さらに、作清家は、このような領主の要求に応じ、万延二年（文久元・一八六一）三月八日に今までの調達銀三〇貫目に金一〇両を添えて、永上納したい旨を願い出ている。この願いが承認され、御褒美として作屋清衞門に苗字帯刀が許可されている。大年寄格を命ぜられている。

このように、作清家では松平兵部太輔家に対しても、松平右近将監家と同様に、金物仲買問屋業などで得た資本を領主の依頼により融資し、それによって家格を上昇させていったことが知られる。

236

第四章　三木金物仲買問屋の経営

おわりに

近世三木金物の発達に大きく貢献した金物仲買問屋の一軒であった作屋清右衛門家は、明和二年（一七六五）に分家し創業している。寛政四年（一七九二）に三木町金物仲買問屋仲間が組織され、三木町における生産部門と流通部門の分離が進行する。そして、流通部門を担った金物仲買問屋仲間の活躍によって三木金物の販路が拡大され、文化初年には江戸市場との直接取引が成立する。この江戸市場への三木金物の進出によって、金物仲買問屋は鍛冶職人に対して優位に立ち、作清家では金物仲買問屋としての経営基盤を確立し、鍛冶職人の系列化が進行していった。

と同時に、作清家では、金物仲買問屋業における収益を、単に前渡金という形で鍛冶職人に貸付けるだけでなく、他の町人たちにも取替銀として貸付を行なっている。そのため、文政末年以後は利貸経営銀高が本業の金物仲買問屋業関係銀高を越えるようになり、田畑地・家屋敷地も盛んに購入され、経営の多角化が行なわれていたことが知られる。

このような経営の多角化によって、作清家は、三木町内における有力な富裕商人となった。そのため、作清家は、三木町の領主であった松平右近将監家が開設した三木町切手会所の切手方に任命され、その運営に参画させられた。また、その後の領主であった松平兵部太輔家も、作清家を御用達に任命し、その資力を利用していた。

このような領主金融を行なうことによって、作屋清右衛門は、扶持米を支給され、苗字帯刀を許可され、あるいは、大年寄格に任ぜられ、家格を上昇させ、本家を凌ぐ資力・家格を有するようになったことが知られる。

237

第二部　地場産業勃興と社会文化の発達

(1) 三木金物についての研究は、すでに諸先学によって行なわれている。参考文献については、永島福太郎編『三木金物問屋史料』(思文閣出版、昭和五三年) の巻末に掲載されているので、ここでは省略する。以下、同書を『金物史料』と略称する。

(2) 『大阪大学経済学』第二八巻第四号。同様に、昭和五四年一月二七日に大阪大学で行なわれた経営史学会関西部会において共同発表を行なった。これらの研究においては、故大阪大学経済学部作道洋太郎名誉教授から種々の有意義なご助言、ご指導をいただいた。また、部会においても、ご出席の諸先生方から貴重な御教示をいただいた。記して感謝申し上げます。

(3) 拙稿「化政・天保期の三木金物」(『ヒストリア』第六八号、昭和五〇年) 五四頁参照。

(4) 「過去帳前書」(黒田家文書)。以下本節は特に註記しないかぎり、この史料による。

(5) このときの生業は不明だが、寛政一〇年一〇月改の「文珠四郎鍛冶連名写」に鋸鍛冶として記載されている (前掲『金物史料』一七五頁)。

(6) 桝屋市左衛門と同様にこのときの生業は不明だが、文化一二年四月改の「諸鍛冶方連名写」に庖丁鍛冶として、松屋多兵衛 (太兵衛の「太」が、「多」となっているが、同一人物と思われる) が見える (同右書) 一七八頁)。また、鍛冶株譲渡証文 (同右書) 九頁) や、道具屋善七に職道具や家屋敷などを質入れし、あるいは借り受けている史料が残されている (同右書) 四六七・四九六頁)。これらのことから、松屋太兵衛も庖丁鍛冶であったと推測される。

(7) 「過去帳前書」によれば、この家屋敷は、三木町の地子免許の特権を守るのに功績のあった義民岡村源兵衛の所有だったという。岡村源兵衛については、『三木市史』(三木市、昭和四五年) 一一三頁を参照されたい。

(8) このとき、作屋清兵衛からは、初代清右衛門の長男市松 (宝暦一一年生) 宛に平田町内の上田二筆、計二反一畝一五歩の田地も譲与された。この田地は、市松の遺志として文化九年に菩提寺の晴龍寺に寄進された (文化二年三月改「田畑名集帳」黒田家文書)。

(9) 前掲『金物史料』六一頁。

(10) 作屋清家と同様に、金物仲買問屋業を、明治維新期に廃業したようである。

(11) 分家後も金物仲買問屋業を行なっていたのか、それとも他の業種に転業したのか不明である。

第四章　三木金物仲買問屋の経営

(12)「仲買仲間定法控」(前掲『金物史料』六三頁)。
(13) 現在の湯浅金物株式会社のことである。同社については、社史『三百年ののれん』(昭和四四年)に詳しい。
(14) 永島福太郎「江戸市場の展開と三木金物の発達」(『社会経済史学』第二三巻第五・六号、昭和三三年)で詳述している。
(15) 前掲『金物史料』所収の史料を使用した。以下、本節では特に注記しないかぎりこの史料によった。また、この帳簿については、第二次・第三次の調査で現在まで続いていることがわかった。
(16) 前掲『金物史料』五・七九・一七二頁。
(17)『同右書』八・九〇・一八〇頁。
(18)『同右書』二頁。
(19)『同右書』一七七頁。
(20) 文化二年三月改、黒田家文書。
(21) 道具屋善七家の史料は、明治維新期に散逸し、若干の証文類がその子孫(神戸市・井上善次氏)の所蔵されるところとなっている。一部は、前掲の『金物史料』に翻刻されている。
(22)「父祖行状記」(前掲『金物史料』四五五頁)による。また、この史料には、「初漸々壱弐反の田地なりしが、次第に求めまして当時弐丁四五反余の田畠とはなりたり」と、初代の創業後の行跡を記録した記事の中にある。この史料によっても、道善の初代が早くから田畑地の購入を始めていたことが知られる(『同右書』四五七頁)。
(23)「嘉永七年棚卸帳控」(『同右書』四〇〇頁)による。
(24)『同右書』四〇二頁。貸家数は一四五軒あり、実際に貸付けていたのは一〇五軒であった。この軒数と先の籠数とが違っているが、貸家軒数には納屋などの非居住用建物が含まれていたためであろう。
(25)『同右書』四〇二頁。
(26)『同右書』二六九頁。
(27)「御切手会所控」(『同右書』一九六頁)による。また、この三木町切手会所の変遷、領主の松平右近将監家については、拙稿「播州三木町の切手会所──館林藩越智松平氏の藩政改革の一端──」(『八代学院大学紀要』第一三号、昭和

239

第二部　地場産業勃興と社会文化の発達

(28) 前掲『金物史料』二七六・二七九頁。
(29) 『同右書』二〇〇頁。
(30) 松平右近将監家と近藤家との関係については、作道洋太郎「豪農の大名貸と企業家活動」(『近世封建社会の貨幣金融構造』塙書房、昭和四六年)で触れている。
(31) 前掲『金物史料』四六頁。
(32) 「永代帳」(黒田家文書)による。以下、本節では特に注記しないかぎりこの史料による。
(33) 前掲『金物史料』四四〜四八頁。
(34) 『同右書』四四頁。

五二年。本書第二部第二章)を参照されたい。

240

終　章　江戸時代における情報の発達と文化交流

はじめに

　江戸時代におけるコミュニケーションの発達を考えていくときに、いくつかの方法があると思われる。つまりコミュニケーションの手段——情報伝達の物理的な側面——の歴史的考察、またどのように江戸時代の人々がコミュニケーションをはかっていたのかその具体像を把握することの二つがあるだろう。コミュニケーションが成立する背景にはコミュニケートするツールが必要である。すなわち自己の文化を持つこと、それを他人に伝えようとする気持ちが基本となる。
　江戸時代といえば、封建的な社会で、人々の生活は種々の制約があったなどと、否定的な見解が強くその評価は低かった。しかし日本の明治維新以後の近代化の発達は、江戸時代にその基礎が形成されていたからこそ、その発達が可能であったと考えられている。江戸時代における文化の発達が、明治維新以後の日本の近代化を成立させているのである。終章では、江戸時代社会の発達とともに、どのようにコミュニケーションが行なわれていたのか、その背景や具体例について述べてみたい。

一 江戸時代における経済の発達

(1) 商品経済の発達

　江戸時代は幕藩制社会であったといわれている。幕藩制社会とは、支配者である幕府や藩が、本百姓（高持百姓）を支配していた社会である。そして本百姓が負担する年貢は、現物納を原則とする自給自足経済であった。

　しかし、支配者は収納した年貢を換金する必要があり、米の売却市場を必要としていた。また、日常生活品を購入する必要があり、市場の形成が不可欠であった。そのため幕府と諸藩によって年貢米を輸送するために、陸上交通網をはじめ、沿岸航路や河川の舟運が開発され、全国的な交通網が整備されている。この全国的な交通網の成立は、一七世紀後半における農民の生産活動の高まりによって、年貢米だけでなく、綿・菜種などの手工業原料や各地の特産物の流通を促進し、都市で生産される手工業製品も各地に輸送されるようになった。

　また、このような全国的な商品流通を形成させた要因として、このほかに二点が考えられる。第一点は、幕府による貨幣制度の統一である。貨幣鋳造権を独占した幕府は、慶長六年（一六〇一）に慶長金・慶長銀・慶長通宝を発行している。これにより金貨・銀貨・銭（銅）貨の三貨が、さらに寛永一三年（一六三六）に寛永通宝を発行し、幕府の正式貨幣として通用することになった。第二点は度量衡の統一である。承応二年（一六五三）に枡座を、寛文九年（一六六九）に枡座を江戸と京都に設置し、秤と枡の統一を行なっている。また反物の寸法についても、幕府は寛永三年（一六二六）、同八年に定尺を定め、さらに寛文四年七月に定尺を厳守するように再度触を出している。この寛文四年の触を受けて、各藩でも自藩の産物に適用するようになり、全国市場で流通する反物の規格が統一されるようになっている。たとえば、信州上田藩では、同五年三月に違反者には過料を課すこと

終　章　江戸時代における情報の発達と文化交流

も含めて、定尺を守る旨を令し、七月に「尺改め」を実施している。
このように、全国的な商品流通に必要な諸条件が整備されている。一七世紀の後半になると、年貢納入後にも農民の手元に一定の生産物が残るようになり、農民は品種や農具の改良に力を入れ、さらに生産力を高めようとしている。そして、米や麦などの穀物だけでなく、換金を目的とした綿・菜種などの商品作物（手工業原料）の栽培が盛んに行なわれるようになり、特産化している。

（2）　大坂の発達

一七世紀後半には、大坂・京都・江戸の中央市場を核とした全国的な商品流通が展開するが、中央市場の中でも、大坂市場の役割が大きかった。延宝七年（一六七九）刊の『懐中難波雀』と正徳年間の問屋数を比較してみると（表1）、業種・問屋数ともに飛躍的に増大している。特に、木綿・油・農産および鉱工業関係の問屋の専門分化が進んでいることが知られる。また、問屋の取引量の増大にともなって、廻船問屋も増加している。大坂市場においては、正徳年間でも畿内・瀬戸内海沿岸諸国の国問屋は総問屋数の三分の一を占めていたが、安永六年（一七七七）の『難波丸綱目』では、その数は約四〇％減の一一二軒になっている。その原因は、畿内や瀬戸内海沿岸諸国の国問屋が激減し、松前・薩摩などの遠国の国問屋が主流になっている。つまり、大坂における問屋は、荷受問屋である国問屋から、仕入問屋である専業問屋に移行しつつあったことが知られる。この専業問屋の活躍により、大坂が「天下の台所」と呼ばれていたように、全国経済の中心となったのである。

243

表1　正徳年間における大坂の諸問屋

業種	問屋名	延宝年間	正徳年間	業種	問屋名	延宝年間	正徳年間
廻船	大坂菱垣廻船問屋	3	10	鉱工業	丹座製法人		7
	江戸大廻樽船問屋	4	5		江戸積釘問屋		16
	堺・大坂・長崎				刀脇差小道具問屋		5
	廻船荷物積問屋		3		秋田銅鉛問屋	7	6
両替	本両替	(10)	24		鉄はがね問屋	7	10
	両替総仲間		660		大工道具問屋		6
	南両替惣組合		100		小刀庖丁問屋	(2)	24
	三郷総銭屋組合		300		砥石問屋	2	7
	米売買遣繰両替株		7		石灰問屋並に薬灰問屋	3	50
米	下米問屋組合		6		算盤問屋		?
	京積俵物買問屋		34		瀬戸物問屋	(6)	6
綿糸布	唐巻物反物問屋		5		備前焼問屋	2	1
	毛綿問屋	8	18		江戸積塗物問屋		5
	木綿問屋	17	9		仏具屋		5
	江戸積毛綿問屋		3		丹波摺鉢問屋		1
	繰綿屋問屋		250		諸国石問屋		6
	北国布問屋	(11)	6		武具馬具問屋		8
	紀州総(總)問屋		3	材木	阿波材木問屋	2	6
油菜種	江戸積油問屋		6		日向材木問屋		4
	京積油問屋		3		北国材木問屋	2	4
	油粕問屋		25		秋田材木問屋		2
	菜種子問屋		306		尾張材木問屋	4	3
農産その加工	諸国蠟問屋	9	12		土佐材木問屋	6	5
	苧問屋		3		同酒桶類天井板		
	江戸積蠟燭問屋		34		杉木問屋		8
	丹波播磨畳問屋		3	薪炭竹	土佐薪問屋		5
	漆問屋		2		熊野薪問屋	27	6
	煎茶問屋	15	64		諸国薪問屋		6
	多葉粉問屋	11	32		諸国炭問屋	10	17
	紀州網問屋		3		竹問屋	(1)	4
	備後畳表問屋	2	13	水産	北国干物問屋	4	8
	藍玉問屋	3	9		鯨油壱岐平戸呼子すじ油ひげ油問屋	1	8
	ぬか問屋	3	8		諸国塩問屋	7	
	鳥問屋	3	2		生魚問屋	16	28
	玉子問屋		8		塩魚干魚問屋	19	25
	青物屋仲間		100		熨斗問屋	3	4
	八百屋物問屋	20	43		鰹節問屋	4	7
	諸国藍問屋		18		川魚問屋		5
紙	諸紙問屋	24	25		干鰯問屋	2	?
	大和紙問屋		3		唐和薬種問屋		208
	紙問屋諸蔵立会組頭		29		国問屋	6	1,851
酒	酒造類株		636		同船宿		329
	江戸積酒屋の分	1	17		計		5,626以上

出典:『大坂経済史料集成』第5巻（大阪商工会議所、昭和49年）481頁による。
注1：( )は、同業種であって名称の一致しないもの。
　2：問屋以外のものも含む。

終　章　江戸時代における情報の発達と文化交流

二　通信の発達

(1) 飛脚の成立

徳川家康は、関ヶ原の戦いで勝利し、覇権を確立した後、本拠地の江戸と京都を結ぶ東海道に、慶長六年（一六〇一）に伝馬制度を定めている。その後、中山道・日光道中・奥州道中・甲州道中の五街道をはじめ、山陽道・長崎道などの脇街道も整備され、全国的に陸上交通網が整備されている。これらの街道は、幕府の公用の旅行者、特に三代家光によってはじめられた参勤交代制度によって、隔年で領国と江戸に住むようになった大名の移動によって、より一層整備されている。さらに、前述の全国的な商品流通の展開にも影響を与えている。

江戸幕府はこれらの交通路を利用して御用状の逓送を行なっていたが、寛永一〇年（一六三三）に各宿駅に継飛脚給米を下付し、制度的に確立させている。このようにして、老中・道中奉行その他の役職者の証文により、御用状を京都・大坂をはじめ、西は長崎、北は蝦夷地まで逓送できるようになっている。江戸―京都間を通常四日半で、最急便では二日半～三日で走行している。また、諸藩でも領国と江戸藩邸・大坂蔵屋敷との間に飛脚の制度を設けている。

これらの公的な飛脚制度に対し、民間の町飛脚も寛永年間（一六二四～四四）には成立していたが、寛文三年（一六六三）に江戸と京都・大坂を結ぶ飛脚が公認され、翌四年に月に三度、六日間で逓送する飛脚制度が確立している。これを三度飛脚、定六と呼んでいる。この町飛脚の成立は、全国的な商品流通を活発化させる要因の一つになっている。

245

(2) 飛脚網の発達

三都を中心として成立した飛脚による通信は、産業・商品流通の隆盛にともない、より広範に飛脚網を拡充している。一八世紀ごろの三度飛脚仲間は、三都で三一軒の問屋があり、東海道などには飛脚取次所が置かれている。また、江戸の定飛脚京屋・嶋屋は、江戸地廻り経済圏の発達にともない、江戸とそれらの重要都市とを結ぶために各地に支店を設置している。さらに、北は北海道から南は長崎まで全国に拡大し、書状・現金・為替・荷物などが逓送されている。

大坂の飛脚の状況について、文政三年刊行の『商人買物独案内』によってみてみよう。「江戸三度飛脚」として九軒が、「京都飛脚」として一〇組が記載されている（本書二四頁参照）。その後に、飛脚の仕向地別に、尾州・紀州・但馬・丹波などの国別の飛脚屋と、三田・有馬、池田・伊丹、播州三木、播州姫路などの都市別の飛脚が合計二四軒記載されている。あらためて飛脚の仕向地別を示したのが表2である。このように、大坂では、三都を結ぶ飛脚だけでなく、大坂が「天下の台所」と呼ばれていたように全国経済の中心として、密接な関係を有していた地域や都市を専門に取り扱う飛脚屋が成立していたのである。次に、それらの一つである、播州三木との関係についてみてみよう。

(3) 播州三木と金物の発達

播州三木町は、元和元年（一六一五）の「一国一城令」により、当時姫路藩領であったため三木城が棄却され、城下町の機能は喪失したが、当該地域の政治・経済の中心として存続した。宝永四年（一七〇七）に常陸下館藩黒田豊前守直邦の飛び地領になったときに陣屋が設置され、その後の領主もそれを利用している。近世三木町の

246

終　章　江戸時代における情報の発達と文化交流

表2　文政3年（1820）の大坂における仕向地別飛脚

仕　向　地	飛　脚　屋　名	
尾州	備後町壱丁目	木津屋半兵衛
紀州	本町せんだんの木南	万屋季兵衛
紀州・伊勢	淡路町心斎橋東へ入る	桔梗屋吉兵衛
但馬	淡路町せんだんの木角	丹波屋武右衛門
但馬	中橋備後町北へ入	たじま屋利兵衛
京都・敦賀	南本町境筋西へ入	河内屋宇兵衛
丹波	梶木町心才橋筋	丹波屋六兵衛
備前津山	淀屋橋南詰東へ入	鍵屋藤兵衛
三田・有馬	道修町西横堀東へ入	三田屋吉右衛門
三田・有馬	呉服橋西詰北へ入	板前屋弥兵衛
池田・伊丹	南本町難波橋	大和屋歌七
池田・多田湯本	備後町境筋西へ入	兵庫屋得兵衛
大和・河内・山田・富田林	南久太郎町壱丁目	駕屋六三郎
奈良・郡山	同所北へ入	大和屋庄兵衛
大和・河内・奈良・郡山・山田・富田林	同所南へ入	大和屋六右衛門
奈良・郡山・山しろ木津	農人橋東詰	五りや小兵衛
南都	安土町境筋東	奈良屋七兵衛
伊賀・伊勢	南本町東堀南へ入	萬屋虎吉
伊賀上野・名張・伊勢津・松坂	備後町八百や町東	木屋外兵衛
伊賀上野・名張・大和奈良・郡山	農人橋東詰	材木屋忠右衛門
津山・因州	肥後橋南詰東	いづミや六郎兵衛
播州姫路	淀屋橋南詰角	播磨屋弥助
播州三木	同所東へ入	鍵屋五兵衛
池田・伊丹・西宮・尼崎・小濱	淡路町心才橋西	嶋屋彦兵衛

出典：『商人買物独案内』〔文政3年（1820）刊、近世風俗研究会、昭和37年再版〕による。

247

領主は変遷が激しかったが、上州館林藩越智松平氏は、延享三年（一七四六）から天保一三年（一八四二）まで約一〇〇年間、飛び地領として支配している。この間に、三木町で大工道具を中心とした打刃物業が勃興し、地方特産物となり、伝統産業として現代まで存続している。

三木金物の勃興は宝暦～天明期で、この時期に先進地の業者との交渉があり、その結果、三木金物として全国市場である大坂市場に流通するようになっている。つまり、江戸時代の三木金物の最重要商品であった前挽鋸鍛冶職人が、宝暦末年（一七六四年ごろ）に京都前挽鋸鍛冶仲間の在方株として三木町前挽鋸鍛冶仲間を結成し、創業しているし、鋸鍛冶仲間も、天明四年に大坂文珠四郎鍛冶仲間の在方株として、三木町文珠四郎鍛冶仲間を組織している。また、翌五年には庖丁鍛冶仲間が堺田葉粉庖丁鍛冶仲間からの訴えで大坂市場への搬入を差止められることがあったが、製品の寸法を変更することにより和解している。

この諸鍛冶職人の開業と同時期に、三木金物の流通を担った金物仲買問屋の道具屋善七と作屋清右衛門（現、黒田清右衛門商店）も創業し、三木金物の生産・流通機構が確立している。

享和四年（文化元、一八〇四）の江戸打物問屋仲間炭屋七左衛門（現、ユアサ商事株式会社）からの引合による。これを契機として、江戸打物問屋仲間と三木町の金物仲買問屋の道具屋善七と作屋清右衛門との直接取引きが行なわれるようになる。そして、江戸打物問屋からの前渡金により資金力を増大させた金物仲買問屋が、諸鍛冶職人の貸付を行ない、その支配を高めていることが知られる。

このように、三木金物は全国市場の大坂・江戸市場と結びつくことにより、全国的に流通するようになっている。そのため、取引業者との連絡や製品の運送に飛脚が必要となっている。

248

終　章　江戸時代における情報の発達と文化交流

（4）三木町の飛脚

三木町の飛脚についての初見の史料は、天明六年（一七八六）九月の「飛脚勘兵衛願書」と「飛脚屋譲願書」との一対の文書で⑪、これは中町の米屋兵右衛門が病弱で飛脚を続けることができなくなり、明石町の加茂屋勘兵衛にその権利を譲ったときのものである。この史料によれば、前年の一〇月から病気のため加茂屋勘兵衛に代役させていたが、病気が治癒しないので勘兵衛に飛脚屋を譲ったこと、飛脚屋の主要な業務は、大坂での諸色相場の聞合せ、領主の用向の二つであったことがわかる。

その後、文化四年（一八〇七）正月一七日に井上屋又兵衛、同月二七日に上町の伊勢屋嘉兵衛が相次いで開業している⑫。これは前述のように、江戸と三木町との直接取引の開始により、飛脚の需要が増加したためと思われる。

また、文化一一年四月七日に三木一〇か町の年寄の「飛脚人数増加願」によれば⑬、

①現在飛脚屋は三軒あるが、そのうち二軒は老年者と病弱者で確実な者は一軒だけである
②御用出日は毎月七・二三日の二回と決まっているがそれさえ守られず、そのうえ、一回の往復に六～八日かかっている
③これまで三木の飛脚がつとめていた隣接の加東郡小野町や市場などにも飛脚が四、五人開業している
④飛脚を四人に増加されれば、月に八回の出日を守るようにする。この結果、同年六月に井上屋又兵衛が再び飛脚となっている。

などが記されている。

また、右の願書には次のような記載がある。

当地之儀諸鍛冶職近年来格別ニ出来仕候ニ付、当地之産物与相成、大坂者勿論諸国迄も追々相弘り候得者、当

249

地罷下り直買ニ致度国々ニ多分御座候へ共、辺鄙之義ニ付遠国より当地迄得下り不申、大坂取次所迄注支差越候ニ付、追々其方迄荷物送出シ申候、

このように金物業の隆盛によって三木町の飛脚は、三木—大坂間を定期的に往復し、その業務内容も領主の用向のためのものから、大坂取次所との連絡、諸国からの注文書・代金の受け渡しに変化したのである。(14)

(5) 幕末期の飛脚

飛脚は、小荷物を逓送するだけでなく、次第に道中の変事を報告するようになっている。享和三年（一八〇三）三月の江戸定飛脚問屋の「仲間仕法帳」には、町年寄は、「樽御役所之諸国変事相届け申すべき事」として、年行司から町年寄へ道中の長期の川支（川止め）のほか、何によらず仲間の控帳に書いたうえで持参することになっている。また、文政二年（一八一九）の大坂の三度飛脚問屋「仲間仕法帳」には、「道中取次所之知らせ物の事」として、出火・洪水などの変事を江戸・道中取次所へ通知するのは相互のこととしている。これらのことを顧客に通知する飛脚問屋の摺物が残っている。(15)

このように飛脚は、書状や小荷物の逓送だけでなく、道中で起こった諸事件の情報伝達者としても重要な役割を担っていたのである。

たとえば、島崎藤村の『夜明け前』に、この飛脚によってもたらされた聞書が利用されている。『夜明け前』は、藤村の父の半生を、幕末・維新という歴史を背景に可能なかぎり想像や推測を排除して、基本資料に基づいて書いた歴史思想小説である。(16) その叙述の基本となったのが、「大黒屋日記」で、その表紙には「年間諸事日記帳」と表題が記されている。(17) 『夜明け前』には、東山道馬籠宿の問屋の主人である主人公の青山半蔵が、飛脚に

250

終　章　江戸時代における情報の発達と文化交流

よってもたらされる「聞書」によって、幕末の政情・社会の動きを知っていたことが記されている。東山道を通る飛脚は、口伝だけでなく、摺物を配布していたのである。たとえば、同書には次のように記されている。

東山道にある木曾十一宿の位置は、江戸と京都のおよそ中央のところにある。精しく言えば、鳥居峠あたりをその実際の中央にして、それから十五里あまり西寄りのところに馬籠の宿があるが、（中略）言うまでもなく、江戸で聞くより数日も早い京都の便りが馬籠に届き、江戸の便りはまた京都にあるより数日も先に馬籠にいて知ることが出来る。(18)

また、天狗党の乱後に、

その時、半蔵は江戸の方から来た聞書を取り出して、それを継母や妻にひろげて見せた。武田などの遺族で刑せられたものの名がそこに出ていた。(19)

とあり、飛脚によってもたらされた情報は、口伝だけでなく、摺物として伝えられている。大和で起こった天誅組の一揆の時には、

また、聞書は、飛脚だけでなく、他の宿場の本陣からも伝えられている。

遠く離れた馬籠峠の上あたりへこの噂が伝わるまでには、美濃苗木藩の家中が大坂から早追で急いで来てそれを京都に伝え、商用で京都にあった中津川の万屋安兵衛はまたそれを聞書にして伏見屋の伊之助のところに送ってよこした。(20)

とあり、半蔵の隣家の年寄役伊之助の所に、京都に滞在中の中津川の本陣の万屋安兵衛から事件の聞書が届けられているのである。幕末の政情不安・社会不安の情況下にあって、飛脚や知人からの情報がいっそう庶民相互の情報の伝達を活発にさせていたのである。

兵庫県三田市の朝野庸太郎家には、「諸事風聞日記」と題して、慶応元年から明治初年まで四冊の日記が残されている。この日記には、大坂の米相場を写書するとともに、三田藩内や大坂や兵庫の事件の聞書が記載されている。たとえば『兵庫県史』に、同書から慶応二年（一八六六）の兵庫津でおきたお陰踊りなどの騒動のことや、慶応三年一二月の兵庫開港当日の様子が「七日兵庫ニて大筒様之音致ス、（中略）交易所半作ニて未ダ成就致し不申、只約定日ニて唐船（黒船）来り、交易之品ヲ少し交易所へ上ル也」と引用されている。なお、「諸事風聞日記」によれば、米相場は、月五分で大坂の米屋喜兵衛から送られていたが、元治元年九月二八日から小中屋傳兵衛に代わったという。

このように、幕末期には、各地で飛脚や旅行者によって、口頭だけでなく、聞書や摺物として種々の情報が伝達されていたことが知られる。

三 庶民の知識欲の成長

（1） 幕府の教化策

江戸幕府を樹立した徳川家康は、政策顧問に朱子学者の林羅山を登用している。しかし政策上、儒教道徳が具現化してくるのは、文治政治といわれている、四代将軍家綱政権期からである。その寛文三年（一六六三）の「武家諸法度」では、「不孝の輩これあるにおいては、罪科に処すべき事」という条文が、「諸士法度」の最終条項には「家業を油断なく相勤むべき事」という条文がそれぞれ追加されている。これは、儒教の道徳目のうち、孝という概念をもちだし、「家」を重視する政治姿勢を示している。このことは、「武家諸法度」に追加されていないが、口上で殉死の禁止が申し渡された

終　章　江戸時代における情報の発達と文化交流

ことからもうかがえ、主従制における属人的要素が著しく制約されている。

次の五代将軍綱吉は、自身が好学で、天和二年（一六八二）に儒教的訓戒を盛り込んだ高札、いわゆる忠孝札を出している。これには、「忠孝を励まし、夫婦兄弟諸親類にむつまじく、召仕之者に至迄憐愍をくはふべし、もし不忠不孝のものあらば、重罪たるべき事」とあり、儒教の道徳を政治の中で利用しようとしている。しかし、積極的に庶民生活に浸透させる具体策はなかった。

八代将軍吉宗は、享保改革の一環として、享保二年（一七一七）に湯島の聖堂の講義を庶民に開放し、享保七年に手習いの手本として『六諭衍義大意』を発行し、読み書きを通じて道徳教育を庶民に施そうとしている。また、法秩序に従順な精神を養うために従来は禁止されていた、「法度書」や「五人組帳」の前書きなどを手本にする事も奨励している。

享保七年一〇月に吉宗は、武蔵国島根村の吉田順庵が代々の法度書を教えていたことを知り、これを褒賞したのを初例として、寺子屋の師匠に対する褒賞制度が始まっている。そして、代々の将軍・老中によってこの制度は受け継がれている。特に、水野忠邦は天保一四年（一八四三）から翌弘化元年の二年間に六二二名の寺子屋の師匠を褒賞し、賞品として『六諭衍義大意』を贈っている。このように吉宗の政策は、庶民の知識欲を高め、寺子屋を普及させ、庶民の識字率を高めていることが知られる。

（２）　寺子屋の普及

庶民の日常生活・生産活動が著しく進歩し、学問（読み・書き）の必要・要求が高まり、庶民教育機関として自然発生的に作られた寺子屋が普及している。その形態は一教室・一教師式のささやかな規模のものが多く、寺

子（生徒）も二〇～三〇人程度であった。庶民自身の読み・書きへの要求の高まりや幕府・諸藩の庶民教化政策にともなう寺子屋への保護・干渉により、近世中期以後、幕末期にかけて寺子屋は増加の一途をたどっている。経営者・師匠は、武士・僧侶・神官・医者・庶民などさまざまであったが、近世末期になるほど庶民経営によるものが増加傾向にある。また男女別では、全国的には男子の数が圧倒的に多いが、江戸・大坂のような大都市では女師匠が著しく進出し、女子の寺子数も激増している。

教育内容は、習字一科、読み・書き二科のものが圧倒的で、商業の盛んな地域では「算術」（そろばん）を、大都市では茶・挿花・漢学などの教養科目を加える寺小屋も成立するようになっている。寺子屋教育の中心はあくまで習字であったが、手習いで読ませることによって習字教材を理解させ、庶民の日常生活・生産活動に即応する教育機関として重要な働きをしている。教材として、消息・教訓・地理・歴史・産業・理数などのさまざまな手習い教本（往来物）が使用され、庶民の教養形成にも大きく貢献している。

（3）『孝義録』などにみえる庶民の知識欲

江戸時代における庶民の教養の程度をうかがえる史料として、『孝義録』『続編孝義録料』などがある。池上彰彦はこれらの史料から享保一一年（一七二六）から天保一四年（一八四三）まで、一一八年間に表彰された江戸住民三〇九人の一覧表を作っている。その中に、庶民の知識欲をうかがえる例が記載されている。

寛政三年（一七九一）

深川北川町　さよ　二八歳　店借　あんま春養女

家が貧しいので、武家に奉公する。そのとき、手習い・琴を学ぶ。読書を好み、給金の余りで四書五経を

終　章　江戸時代における情報の発達と文化交流

求めて読む。暇を取ってからは、家計の助けに、近所の女子に読み書き・琴・女の道を教える。夫を迎えるようにと勧めても受けず、両親に孝養を尽くす。

浅草三間町　伝六　五六歳　武蔵国足立郡出身　店借

幼時より江戸に奉公に出て、三五歳より質屋を始める。男女二人の奉公人を使う。天明の飢饉に粥の炊き出しをし、近所の者を救う。読書を好み、昌平坂学問所に通う。出身地の村の者に、父が昔うけた恩返しをする。

寛政四年

南鍋町二丁目　忠七　二八歳　甲斐国郡内出身　南槇町店借　春米屋甚右衛門養子

養父甚右衛門が商売に失敗し、そのうえ中風となる。そこで南鍋町春米屋太兵衛門方に給金三両で奉公し、養父母を養う。母も家計の助けに、近くの子に読み書きを教える。

浅草三間町　市郎左衛門　三四歳　地借　家主

母と二人暮らし。母が好むので、貸本などを読んでやる。自分も読書を慰めとする。

このような事例から江戸時代の庶民は、自分で読み書きができたばかりではなく、他人に教える能力さえもっていたことがわかるし、多くの人々が日々の生活に追われる中にありながら、文字を識り、読書をしようという欲求が強く存在していたことを示している。(30)

255

四 文化人のネットワーク

（1）杉田玄白・渡辺崋山をめぐる文化のネットワーク

庶民の子供たちは寺子屋で社会生活に必要な基礎的な教養を身につけていたが、さらに、高度の知識を習得しようとした場合、私塾に通って儒学や国学などの勉強を続けていくことが可能であった。また、私塾に通うことによって、同志による交流も盛んに行なわれるようになっている。

杉田玄白や前野良沢は、安永三年（一七七四）にわが国最初の本格的な医学書『解体新書』の翻訳を完成させている。その経過を杉田玄白が『蘭学事始』に記している。翻訳作業の中心となった前野良沢は豊前中津の奥平家の藩医、杉田玄白と中川淳庵は若狭小浜の酒井家の医者である。また、彼らのグループに出入りした者として、出羽庄内藩医の烏山松円、高崎藩松平輝高侍医嶺春泰、弘前藩医桐山正哲、幕府蘭方外科医桂川家第四代桂川甫周などの蘭方医が知られている。つまり玄白らの訳述グループには、幕医をはじめ、江戸詰の若州小浜・豊前中津・出羽庄内・陸奥弘前・上州高崎という諸藩の医者が協力して翻訳を行なっていることが知られる。

また、蛮社の獄で知られている渡辺崋山のいわゆる「蛮社（蛮学社）」は、崋山を中心に実際に結党・結社されたものではないが、蛮学すなわち西洋学術知識に関心のある諸方面の人々が崋山の周辺に集まり形成されたものである。つまり、崋山を中心とした文化のネットワークが形成されている。佐藤昌介の研究によれば、これらの人々は次のように六つのグループに分けることができる。

第一類　渡辺崋山のために蘭書の翻訳、新知識を提供した洋学者

　　　　　高野長英・小関三英

終　章　江戸時代における情報の発達と文化交流

第二類　崋山の洋学的知見を慕ってその傘下に集まった人々

　　江川英竜・羽倉用九・川路聖謨・松平伊勢守・松平内記勝敏・下曾根信敦・鷹見泉石・小林専次郎

第三類　崋山の文雅の友。のちに崋山が洋学を修めるとともに、これに興味をもった人々

　　遠藤勝助泰通・立原杏所・赤井東海・古賀侗庵・安積艮斎・望月兎毛・庄司郡平

第四類　はじめ高野長英・小関三英ら職業的洋学者に学び、のちに崋山に接した人々

　　奥村喜三郎増賎(ますのぶ)・内田弥太郎・本岐道平

第五類　崋山と同藩の田原藩関係者

　　三宅友信・鈴木春山・村上範致

第六類　その他

　　幡崎鼎・佐藤信淵・松本斗機蔵・大塚同庵・岩名昌山・斎藤弥九郎

これらの人々は、大名の庶子・幕府旗本・諸藩士・町医師などのほか、農民出身と思われる者もあり、身分は多種多様であったことが知られる。

(2)　滝沢馬琴と文化のネットワーク

渡辺崋山は、『南総里見八犬伝』『椿説弓張月』などの読本作家として知られている滝沢馬琴とも親交があった。享和二年(一八〇二)～天保一一年(一八四〇)ころにかけて記録した「滝沢家訪問往来人名簿」に記載された人々をみると、地域別では次のようになる。(34)

江戸六九人(諸藩士江戸詰をも含む)、京都九人、大坂四人、伊勢四人、尾張五人、三河二人、遠江一人、越

257

また、職業別で見ると、次のようになる。

① 幕　　臣　高屋彦四郎知久（柳亭種彦）・近藤重蔵守重など八名
② 諸藩士　馬琴に師事した仙台藩江戸番頭只野伊賀行義の妻真葛、讃岐高松藩士木村黙老など一二藩の藩士
③ 諸家奉公人　旗本の家臣、公家家中など
④ 画　　家　宋紫石父子、安藤広重など
⑤ 儒　　者　山本北山父子、亀田鵬斎父子など
⑥ 国学者　本居太平、荒木田久老など
⑦ その他　医者、書家、落語家、狂歌師など

このように多種多様な人々との交流が見られる。渡辺崋山の蛮社が西洋の知識の習得という目的を持った人々の文化のネットワークであったのに対し、滝沢馬琴の場合は、より幅広いネットワークであったといえるであろう。

(3) 京都における文化のネットワーク

江戸以外の都市でもさまざまな文化のネットワークが存在している。たとえば京都では、鹿苑寺の住持鳳林承章をめぐるネットワークが知られている。鳳林承章は、寛永一二年（一六三五）〜寛文八年（一六六八）の三三年間の日記『隔蓂記』を残している。鳳林は、文禄二年（一五九三）に勧修寺晴豊の第六子として生まれ、慶長五年（一六〇〇）に南禅寺の西笑承兌について参禅得度し、師の後をうけて同一三年に鹿苑寺金閣の住持と

258

終　章　江戸時代における情報の発達と文化交流

なり、さらに寛永二年（一六二五）に相国寺第九十五世住持になっている。

鳳林は、鹿苑寺金閣と相国寺の住持であるうえ、出身の勧修寺家は代々武家伝奏を務める有力公家であったので、幅広い人々と交流を持っている。この鳳林の日記は、寛永文化の諸相を知る絶好の史料となっている。『隔蓂記』には、後水尾天皇（後陽成天皇の皇子、父晴豊の妹が、後陽成天皇の母）の知遇を得て、仙洞御所・修学院・桂離宮などでの詩歌・管弦を楽しむなど、板倉重宗・小堀政一・五味金右衛門など幕府の役人、儒者の林羅山、茶人谷家など公家社会との交流をはじめ、聖護院・妙法院など門跡寺院や、五摂家・勧修寺一門・飛鳥井家・藤谷家など公家社会との交流をはじめ、画家の狩野探幽・海北友松・土佐光起、蒔絵師の幸阿弥、陶工の野々村仁清など寛永文化を代表する人々との交流が知られる。

このほか、売茶翁と呼ばれた黄檗僧月海元昭の文化のネットワークも知られている。売茶翁は、享保一六年（一七三一）、五七歳のとき肥前竜津寺を法弟大潮に譲り上洛し、同二〇年に売茶の生活に入り、一八世紀後半に京都文化の沖をはじめ、そのほか、皆川淇園・円山応挙・松浦静山などとの交友があった。この売茶翁の銅製のレリーフが、後述の大坂の木村蒹葭堂の依頼によりトワークが形成されていたことが知られる。寛政九年（一七九七）に旗本の洋学者である石川七左衛門によって作成されている。蒹葭堂は売茶翁の高風を慕い、その茶道具一式を譲り受けている。(37)

(4)　大坂における文化のネットワーク

大坂には、八代将軍吉宗によって、官学に準ずる扱いを受けるようになった大坂町人の学問所の「懐徳堂」があり、数多くの町人学者を輩出している。(38)懐徳堂の創立は、三宅石庵の塾のために享保九年（一七二四）一一月

259

に大坂町人の中村良斎・富永芳春・長崎克之・吉田可久・山中宗古(後に、懐徳堂五同志といわれる人々)を中心に、尼崎町一丁目に講舎を建設されたことによる。石庵が大坂に最初に塾を開いたのは、元禄一三年(一七〇〇)で、場所は尼崎町二丁目であった。その後、正徳三年(一七一三)に門人の中村良斎・富永芳春らの助力により、安土町二丁目に移り、多松堂と名づけた塾を開き、門人も増加した。その後、享保九年(一七二四)三月に火災にあい、以前からゆかりがあり、含翠堂のある住吉郡平野郷に石庵は移った。しかし、懐徳堂は学問所としての性格を堅持するために、「四方俗儒」との交遊を忌避する傾向にあった。そのため、文人の交流という点では、懐徳堂の役割は少なかった。

大坂の文化人のネットワークとしては、木村蒹葭堂をめぐる人々の存在が知られている。坪井屋吉右衛門という酒造業者であった木村蒹葭堂は、本草・博物学者としても知られ、安永八年(一七七九)から死亡の直前までの二四年間のうち一九年余分の「蒹葭堂日記」を残している。この日記には、のべ九〇〇〇人を越える人物の名前が記載されている。その中には、日常的な友人だけでなく、著名な人物も含まれている。蒹葭堂の専門の本草学者や、趣味の書画・詩文・煎茶関係者だけでなく、学者・医家・通詞・僧侶や大名など、蒹葭堂を中心とした文化の交流がうかがえる。

また、幕末期には、広瀬旭荘と藤井藍田・河野鉄兜らの文化人のネットワークが知られている。

(5) 地方都市の発達——木綿屋(岸本家)吉兵衛家の事例——

文化人のネットワークは、前述の江戸・京都・大坂の中央都市だけでなく、地方の城下町や港町などでも見られ

260

終　章　江戸時代における情報の発達と文化交流

れる。播州の高砂町（現、兵庫県高砂市）は、慶長五年（一六〇〇）に播磨一国五〇万石を与えられた池田輝政が姫路城に入り、東播の領知の年貢米輸送のため、翌年に加古川の付け替え工事をして現在の川筋を本流とし、河口に港町高砂を建設したことにはじまる。そして、対岸の今津村の無役の者を移住させ、諸役免除の特権を与えた。さらに輝政は、慶長九年に滝野村の阿江与助と田高村の西村伝入斎に滝野より上流田高川の開削を命じた。これにより丹波国氷上郡本郷から高砂までの加古川の舟運を開いている。これによって加古川流域の年貢米をはじめとした諸物資が輸送されたので、高砂は加古川の舟運と瀬戸内海沿岸航路との結節点として発展する。

この高砂町の木綿屋吉兵衛（岸本家）は、高砂町の大年寄役を務めただけでなく、六人衆という姫路藩の御用達商人として活躍している。姫路藩といえば、河合寸翁による藩政改革がよく知られているが、吉兵衛はこの寸翁による藩政改革の協力者の一人であった。

高砂岸本家は、印南郡大国村（現、加古川市西神吉町大国）の岸本家の三代道三（寛文八年～享保一五年）の七男の道順（享保三年～明和九年六月九日）が分家して高砂に移ってきたことにはじまる。そして三代博高（宝暦五年～文政一三年）の時には、後述するようにいろいろな文人墨客との交流が見られるようになっている。四代克寛（天明四年～嘉永四年）は、文政三年に六人衆、のち高砂町大年寄に任ぜられており、弟の善太郎も天保九年（一八三八）に長束木綿船問屋、同一五年に大年寄並み、弘化二年（一八四五）に家中並みにとりたてられている。五代克孝（文化八年～明治二七年）は、六人衆・大年寄役・長束木綿船問屋などの役職を歴任し、家中並にとりたてられている。このように岸本家は、高砂の代表的な町人として、町政に携わっていただけでなく、富裕町人として姫路藩の経済にも深くかかわっていたことが知られる。

先述のように、岸本家と当代一流の文化人との交流が盛んになってくるのは、三代博高の時代である。当時写

表3　茶会記に見える茶人たち

分類	名前	事項	その一族
茶人	玄々斎精中宗室	裏千家十一世	
	木津宗詮	大坂の人、裏千家八世又玄斎一燈の高弟、二世宗詮を善立寺からむかえる、和歌山藩の茶道役	木津宗朴・木津宗亟
	狩野宗朴	大坂の人、狩野家二代琢叟、初代宗朴は、裏千家八世又玄斎一燈に学ぶ	
	速水宗乾	姫路の人、三代目、初代宗達は、裏千家八世又玄斎一燈の高弟、岡山藩の茶匠	
	青木宗鳳	大坂の人、四世習々斎、初代は遠州流山田乗仙の門人	
	小松左龍	高砂神社神官、安芸守、俳人	
	随翁	西福寺住職	小松美作守
六人衆	児嶋又左(右)衛門	紅粉屋、姫路の商人	
	内海庄左(右)衛門		内海準次郎
	高原助太夫	茶屋、姫路の人	
	井上甚左衛門	平福屋	
大年寄	三谷七太夫	柴屋、大蔵元仲間、観世流	柴屋太郎兵衛(千家裏流)
	梶原長左衛門	壺屋、大蔵元仲間	
	小西次右衛門	塩屋、大蔵元仲間、塩浜新田開発願人仲間	
	糟谷長平	加古川屋、大蔵元仲間、奏曲、宝生狂言	
	中須又右衛門	米屋、大蔵元仲間	
	井沢三郎兵衛	魚屋、大蔵元仲間	魚屋喜太郎・井沢次郎助 井沢善太郎・井沢銀太郎 井沢義一郎・井沢秤太郎
大蔵元仲間	河合真沙雄	小間物屋儀兵衛	
	菅野彦左衛門	塩屋	菅野五郎兵衛
	枝川助次郎	塩浜新田開発願人仲間	
医者	大賀正意	鍼医、高砂町狩網町	大賀昌意(正意の長男、点茶鍼医)・大賀昌平
	尾崎玄賀	鍼医、高砂町北渡海町	
	田中正白	医師、高砂町北本町、千家裏流、未生斎一圓門人	
	安福愿堂	医師、高砂町今津町	
	野坂養蔵	医師、高砂町横町	野坂貞蔵
その他	大国十右衛門	大国村岸本家六代目、妻は高砂岸本家三代博高の長女房	
	野里四郎右衛門	五代克孝の妻の父、大坂総年寄、弘化三年から岸本家に同居	
	古手屋四郎兵衛	古苧雨蓬、今津町、俳諧	
	松岡佐二右衛門	瓦屋、釣舟町、号文単、茶をよくする、未生流	
	岡田百太夫	米屋市右衛門、号柳荘、高砂地方庄屋、奏曲、観世	
	道具屋善七	三木町、二大江戸積金物仲買問屋の一軒	
	田淵市十郎	川口屋、赤穂藩の蔵元役、塩問屋、同家の庭は、文化財に指定されている	
	善立寺	二世木津宗詮の実家	
	三浦義一郎	塩屋、大年寄の三浦家の一族か	
	宮脇岩蔵	松尾屋、大年寄の宮脇家の一族か	
	山田屋安兵衛	山田金蠟、高砂本町の呉服店、俳諧	

出典：拙編『近世の地方商家の生活と文化』(ジュンク堂、平成12年) 167・168頁。

終　章　江戸時代における情報の発達と文化交流

生画の新境地を開拓した円山応挙とその弟子の長沢芦雪の書状が残されている。すなわち、寛政元年（天明九・一七八九）一二月七日付の応挙の芦雪宛の書状と、九日付の芦雪の吉兵衛宛の書状の二通である。これによって、芦雪が応挙の絵を吉兵衛（三代博高）に斡旋したことが知られる。また、四代克寛の時代に作られたと思われる博高の肖像は、芦雪の義子芦洲が画き、大国隆正(46)が賛をしている。以上のことから、三代博高以来岸本家ではこれらの画家と交流が続いていたことがうかがえる。

さらに岸本家では、画家だけでなく数多くの文人墨客との交流があったことが知られている。三代博高の頃から茶道に深く関わるようになり、武者小路千家や裏千家との交流があった。(47) 四代克寛の時の茶会記が残されている。文化元年（一八〇四）から文政一一年（一八二八）までの五三の会記（自会記三五会・他会記一八会）を記録したもので、これに出てくる主な人物を分類したのが、表3である。これによると、大坂・京都の茶人をはじめ、姫路藩の御用達商人の六人衆、高砂町の大年寄たち、諸藩の年貢米の輸送にあたった大蔵元仲間の町人、町内の医者とお茶を楽しんでいる。さらに、赤穂の田淵家、三木の道具屋善七など高砂周辺の有力町人とも、茶道を通して交流があったことが知られる。

この岸本家に見られるように、江戸時代において封建的な制約があったものの、文化に対する庶民の欲求は強く、また、同好の人々の交流が盛んに行なわれ、近世文化の担い手になっていたことが知られる。(48)

おわりに——江戸時代のコミュニケーションの諸相——

江戸時代に対しては、人々の生活は幕府や諸藩の支配のために、封建的で不自由であったというマイナス・イメージが強かった。しかし、それらの制約の下で、人々は、自分たちの生活を経済的にも文化的にも向上させよ

うとしていた。元禄期の全国的な流通機構の成立・発展による経済力の向上は、八代将軍吉宗の庶民教育の奨励策とともに、人々の知識欲を刺激し、庶民の識字率を高めた。庶民が寺子屋で読み書きを学び、さらに向学心のあるものは、三都をはじめ各地に成立した私塾に通い、より高度な知識を習得していた。

また、島崎藤村の『夜明け前』の材料になったように、幕末期の政治・社会不安の深刻な中で、飛脚の口頭や聞書によってもたらされる諸方の情報を書き残している商人や農民もいた。

このような庶民の知識欲は、三都における文化人のネットワークを形成させるとともに、地方都市においても茶会や句会などの文化的交流を生み出していたことが知られるのである。

（1）辻達也『江戸時代を考える』（中央公論社、昭和六三年）、尾藤正英『江戸時代とは何か』（岩波書店、平成四年）などがある。

（2）拙稿「日本的経営の歴史的背景」（中島克己・桑田優編『日本の国際化を考える』（ミネルヴァ書房、平成四年）一三〜二六頁。

（3）丸山雍成『日本近世交通史の研究』（吉川弘文館、平成元年）一〜九頁。

（4）丸山雍成「飛脚業の展開」（『幕藩体制の成立と構造』上、日本歴史大系八、山川出版社、平成八年）三三七〜三三九頁。

（5）『同右書』三三七〜三三九頁。

（6）文政三年六月刊。近世風俗研究会、昭和三七年再版による。

（7）拙稿「近世後期における在郷町の変貌——播磨国美嚢郡三木町の場合——」（『関西学院史学』第一七号、昭和五一年）による。本書第一部第一章参照。

（8）拙稿「近世三木町における前挽鍛冶仲間の成立と発達」（『人文論究』第二二巻第一号、昭和五一年）による。本書第

264

終　章　江戸時代における情報の発達と文化交流

(9) 拙稿「金物仲買問屋と鍛冶職人──近世三木金物の事例──」(『日本歴史の構造と展開』山川出版社、昭和五八年)による。本書第一部第四章参照。
(10) 拙稿「三木の金物」(『兵庫県の歴史』第一九号、昭和五八年)による。
(11) 永島福太郎編『三木金物問屋史料』(思文閣出版、昭和五三年)五七六・五七七頁。
(12) 三木郷土史の会『三木市有宝蔵文書』第五巻(三木市、平成一一年)四八六頁。
(13) 前掲『三木金物問屋史料』五七八〜五八〇頁。
(13) 宮地正人は、江戸の蘭方医坪井信良から越中高岡の実兄佐渡養順宛の弘化元年(一八四四)〜明治一〇年(一八七七)の書状の分析を行なっている(『江戸後期の手紙と社会』永原慶二・山口啓二『講座・日本技術の社会史』第八巻、日本評論社、昭和六〇年)。
(14) 拙著『諸事風聞日記』(敏馬書房、平成一七年)三〜四頁。
(15) 藤村潤一郎「情報伝達者・飛脚の活動」(『日本の近世』六、中央公論社、平成四年)三四三頁。
(16) 三谷栄一・峯村文人『国語の常識』(大修館書店、平成六年)二七二頁。
(17) 野島秀勝「解説」(《カラー版日本文学全集》河出書房、昭和四二年)五四〇頁。
(18) 『同右書』一四九頁。
(19) 『同右書』二二七頁。
(20) 『同右書』一五八頁。
(21) 拙稿『諸事風聞日記』(慶応元年)──三田鍵屋(朝野庸太郎家)文書──(一) (二・完)《『神戸国際大学紀要』第五七号・第五八号、平成一一年・平成一二年)で、一冊目を翻刻している。鍵屋重兵衛家は、江戸中期以後三田町東組に住し、日用雑貨・食料品などを商う「よろづや」で、町年寄役も務めている(髙田忠義『諸事風聞日記　三田明治史』鍵屋重兵衛記念館資料室、平成五年、一一・一二頁)。のちに前掲『諸事風聞日記』としてまとめた。
(22) 『兵庫県史』史料編幕末維新(兵庫県、平成一〇年)三一七〜三一八・三二〇・三二一・五一三頁。
(23) 前掲『諸事風聞日記』(慶応元年)──三田鍵屋(朝野庸太郎家)文書──(二・完)一〇〇頁。

(24) 朝尾直弘「将軍政治の権力構造」(『岩波講座日本歴史』一〇、岩波書店、昭和五〇年) 三九・四〇頁。

(25) 前掲『江戸時代を考える』四〇〜四二頁。

(26) 石川謙『寺子屋』(至文堂、一九六六年) 八三頁。

(27) うち、三三件については、『市中取締類集』二四(『大日本近世史料』東京大学出版会、平成一二年) 一八五〜二九四頁。

(28) 前掲『寺子屋』による。

(29) 池上彰彦「後期江戸下層町人の生活」(西山松之助編『江戸町人の研究』第二巻、吉川弘文館、昭和四八年) による。

(30) 青木美智男「近世後期、下層町人女性の教養と知性——式亭三馬『浮世風呂』を素材にして——」(『専修史学』第三一号、平成一二年) には、幕末・維新期に来日した欧米人の見聞記に、当時の日本の庶民の識字率の高さに驚いており、特に女子の教養の高さについて言及している。

(31) 緒方富雄訳「蘭学事始」(『世界教養全集』第一七巻、平凡社、昭和三八年) による。

(32) 前掲『江戸時代を考える』一四三〜一四五頁。

(33) 佐藤昌介『洋学史研究序説』(岩波書店、昭和三九年) 一九一〜二一四頁。

(34) 前掲『江戸時代を考える』一五三〜一五七頁。

(35) 冷泉為人監修『寛永文化のネットワーク——「隔蓂記」の世界——』(思文閣出版、平成一〇年) i〜iv頁。

(36) 高橋博巳『京都藝苑のネットワーク』(ぺりかん社、昭和六三年) による。

(37) 中野三敏『江戸文化評判記』(中央公論社、平成四年) 五〇〜五二頁。

(38) 脇田修・岸田知子『懐徳堂とその人びと』(大阪大学出版会、平成九年)、小堀一正『近世大坂と知識人社会』(清文堂、平成八年) などがある。

(39) 前掲『近世大坂と知識人社会』六〜二七頁。

(40) 有坂道子「木村蒹葭堂の交遊——大坂・京都の友人たち——」(『大阪の歴史』第四六号、平成七年)、中村真一郎『木村蒹葭堂のサロン』(新潮社、平成一二年) がある。

(41) 前掲『近世大坂と知識人社会』一四七〜一八四頁。

266

終　章　江戸時代における情報の発達と文化交流

(42) 山本徹也『近世の高砂』(高砂市教育委員会、昭和四六年) 二〜五・二二一〜二七頁。

(43) 拙稿「姫路藩家老河合寸翁と岸本家」(拙編『近世地方商家の生活と文化』ジュンク堂、平成一二年) 一一一〜一二二頁。

(44) 拙稿「播州高砂岸本家の成立と発展」(拙編『播州高砂岸本家の研究』ジュンク堂、平成元年) 一三一〜四二頁。

(45) 冷泉為人「岸本家と文人墨客」(前掲『播州高砂岸本家の研究』、前掲『近世地方商家の生活と文化』に再録)による。

(46) 寛政四年〜明治四年。文化三年(一八〇六)平田篤胤に入門、のち昌平校で学び、文化七年に津和野藩に帰藩。天保七年小野藩に招かれ、翌年帰正館を設立し、同一二年京都に移る。わずか五年あまりの播州生活であったが、旧家には多くの墨跡が残されている。

(47) 筒井紘一「岸本家と茶会」(前掲『播州高砂岸本家の研究』、前掲『近世地方商家の生活と文化』に再録) による。

(48) 竹松幸香「加賀藩文化ネットワーク」(『ヒストリア』第一六一号、平成一〇年)、梅村佳代『日本近世庶民教育史研究』(梓出版社、平成三年) などの研究がある。

あとがき

　私と近世文書との出会いは、昭和四三年に関西学院大学文学研究科に入学したことでした。指導教授である故同大学院名誉教授永島福太郎先生の勧めにより、三木市史の編集作業に加わり、一週間の合宿に参加し、読解力を高めていくことになりました。また、三木金物の欠かせない古文書調査で地元の文化人であった故井本由一氏とともに神戸市須磨区に移住されていた故井上善次氏（道具屋善七家の末裔）にダンボール一箱に入っていた諸証文を見せていただきました（この史料は平成七年一月の阪神淡路大地震のために所在不明となった）。このようにして私の三木金物の成立・発展への研究が始まりました。

　まず、関西学院大学人文学会の『人文論究』に黒田清右衞門家の看板になっている、江戸時代の最重要製品であった「前挽鋸」（丸太から板材を作る鋸）をとりあげました。その後、永島福太郎編『三木金物問屋史料』（思文閣出版、昭和五三年）の編集に関わりながら研究を続けました。

　そして、昭和五六年七月に先代黒田清右衞門氏から全三木金物卸商協同組合の一〇周年記念史の執筆依頼を受けました。この時、黒田家の納屋の二階にあった長持の中から近現代の史料を含む雑多な史料がみつかり、江戸時代の史料や近現代の史料を集めました。また他所においていた金物卸商の諸組合関係の資料ならびに三木市や三木市商工会議所からの資料も収集できました。私としては単なる郷土史でなく、一般学術書としての体裁を整

269

えるため、全国的な資料も集めて『三木金物問屋史』（三木市商工会議所・全三木金物卸商協同組合、昭和五七年）が完成しました。

今度は、『三木金物問屋史』の補遺として、今回の仕事と一緒に私の手元にある二〇〇頁以上の史料を出すつもりでいましたが、私自身両手の慢性痛のため、今回は『伝統産業の成立と発展──播州三木金物の事例──』として刊行しました。後日これらの史料の発刊もするつもりでいます。この本によって、三木金物の発達とその周辺の社会文化の発展に触れ、江戸時代が今まで考えられていた封建社会でなく、人と物資が活発に動き、江戸・京都・大坂の三都だけでなくその他の地域での文化交流が盛んであったことを知っていただければ幸甚です。

最後になりましたが、関西学院大学で一緒に最初の「教学補佐」になった四〇年来の友達である冷泉為人氏（冷泉家二五代目）には「発行に寄せて」をいただき本当にありがとうございました。丁度、「冷泉家王朝の和歌守展」の開催中にもかかわらず、懇切丁寧な発刊のことばを頂き、重ねて感謝します。また編集にご尽力をいただいた思文閣出版の原宏一部長および担当者の田中峰人氏に記して感謝申し上げます。

二〇一〇年四月二六日

桑田　優

◆成稿一覧◆

（ただし、全編にわたって多少の補訂を加えている）

緒　言　新稿

第一部

第一章「近世後期における在郷町の変貌――播磨国美嚢郡三木町の場合――」（『関西学院史学』第一七号、昭和五一年）

第二章「近世三木町における前挽鍛冶仲間の成立と発達」（関西学院大学人文学会『人文論究』第二二巻第一号、昭和四七年）

第三章「近世後期における三木金物と大坂・江戸市場」（『社会経済史学』第四六巻第一号、昭和五五年）

第四章「金物仲買問屋と鍛冶職人――近世三木金物の事例――」（『日本歴史の構造と展開』山川出版社、昭和五八年）

第五章「第二次世界大戦前における伝統産業の発展と同業組合――三木金物の事例――」（『八代学院大学経済経営論集』第六巻第一・二号、昭和六三年）

第六章「第二次世界大戦後における伝統産業の発展と同業組合――三木金物の事例――」（『八代学院大学経済経営論集』第九巻第二号、平成二年）

第二部

第一章「上州館林藩越智松平氏と飛び地領支配――播磨国美嚢郡領の事例――」（『今井林太郎先生喜寿記念国史学論集』同刊行会、昭和六三年）

第二章「播州三木町の切手会所――館林藩越智松平氏の藩政改革の一端――」（『八代学院大学紀要』第一三号、昭和五二年）

第三章「近世における加古川の舟運」（『兵庫のしおり』第五号、平成一五年）

第四章「三木金物仲買問屋の経営――作屋清衛門家（黒田家）の事例――」（『八代学院大学紀要』第一六号、昭和五四年）

終　章「江戸時代における情報の発達と文化交流」（共編『コミュニケーション問題を考える』ミネルヴァ書房、平成一六年）

1

　　　　　　　　　　　　　　　　　　索　　引

若狭小浜　　　　　256　　　わたくり屋　　　　　　16
脇街道　　　　　　245　　　渡辺崋山　　　　5,256,258
和鋼　　　　　　　107　　　渡辺氏　　　　　　　　205
綿　　　　210,242,243

xvii

本居太平	258
本居宣長	190
元株	71
木綿	22,38,175,176
木綿切手	175
木綿縞織	21,22
毛綿商売	16,18
木綿専売制	21
木綿屋	16,17
木綿屋吉兵衛	261
門跡寺院	259
門前町	11

や

安永四番組	74,76
やすり鍛冶	17,42,62
山方役人	212
弖(やまさん)作屋	222
山城木津	25
山田演平	206
山田屋	37,41,183
山田屋伊右衛門	35,44,46,52,53,63,70,86,93
「山田屋伊右衛門前挽鍛冶開業願書」	33,62
山田屋源兵衛	37,66
山田屋次郎兵衛	37,42,66,87,91
山田屋清兵衛	37,66
山田屋善蔵	37,66
山田屋弥次右衛門	45,47,51〜53,55,63,70,93,94
山田屋弥兵衛	182,184,185,233
大和	251
大和郡山	25
大和屋善三郎(砂場)	74
大和屋平右衛門	44,70,93
山中宗古	260
山鋸	179
山本北山	258

ゆ

湯浅七左衛門	109
邑楽郡(上野)	165,167

湯島の聖堂	253
輸出貿易振興座談会	135
湯山街道	189

よ

『夜明け前』	250,264
洋鋼	107
用人鉄炮	167
洋刀	116
与板町(新潟県)	140
吉田可久	260
吉田順庵	253
吉田屋利兵衛	37,66
寄せ絞の者	21
寄合	161
寄鉄炮	167
万屋平兵衛(鋸鍛冶)	95
万屋安兵衛(中津町)	251
四軒屋新右衛門(宗佐村)	27

ら・り

『蘭学事始』	5,256
利器金物業	105
利器工匠具	123,124,147
陸塩商人	211,214
『六諭衍義大意』	253
竜津寺	259
領外移出の独占	175
領主金融	230,233,237
領主の用向	28
領知目録	166
領内特産品	175

れ・ろ

レザー(西洋剃刀)作業場	121
浪人稽古鉄炮	167
浪人取上鉄炮	167
鹿苑寺(金閣)	5,258,259
六人衆(姫路藩)	261,263
ロサンゼルス市	143

わ

隈府町(肥後)	11

索　引

社）	116
三木金物グランドフェア	147
三木金物産地振興推進委員会	147
三木金物産地振興ビジョン	147
三木金物事業協同組合	133
三木金物商組合	108,125
三木金物商工協同組合連合会	135,147
三木金物振興審議会	135
三木金物振興展	139,144
三木金物販売同業組合	111,114,116,
118,119,122,124～126	
三木金物北海道見本市	139
三木金物見本市	139
三木川通船	18,26～28,204～206,208,212
三木金属工業指導所	135
三木金属工業センター	143
三木金属貿易品生産指導所	135
三木工業団地	143
三木市商工課	144
三木一〇か町	23,249
三木城	61,169,246
三木商工会議所	135,142
『三木商工名鑑』	133
三木市立金物資料館	151
「三木町家別人数並諸商売書上写」	18
三木町鍛冶職人	42
三木町鍛冶職工共励会	108
三木町鍛冶職工組合	108
三木町金物仲買問屋仲間	24,25,38～
40,47,56,67,68,74,76,77,86,88,89,	
91～96,98～100,176,219,220,223,237	
三木町切手会所	176,181,186,188,190,
192,233～237	
「三木町質屋仲間帳」	17
三木町陣屋	62,97,170,206,236
三木町鋸鍛冶職人仲間	64,90,96
三木町庖丁鍛冶仲間	70
三木町前挽鋸鍛冶仲間	4,35,43,45,46,
51,53,55,56,63,65,67,70,86,89,93,	
94,99,179,248	
三木町文殊四郎鍛冶仲間	4,63,65～
67,70,86,95,248	
「三木町由緒書上控」	15

三木の金物マーク	151
三木鋸工業協同組合	134,138
三木鏨工業協同組合	138
三木貿易協会	135
三木役所	33～35,52,53,55
三木輸出金物見本市	143,144
三木輸出K.K.	108
三木利器工匠具工業協同組合	134,138
三木利器工匠具配給株式会社	125
水越正蔵	109
水野忠邦	253
三ツ印	182
三橋会所	69
皆川淇園	6,259
水口（江州）	47
港町	11
嶺春泰	256
美嚢川（三木川）	6,12,18,26,28,61,
169,202～205,213,214	
見本市	122,139,140
見本品	179,181
宮川東馬安承	176
三宅石庵	260
三宅友信	257
宮田宗十郎	108
冥加金	20
妙法院	259
民間貿易許可	135

む

武者小路千家	263
村方	19
村上範致	257
村のかじや記念碑	151

め

明治維新政府	106

も

毛利氏（軍）	12,162
木炭商	73
望月兎毛	257
木工品	210

xv

63,65,93,98,176,248	
前挽鋸鍛冶仲間	47
前挽鋸株	35
前挽鋸職道具	51
前挽鋸の預り証文銀	94
前挽屋(大坂屋)五郎右衛門	35,41,44～46,50,52,55,63,70,86,93,94,180
前渡銀	237
前渡金(鍛冶貸付金)	226,232
曲尺	44,64,90,179
曲尺地	71,98
曲尺地鍛冶職人	41
「曲尺地目切鑿鉋鍛冶控」	71
「曲尺仲間」	71
曲尺目切	71,98
曲尺目切鍛冶職人	41
「曲尺目切仲間」	71
「曲尺地目切鑿鉋鍛冶控」	98
曲尺屋弥助	25
馬籠宿	250
枡座	242
枡屋市左衛門	220,222
枡屋伝兵衛	95,226
町方	11,15,19
町年寄	250
町場	11
町飛脚	245
町村	11
松浦静山	6,259
松江	162
松方財政	107
松平伊勢守	257
松平勝敏	257
松平清方	161
松平清武	160～165,172,206
松平式部太輔(榊原忠次)	201,211
松平勘敬	212
松平武揚	162
松平武総	162、164
松平武元	161,163,164,169
松平武修	162
松平武成	162
松平武寛	161
松平武雅	161
松平忠明	201
松平忠広	159
松平輝高	256
松平徳之助	193
松平直常	166
松平直矩	13
松平斉厚(武厚)	21,161～163,179,193
松平斉良	162
松平兵部太輔家	233,236,237
松平光仲	159
松平義行	161
松平頼明	161
松平頼恕	162
松前	243
松本源太郎	108
松本斗機蔵	257
松屋太兵衛	220
松屋町	74
㊂(まるさん)作屋	222
丸屋儀兵衛	75
丸屋九兵衛	74
丸屋五兵衛	75
丸屋長兵衛	75
円山応挙	6,7,259,262
丸屋利兵衛	75
丸屋六兵衛	75
丸屋和助	75
満洲	113,114

み

三河	257
三木―大坂間の飛脚制度	22,26,28
三木鍛冶工補導所	135
三木金物卸商業協同組合	132,133,138,139,142
三木金物卸商業組合	121～126,132
三木金物卸商業組合協定価格	124
三木金物卸商新団体設立発起人会	142
三木金物卸団地建設促進委員会	143
三木金物株式会社	108
三木金物協同組合	138,142
三木金物組合商会(現、地球工業株式会	

索　引

兵庫県商工部	147	分銅屋新宅	222
「兵庫県報」	123	**へ**	
兵庫県三木金物試験場兵庫県機械金属工業指導所	121	別所氏	12,61,169
兵庫県利器組合兵庫県利器工匠具工業施設組合	134	紅粉屋源兵衛	38,67,88
		ペンチ	138
兵庫県利器工匠具工業協同組合	134	**ほ**	
兵庫県利器工匠具工業組合	132	貿易振興懇談会	135
兵庫津裁判所	106	法界寺	17
評定所	13,179	縫針業	3
平井重隆	166	宝蔵	13
平賀与市	171	庖丁	18,42,44,98
平田篤胤	190	庖丁鍛冶(職人)	36,41,42,63,65,71,
平野屋惣兵衛	20	86,89,96,97,99,226	
平山町与市郎	203	庖丁鍛冶仲間	4,248
弘前藩	256	「庖丁職方控」	71,96
広島	109	鳳林承章	5,258,259
広瀬旭荘	6,260	北在	4
ふ		干鰯	210
ふいご祭	139	干鰯商売	18
福島幸太郎	109	干鰯屋	16
福田屋	183,204	北海道	109,246
福田屋金兵衛	206	北海道移出部	123
福田屋代蔵	27,205,206,212	北海道金物商業連合会	123
福田屋八郎兵衛	20,182,185,233	堀田光雄	123
釜山	113	本岐道平	257
藤井藍田	6,260	本城亮之助	108
藤谷家	259	本草・博物学者	260
藤原光平	160	本多忠政	200,201,214
豊前中津	256	本百姓	242
「父祖行状記」	34	本要寺	13,206
弐見	189	**ま**	
船座	199	前野良沢	5,256
船塩	211	前挽鍛冶職人	18
船持	212	「前挽株一許録」	63
舟役	200	「前挽職方控」	45
舟役米	200	前挽鋸	33,43,68,73,76,89,94,110,
舟持惣代	202	116,203	
ふや町真打七郎左衛門	46	前挽鋸鍛冶開業	63
古川武兵衛氏成	166	前挽鋸鍛冶株	94
古手屋利右衛門	106	前挽鋸鍛冶(職人)	4,34,35,38,40,44,
古屋沖右衛門	166,168		

xiii

太郎太夫村	55, 94
西古瀬	209, 210
古川村	202, 209, 210
吉井組	185, 207～209
和田村	166
多可郡	124, 159, 160
上村	166
黒田庄	26
田高村	7, 26, 199, 214, 261
氷上郡本郷	7, 199, 202, 261
美嚢郡	98, 107, 111, 113, 114, 118, 159, 160, 165, 167, 169, 171, 206, 210, 219
池野組	185, 207
池野村	166
大谷山寺	166
大村	166
金谷村（金尾村）	166, 168, 171
上五か町	27, 203, 204
行力村	166
久留美村	120
佐野村	166, 168, 169
志殿村	166, 168
下五か町	27, 203, 204
正法寺村	27, 166, 205
新町	21, 27, 203, 206
善祥寺村	166
東條町	21, 206
中島村	166
西中村	166, 168
西村	166, 168
長谷村	166, 168, 169
東中村	166, 168
久次村	166
別所村	120
保木村	166
三木組	185, 207
桃坂村	166
森村	185, 207
吉川	189
与呂木村	166
「播磨国知行高辻郷帳」	159
藩札	175
蛮社（蛮学社）	5, 256
「播州金物販売組合」	124
「播州三木郡三木町諸色明細帳」	62
「播州三木町諸色明細帳」	16, 62
播州三木飛脚	26
藩政改革	175, 192
藩籍奉還	162
番附	182
ハンブルグ	144
ハンマー	138

ひ

菱垣廻船	69, 197
東廻り航路	197
引合	52, 248
飛脚	22～24, 28, 245, 246, 249～251, 264
「飛脚勘兵衛願書」	22
飛脚取次所	246
飛脚屋仲間	25
「飛脚屋譲願書」	22
剃刀	98, 179
「剃刀鍛冶稲荷講中控」	71
剃刀鍛冶職人	42, 98
「剃刀鍛冶仲間控」	71
菱屋忠兵衛	37, 66
菱屋与三右衛門	66
尾州	25, 109, 246
肥前	259
備前	25
常陸下館藩	61, 220, 246
秀吉の制札	13
一柳宇右衛門直次	159
一柳末榮	20
一柳直長	166
姫路街道	189
姫路城	6, 199, 200
姫路藩	13, 21, 26, 159, 169, 175, 212, 213, 246, 261, 263
姫路奉行所	213
兵庫	4
兵庫開港	252
兵庫県勧業報告	107
兵庫県機械金属工業指導所	143
兵庫県工業試験場三木分場	121

　　　　121, 131, 136, 138, 140, 143, 144, 146,
　　　　154, 203
「鋸鍛冶伊右衛門差入証文写」　　　　87
鋸鍛冶(職人)　　4, 40, 41, 63, 65～67, 70,
　　　　71, 73, 86, 87, 91, 95, 176, 226
鋸鍛冶仲間　　　　36, 40, 68, 91, 248
「鋸鍛冶仲間控」　　　　39
鋸製造業　　　　138, 147
鋸目立　　　　146
「鋸目立組合規約」　　　　108
野道具鍛冶(職人)　　　　17, 18, 62
野道具鍛冶仲間　　　　18
「野道具鍛冶仲間訴状」　　　　62
野々村仁清　　　　5, 259
鑿(鍛冶職人)　　　41, 71, 98, 110, 113, 121,
　　　　124, 134, 136, 138, 140, 143, 146, 179
「鑿公定販売価格表」　　　　124

　　　　　　　　は

売茶翁　　　　6, 259
廃藩　　　　164, 172
秤座　　　　242
萩原伝蔵　　　　168
萩原藤七郎友明　　　　13
幕府　　　　163, 242
幕府直轄領　　　　159, 170, 172, 197
幕府蘭方外科医　　　　256
羽倉用九　　　　257
博覧会　　　　122
博労町　　　　74
箱訴　　　　204
鋏　　　　44, 98, 110, 179
鋏鍛冶職人　　　　42, 71, 98
幡崎鼎　　　　257
花屋安兵衛　　　　90, 95, 226
浜田(石見)　　　162～164, 172, 193, 233
浜田城　　　　162
刃物工具　　　　134
早川逸蔵(逸造)　　　　171, 185
早川勇次　　　　171, 185
林羅山　　　　5, 252, 259
原市三郎　　　　108
払米　　　　168

原喜曾右衛門　　　　211
播磨国(播州)　　3, 159, 160, 168, 169, 172,
　　　　233, 235, 261
　明石　　　　109, 159, 189, 236
　印南郡　　　　159, 160
　　磯部村　　　　199
　　大国村　　　　261
　加古郡　　　　159, 160
　　今市村　　　　211
　　今津村　　　　4, 6, 261
　　国包村　　　27, 202, 204, 205, 214
　　西条村　　　　202
　　志方　　　　189
　　寺家町　　　　206
　　芝村　　　　202
　　船頭村　　　　202
　　宗佐村　　　27, 202, 204, 205, 214
　　高砂町　　6, 7, 26, 169, 189, 199, 202～
　　　　205, 209～211, 213, 214, 261, 263
　　西阿弥陀村　　　　211
　　東阿弥陀村　　　　211
　　福居村(加古川市)　　　　211
　　室山村　　　27, 202, 205, 209
　　米田村　　　　211
　　米田組　　　　202
　加西郡　　　　159, 160, 214
　　北条　　　　74
　加東郡　　　98, 124, 159, 160, 189, 206,
　　　　210, 212, 214,
　　市場村　　23, 183, 184, 188, 189, 209,
　　　　234, 249
　　上田村　　　　202, 209, 210
　　小野町　　　　20, 23, 249
　　上滝野村　　　　199, 202
　　河高村　　　　202
　　木梨村　　　　183, 185
　　黍田　　　　209
　　古瀬　　　　209, 210
　　新町村　　　　202
　　大門村　　　　199, 209, 214
　　滝野村　　6, 26, 199, 200, 202, 214, 261
　　滝野組　　　　202
　　垂井村　　　　199

富岡寅之助	108,111
富田甚右衛門	185
富永芳春	260
豊岡市	147
豊臣政権	199,213
豊臣(羽柴)秀吉	12,26
取替銀	230,233,237
取替銀高	230,231
取替証文	92
取付具部品	154
度量衡の統一	242
富田林	25

な

内藤弌信	160,214
中尾竹治	108
中川儀左衛門	166,168
中川淳庵	256
長崎	246
長崎克之	260
長崎道	245
長沢芦洲	7,262
長沢芦雪	7,262
中島屋太兵衛	25
中山道	245
中津川	251
長門下関	197
中根正包	166
永の屋喜六	75
永の屋佐兵衛	75
「長機織御免伺書控」	19,64
長機織職人	21
中村良斎	260
中屋吉兵衛	21
中屋九兵衛	97,106,204
中屋宗兵衛	236
菜切(薄刃)庖丁	42,97
名古屋	45,109
名古屋市	140
灘五郷	3
灘三郷	4
菜種	22,210,242,243
菜種油絞り	21

長束木綿船問屋	261
『難波丸綱目』	243
那波乗功	190
生瀬	189
奈良	109
奈良屋伊兵衛	75
南禅寺	258
『南総里見八犬伝』	257

に

新見左近	160
新見備中守	160
荷受問屋	243
西宮	4,25,85
西丸老中	161
西廻り航路	197
西村伝入斎	7,26,199,214,261
二十四組問屋仲間	69,76
西脇市	147
二大江戸積金物仲買問屋	33,34,187
日露戦争	115,116
日光道中	245
日清戦争	116
荷積問屋	75
日本製作業工具・金物特別展示会	143
日本貿易振興会	143,144
入港税	197

ね

「年間諸事日記帳」	250
年行司	250
年貢・田畑地の売買	15
年貢米	197,199,204,207〜210,261,263

の

農機具	154
農機具および農具製造業	138
農業用金物	111
農業用機械	154
農業用具	120
農民的商品生産	175
「野鍛冶仲間破訴状」	17
鋸	18,36,44,64,85,89〜91,110,113,

索　引

中小企業協同組合法	132
中小零細企業	105
帳合法	219
長州（藩）	164,193
朝鮮	113,114,140,144
直轄領	13,61
地領役人	172
『椿説弓張月』	257

つ

継飛脚給米	245
辻六郎左衛門	206
都染組	202
都筑十平	171,185,206
都築潤左衛門	171
都築新九郎	171
都筑要人	176,179,181,185
燕市	140
坪井屋吉右衛門	6,260
壺屋忠兵衛	106
積口銭	75,77

て

定飛脚	246
「定法控」	38
出稼ぎ職人	16
鉄類	176
手曲り鋸	179
寺子屋	253,264
天狗党の乱	251
伝習生	121
天誅組	251
伝法	4
「天保六年棚卸控」	72
伝馬制度	245

と

ドイツ	113
東海・北陸見本市	139
東海道	245,246
東京	109,140
同業組合準則	107,110
道具屋善七家（道善家、井上善二家）	

4, 33〜42, 51〜53, 61, 62, 64〜69,
86〜88, 90, 91, 96, 97, 106, 107, 176,
179〜181,220,224,228,248,263

道具屋太兵衛	62,106
道具屋多郎兵衛	106
道具屋太郎兵衛	38,39,42
道具屋文兵衛	39,106
「東国帳」	109
東山道	250,251
東条川	209
道中取次所	250
道中奉行	245
東南アジア	135,136,140,144,151
東播	169,211
藤兵衛（庖丁鍛冶）	97
闘龍灘	199
十日町	11
遠江	257
通町組	69
都賀郡（下野）	165,167
「十河某商人株取立願書控」	19
徳川家重	161
徳川家綱	252
徳川家斉	162,193
徳川家宣	160,164,172,206
徳川家治	161
徳川家光	160
徳川家康	245,252
徳川綱重	160
徳川綱吉	161,163,253
徳川治紀	162
徳川義直	161
徳川吉宗	161,253,259
徳川頼房	161
特産物	242
十組問屋仲間	69,76
土工用金物	111
土佐光起	5,259
土地集積	223,236
鳥取（城）（因幡）	159,162
飛び地（領）	159,160,165,169,170,

175,176,181,183,188〜190,192,193,
206,207,210,214,233,235,246

全国利器工具・土農具産地商業組合連合会	124
船座運上銀	201
仙台	258
煎茶	260
仙洞御所	259
千宗旦	5, 259
専売制	175, 176, 179〜181, 190, 192
全三木金物卸商協同組合	133, 142〜144, 147

そ

宋紫石	258
宗旨手形の授受	15
奏者番	161, 162
相州	109
惣年寄	183, 185, 203, 204
惣年寄役	27, 183, 205
『続編孝義録料』	254
十河茂作	27
十河与一左衛門	20
組織改善委員会三木金物卸商新団体設立発起人会	142
袖浦	197

た

第一次世界大戦	114〜116
大工	16, 18, 19, 64
「大工職人定宿届書」	19
大工道具	5, 111, 123, 136, 155, 175, 176, 203, 206, 219, 247
大工鋸	179
大黒屋甚右衛門	37, 66
「大黒屋日記」	250
代蔵(上五か町惣年寄)	203, 204
大太子講	17, 18
第二次世界大戦	125, 131
台湾	113, 135, 140, 144
高崎藩	256
高砂蔵元	166, 207
高砂町大年寄	261
高須義建	162
高瀬船	199, 200, 202, 208, 213, 214
高瀬船持	204
高野長英	256
高橋伝之助	109
鷹見泉石	257
高屋彦四郎知久	258
「滝沢家訪問往来人名簿」	257
滝沢馬琴	257
滝野―洗川尻間の舟運路	26
滝野川	208
滝野川船座	199, 201, 210, 214
竹内三左衛門	168
武原助冶郎	108
但馬	3, 19, 25, 211, 246
但馬柴山	197
田高川	7, 214, 261
田高川船座	199, 201, 214
只野真葛	258
立杭(丹波)	3
立原杏所	257
鶴田藩	162
竜野	85
館林(藩・城)	22, 62, 94, 161, 163, 166, 169, 172, 175, 176, 190, 192, 214, 233, 248
「棚卸帳」	228, 230
田中与右衛門	168
棚倉(陸奥)	161, 163, 169, 172
田原藩	257
田淵家	263
太兵衛(国包村)	204
『玉くしげ』	190
多松堂	260
他領商人	28
樽廻船	197
丹州	47
丹後	211
鍛工場	121
丹波	3, 19, 25, 211, 246

ち

茶会記	7, 263
中国	98, 113, 114
中国・四国見本市	139
中小企業	131

索　引

舟運	5, 26, 28, 169, 197, 199
十分一大豆	168
宗門帳	168, 169
重要物産同業組合法	110, 111
重要輸出品同業組合法	110
儒学	256
宿場町	11
手工業原料	210, 242
手工具	140, 142, 144
手工具製造業	138
朱子学	252
酒造業(株)	3, 18, 85, 105
一〇か町町役人	27
手道具	147
駿州	109
城下町	11, 169, 246
正銀高	187
庄九郎(炭屋)	73
聖護院	259
商工協同組合法	134
相国寺	5, 259
庄司郡平	257
消息	254
庄内藩(出羽)	256
「商人掟書請状写」	16
『商人買物独案内』	25, 246
商法司	106
商法大意	106
錠屋四郎兵衛	75
醬油醸造業	21, 85, 105
「諸鍛冶方連名」	71, 95, 96, 99
諸鍛冶職	23
諸鍛冶職株	106
諸鍛冶職人	18, 106
職方	176
職方仲間	220
職道具の質銀	94
「諸事風聞日記」	252
ショベル	5, 116, 121, 126
庶民金融	230, 233, 236
私領	13, 61, 170
代呂物	20, 231
甚右衛門	46

賑救	168
信州上田藩	242
新殖産奨励助成金	135
仁川	113
身代限	51

す

杉田玄白	5, 256
杉原川	213
杉本茂十郎	69
スコップ	5, 116, 121, 126
鈴木春山	257
スパナ	138
炭屋	73, 180, 181
炭屋大坂店	74
角谷九兵衛	20
炭屋三蔵	74, 75
炭屋七左衛門	40, 68, 73~75, 91, 224, 232, 248
角谷安兵衛	25
住吉郡平野郷	12, 260
住吉講	27, 205
摺物	250~252

せ

製塩業	85
『生活と道具』	151
正金銀との交換歩合	186
「正金銀取扱諸商人名前調帳」	106
生産者的商人	11
生産的商人の在郷町	29
関市	140
摂津	3, 211
摂津大坂	197
瀬戸内海沿岸航路	7, 261
銭屋	204
銭屋(十河)与一左衛門	205
銭屋茂作	205, 206
銭屋与七郎	27, 205, 206, 212
専業問屋	243
全国金物卸商業連合会	124
全国生産地金物卸商業組合連合会	124
仙石久尚	167, 168

vii

堺庖丁鍛冶仲間	37,63,65,71,86,96
榊原忠之	179
榊原政邦	201
酒田	197
先切の山鋸	42
作業工具	147
作屋嘉右衛門	222
作屋清市郎	222
作屋(黒田)清右衛門(作清家・黒田清右衛門商店)	4,33,38～42,55,61,64,67～70,72,86,88,90～97,106,108,109,113,114,123,124,176,179～185,187,219,220,222～224,226,228,230,233,234,236,237,248
作屋清吉	222
作屋清二	222
作屋清造	223
作屋清兵衛	220
「作屋清兵衛譲状」	220
作屋仁左衛門	220
作屋正彦	223
作屋与之助	222
作屋利右衛門	39,106,222,223
桜井氏	160
酒店	222
薩摩	243
佐藤十助	168
佐藤信淵	257
佐渡小木	197
讃岐高松藩	258
佐野屋庄助	21
さのや平助	21
佐野屋平助	25
三郷菜種油絞仲間	21
算術	254
三条市	140
三田市(兵庫県)	252
産地金物問屋見本市	140,143
産地中小企業対策臨時措置法	147,151
山東省	114
三度飛脚	22,245
三度飛脚(問屋)仲間	246,250
三之助(市場村)	188
三本柳(近江)	47

し

仕入問屋	75,243
塩	210
塩馬	211
塩運上	213
塩座	212～214
塩座元改役	211
塩問屋	211
塩荷札	211
四軒屋新右衛門(宗佐村)	205
視察復命書	113
地子免許(状)	12,13,170
地子免許の高札	61,170
寺社奉行	161,162,179
私塾	256
宍粟郡引原村	64
下地敷金	180
質物	94,230,233
質物高	230,231
質物鉄炮	167
質屋(仲間)	18,17
実子相続	163
信の屋藤八	75
柴屋七太夫	207
柴屋善太夫	207
四分銀納	168
仕法書	166,182
志摩畦乗	197
島崎藤村	250,264
嶋田十兵衛	167
島根村(武蔵)	253
嶋之内平喜	74
嶋屋	40,42,246
嶋屋吉右衛門	38,42,53,67,88,91,96,226
縞類	176
下曾根信教	257
下灘	4
尺改め	243
社団法人日本利器工匠具統制協会	124
社団法人三木商工会議所	132

索　引

繰綿	12
黒田清右衞門→作屋清右衞門	
黒田直邦	166,220,246
黒田屋	220
黒田弥三郎	108
軍需品	123
軍部納品部	122,123

け

京城	113
慶長金・銀・慶長通宝	242
月海元昭	6,259
ケミカルシューズ	147
「蒹葭堂日記」	6,260
建築用金物	111

こ

幸阿弥	5,259
『孝義録』	254
工具類	146,154
鉱工業関係	243
鉱産物	210
鉱山用金物	111
甲州	109
講習講話会	122
甲州道中	245
工場試験場	121
工場法	116
『郷村帳』	164
高知市	140
鋼鉄	111
鴻池伊助	183,189
鴻池重太郎	183,189
河野鉄兜	6,260
「甲府支族松平家記録」	164
甲府藩	160
神戸市	147
郷町	11
講話研究	111
古賀侗庵	257
国学	256
国産会所	175
御乗米船	197
小関三英	256
五摂家	259
鏝	143,146
小寺(黒田)官兵衛	12
小中屋傳兵衛	252
小西屋源兵衛	106
小浜	25,189
小浜屋忠蔵(芝町)	21
小林専次郎	257
木挽職人	19,34,62,64
呉服屋(商売)	18,20
小堀政一	5,259
小間物屋	17
五味金右衛門	5,259
後水尾天皇	259
米相場	252
米屋喜兵衛	252
米屋商売	18
米屋兵右衛門	23,249
米屋又右衛門	207
米屋又七	166
こもいけ屋冬蔵	21
肥切り庖丁鍛冶	97
御用状	245
御用達(商人)	237,261,263
御用出日	249
近藤亀蔵	55,94,183,184,189,192,234
近藤重蔵守重	258
紺屋	16,18

さ

在方株	3,4,36,63〜68,70,74,76,86,93,95,248
在郷株化	38
在郷町	11
西国街道	189
西笑承兌	258
埼玉郡(武蔵)	165,167
斎藤弥九郎	257
在町	11
堺	4,36,38,63,64,68,109,140
酒井家	256
堺田葉粉庖丁鍛冶仲間	4,97,248

v

烏山松円	256	北町奉行(所)	179
カラフト	123	吉川縫蔵	171
雁金屋七郎左衛門	47	切手会所	182,184,187,188
雁金屋次郎左衛門	47	切手方	183〜185,187,189,234,237
雁金屋平右衛門	34,47	切手札	181,186〜189,233
河合隼之助	175	紀伊国屋清兵衛	75
河合寸翁	261	紀伊国屋藤兵衛	74
河合半兵衛	109	木下家定	199
川方諸入用	213	ギムネ生産	146,151
川路聖謨	257	木村兼葭堂	6,259,260
河内屋嘉兵衛	75	木村黙老	258
河村瑞賢	197	『旧高旧領取調帳』	159,160
瓦彦惟氏	206	九州地方	109,113
寛永文化	5	九州見本市	139,143
漢学	254	協定価格	124
神崎川	200	協定価格審議専門委員会	124
鑑札	106	協定価格設置委員会	124
神沢三蔵	108	京都	6,21,38,53,68,70,73,76,109,
勧修寺晴豊	258	242,243,245,257,263	
勘定奉行所	203	京都前挽鋸鍛冶仲間	4,35,46,47,51,
韓人向鋏	113	53,55,56,63,65,70,86,93,248	
含翠堂	260	京都町奉行	166
関東・東北見本市	143	京都元株	45
鉇(鍛冶職人)	64,71,85,90,98	京流五郎右衛門	46
鉋(鍛冶職人)	41,44,98,110,113,121,	京流前挽鋸株	47,51
131,134,136,138,140,143,144,179		桐山正哲	256
		桐生新町	11
き		杞柳製品	3
機械	154	銀札	175
機械・機械部品	146	銀札高	187
機械取り付け金物	5	金属検定室	121
機械の取付具	146	金属製品	146
機械用刃物	85		
聞書	251,252,264	**く**	
岸本克孝	261	釘	17
岸本克寬	7,261,263	釘鍛冶	62
岸本家	7	傀儡師	18
岸本善太郎	261	久下作左衛門重秀	166
岸本道三	261	公事	15
岸本道順	261	口鉄	179
岸本博高	7,261	国問屋	243
紀州	25,246	国役金	191
鍛い鍛冶職人	42	組合員	110,122,123,132,133

索　　引

御産物掛り奉行	176,179,181
落合岸右衛門	171
越智熊之助	160
越智松平氏(松平右近将監家)	13,16,21, 22,160〜163,165,168〜170,172,175, 176,179,181,183,188〜190,192,193, 206,207,210,214,233〜237,248
小千谷	11
越智与右衛門喜清	160
小野長左衛門貞政	159
小野日向守	203
おはつ	220,222
お保良の方(長昌院)	160
織物	147
卸商業組合法	121
尾張	257
尾張屋惣右衛門	25

か

廻船問屋	243
『解体新書』	5,256
『懐中難波雀』	243
懐徳堂	260
海北友松	5,259
貝屋清七	26,203,204,206
貝屋与三右衛門	203,204
家屋敷地の売買	15
価格等統制令	124
鍵屋五兵衛	26
鍵屋清兵衛	75
鍵屋半兵衛	75
『隔蓂記』	5,258
河口港	197
加古川	26,61,169,172,198,199,202〜 206,209,213,214,261
加古川舟運	198,200,210,213,214,261
「過去帳前書」	220
加佐屋佐兵衛	25
鍛冶貸付高	92
鍛冶株	106
鍛冶業	175,176,203
鍛冶工場	109
鍛冶職人	19,62,226,237

貸付銀	235
貸付銀高	232
貸付利銀	20
鍛冶屋	16
貸家料	230
柏崎騒動(生田万の乱)	190
梶原長左衛門	211
火造作業場	121
形屋	16,18
桂川甫周	256
桂離宮	259
家庭用具	120
加藤伊助	109
角屋伊兵衛	181
家内工業	116
カナダ	136,138
金床	116
金物業	21,22,28,219
金物神社	139
金物問屋	106,125,131〜133,154
金物仲買問屋	4,33,38,40,44,45,47, 61,67,70,223,224,226,228,232,233, 236,237,248
金物びっくり市	144
金森宗和	5,259
金谷役所	171
加入銀	36
狩野探幽	5,259
かばん	147
株仲間	28,38,106
株札	20,69,106
株料	20
貨幣制度の統一	242
上方代官	166
剃刀	113
「剃刀鍛冶稲荷講中控」	98
剃刀鍛冶職人	71,73
上灘	4
亀田鵬斎	258
亀橋近江屋喜右衛門	75
加茂屋勘兵衛	23,249
加茂屋七左衛門	211
家門格	161〜163,172,179,206

馬持塩商人	211,214
海部屋市左衛門	166
裏千家	263
上乗り	207
運上銀(米)	200,204

え

江川英竜	257
蝦夷地	245
越後	257
江戸	6,33,40,45,67,89,94,98,168, 179～182,203,242,243,245,246,249, 250,254,257
江戸伊勢町	176
江戸打物問屋仲間	46,68,69,73,75,76, 90～95,99,179,181,224,232,248
江戸表問屋衆中	43
江戸市場	5,40,65,69,70,74,76,77, 91,94,175,176,224,237
江戸地廻り経済圏	246
江戸積金物仲買問屋	61,106,176,179,220
江戸積摂泉十二郷	3,4
江戸十組問屋仲間	74
江戸店	73,74
江戸屋源吉	106
榎本弾四郎	212
恵比寿講	20
戎講	16～18,75
沿岸航路	5,6,197,242
園芸用具	154
遠藤勝助泰通	257

お

欧州	144,151,155
欧米	113,140
往来物	254
大国隆正	7,262
大久保忠職	159
大熊市右衛門	183～185
大蔵元仲間	263
大検見	168
大坂	3,6,21,23,28,36～38,40,45,52, 63,64,67～69,71,74～76,89,90,94,98, 109,166,168,169,180,183,189,206, 207,210,212,214,243,246,249,252, 254,257,259,263
大坂打物問屋仲間	74,76,77
大坂打物問屋仲間戎講中	74
大坂蔵元掛屋	166
大坂蔵屋敷	245
大坂経済圏	189
大坂三郷	4,64
大阪市	140
大坂市場	3,5,37,64,66,74,76,87,88, 90,95,248
大坂商業資本	12
大坂城代	160
大坂取次所	23,250
大坂問屋衆中	43
大坂西町奉行	204
大坂二十四組問屋	74
大坂町奉行所	4,36,51,97,204,212
大坂店	74,75
大坂文殊四郎鍛冶仲間	4,36,37,41,63, 65～67,70,71,86,87,95,98,248
大坂屋	35,41,51,53
大坂屋(前挽屋)五郎右衛門→前挽屋五郎右衛門	
大坂屋権右衛門	35,44,46,47,51,53, 55,63,70,86,93
大坂屋常蔵	52
大坂屋友七	62
大坂屋利右衛門	51,52
大嶋助市	184
大塚関右衛門	171
大塚同庵	257
大野屋長兵衛	66
お陰踊り	252
小笠原忠政	169
岡章平	171
岡野佐吉	109
岡谷惣助	109
奥平家	256
奥村喜三郎増地	257
奥村新吾	171
小沢文左衛門忠居	166

索　引

※播磨国内の郡・町・村名等は、「播磨国」としてまとめた。

あ

藍屋商売	18
阿江九郎兵衛家	200
阿江与助	7,26,199,214,261
粟生組	202
赤井東海	257
明石藩	13,169,170
赤穂	7,85,263
朝倉庄蔵	185
浅野匠頭長直	159
朝野庸太郎	252
飛鳥井家	259
安蘇郡(下野)	165,167
安積艮斎	257
尼崎(藩)	4,25,160
アメリカ	136,138,144,151,155
荒木田久老	258
有馬	189,246
有元理助	171
安藤条之助	204
安藤広重	258

い

鋳鍛冶	17
伊木豊後守	169
生田万	190
池田	4,25,189,246
池田氏	172
池田輝政	6,26,169,199,213,261
池田利隆	200
池田光政	159
池大雅	6,259
池野村九郎右衛門	167
生駒玄番頭	26,199
伊左衛門(庖丁鍛冶)	97,204

石井蠹	164
石川七左衛門	6,259
石谷備後守	203
泉屋吉兵衛	75
泉屋長兵衛(下町)	21
伊勢屋	179,180
伊勢屋嘉兵衛(上町)	23,249
伊勢屋清助	176
板倉重宗	5,259
伊丹	4,25,85,246
一文字屋真重郎	106
井筒亀吉	111,113
井筒新吉	108,109
井筒屋伊右衛門	90,95,226
井筒屋宇兵衛	39,106
井筒屋惣助(宗助)	38,39,42,97,106
井筒屋藤五郎	66
井筒屋弥兵衛	106
井筒屋弥平	39
伊藤若冲	6,259
稲垣藤左衛門	204,212
井上豊之助	108
井上八郎兵衛(福田屋)	184
井上屋又兵衛	23,25,39,106,108,249
気吹舎	190
今市屋吉兵衛	39,106
今福屋善四郎	38,42,67,88,91
岩名昌山	257
「岩にむす苔」	190,192

う

内田弥太郎	257
打刃物	12,73,111,113,114,219,247
打刃物需要状況	113
打物問屋	74
打物問屋株	75

i

◎著者紹介◎

桑田　優（くわた　まさる）

昭和20年　神戸市生まれ．
昭和48年　関西学院大学大学院文学研究科博士課程単位取得．
神戸国際大学名誉教授（平成18年7月30日に病気のため退職）．
〔主要著書〕
『三木金物問屋史』（三木市商工会議所・全三木金物卸商協同組合，昭和59年）『播州高砂岸本家の研究』（ジュンク堂書店，平成元年）『日本近世社会経済史』（晃洋書房，平成12年）『近代における駐日英国外交官』（敏馬書房，平成15年）『諸事風聞日記』（敏馬書房，平成17年）ほか多数．

伝統産業の成立と発展
──播州三木金物の事例──

2010（平成22）年9月1日発行

定価：本体6,500円（税別）

著　者	桑田　優
発行者	田中周二
発行所	株式会社　思文閣出版
	〒606-8203 京都市左京区田中関田町2-7
	電話 075-751-1781（代表）
印　刷 製　本	亜細亜印刷株式会社

ⒸM.Kuwata　　　ISBN978-4-7842-1523-2　C3033

◎既刊図書案内◎

永島福太郎編
三木金物問屋史料
ISBN4-7842-0284-6

三木金物仲買問屋「作清」黒田清右衛門家の近世史料を主体に、仲買問屋「道善」井上善七家、三木市宝蔵文書・市立図書館所蔵文書から金物関係史料を収録、解説と研究5篇を付した。〔研究〕三木金物とその環境（永島福太郎）三木問屋と炭屋湯浅氏（神山久夫）上州館林藩主松平氏（桑田優）三木金物の流通（永島福太郎）ほか　▶A5判・700頁／定価10,500円

日本産業技術史学会編
日本産業技術史事典
ISBN978-4-7842-1345-0

明治維新以降、めざましい発展を遂げてきた近代化の歩みを支えた産業技術の変遷を跡づけ、日本の産業技術史を俯瞰する。大項目には3ないし4頁の総説をおき、日本産業技術の流れを把握することができる「読む事典」。総説中にゴシックで取り上げた関連する重要項目を小項目として配列し、個別項目に関する知識を分野全体の展望との関連において示す。
▶B5判・550頁／定価12,600円

山下恭著
近世後期
瀬戸内塩業史の研究
ISBN4-7842-1287-6

1 近世後期の塩業と醬油業
　　――塩田の開発・経営・塩専売制・流通問題――
近世後期赤穂前川浜の開発／近世後期龍野醬油醸造業者の塩田経営／龍野藩網干新在家浜と醬油造元／近世後期における赤穂塩の流通と野田醬油
2 近世後期の塩業の燃料問題と塩業労働
　　――石炭導入と給銀分析――
近世後期赤穂塩業の燃料革命／近世後期竹原の塩業労働者の給銀　▶A5判・300頁／定価6,300円

貫秀高著
日本近世染織業発達史
の研究
ISBN4-7842-0852-6

近世において大規模産業として成長し、文化・生活の向上に大きな役割を果たした染織業。本書はそれに先立つ中世の状況についての概観から始まり、織物と染色の二編に分けて従来とは異なった視点――生糸の輸入状況や織物業の輸入依存からの自立化の発展過程、技術の伝播の具体像・発達など――で詳しく分析した労作。　▶A5判・780頁／定価12,600円

谷彌兵衞著
近世吉野林業史
ISBN978-4-7842-1384-9

吉野における採取的林業から育成的林業への移行、そして育成的林業の発展過程を、地元の史料にもとづき通史的に分析。吉野に生まれ、林業とそれに携わる人々の浮沈を間近に見て育った著者が、吉野林業の光と影を明らかにする。
▶A5判・538頁／定価9,765円

渡邊忠司／德永光俊共編
飛脚問屋井野口屋記録
〔全4巻〕

尾張領内と京都・大坂・江戸を中心に各地域を結ぶ尾張飛脚の飛脚問屋であった井野口屋の記録。
①享保8年～宝暦8年　▶定価 9,240円　ISBN4-7842-1078-4
②天明元年～文化9年　▶定価10,080円　ISBN4-7842-1108-X
③文化元年～文政9年　▶定価10,920円　ISBN4-7842-1147-0
④文政4年～天保14年　▶定価12,390円　ISBN4-7842-1186-1
▶A5判・平均450頁／揃 42,630円

思文閣出版　　　　　　　　　　（表示価格は税5％込）